oekom

Diese Publikation wurde im Forschungsprojekt **NUDAFA — Reallabor für interkommunale Radverkehrsförderung** (NUDAFA-Reallabor) entwickelt.

NUDAFA REALLABOR

Das Projekt NUDAFA-Reallabor wurde vom Bundesministerium für Forschung, Technologie und Raumfahrt (BMFTR) im Rahmen der Forschungsreihe „MobilitatsWerkStadt 2025“ der Strategie „Forschung für Nachhaltigkeit“ (FONA) im Förderschwerpunkt Sozial-ökologische Forschung unter den Förderkennzeichen 01UV2047 (2020—2021), 01UV2124 (2021—2024) sowie 01UV2424 (2024—2026) gefördert.

Gefördert durch:

Bundesministerium für Forschung, Technologie und Raumfahrt

FONA Forschung für Nachhaltigkeit

Zitiervorschlag: von Wiedner, Vanessa; Samland, Ute; Kollert, Christoph; Zander, Tim; Rudolph, Christian (2026): *Gemeinsam Radverkehr fördern — Rezepte für die kommunale Verkehrswende.* oekom verlag. München. https://doi.org/10.14512/9783987266294

 Bibliografische Information der Deutschen Nationalbibliothek: Die Deutsche Nationalbibliothek verzeichnet diese Publikation in der Deutschen Nationalbibliografie; detaillierte bibliografische Daten sind im Internet über www.dnb.de abrufbar.

erschienen 2026 im oekom verlag, München
oekom — Gesellschaft für ökologische Kommunikation mbH
Goethestraße 28, 80336 München
+49 89 544184 — 200
info@oekom.de

Autorenschaft (Inhalt und Redaktion):
© Vanessa von Wiedner, Ute Samland, Christoph Kollert, Tim Zander, Christian Rudolph

Gestaltungskonzept, Layout und Satz: studio_upstruct, Berlin
www.upstruct.com

Lektorat: Eva Maurer, Berlin

Druck: Grafisches Centrum Cuno GmbH & Co. KG, Calbe

Kontaktmöglichkeiten: Professur Radverkehr in intermodalen Verkehrsnetzen, Technische Hochschule Wildau, radverkehr@th-wildau.de, www.th-wildau.de/radverkehr

Print ISBN: 978-3-98726-520-4
E-PDF: 978-3-98726-629-4
https://doi.org/10.14512/9783987266294

FSC www.fsc.org MIX Papier | Fördert gute Waldnutzung FSC® C043106

Gemeinsam Radverkehr fördern –
Rezepte für die kommunale Verkehrswende

Vanessa von Wiedner, Ute Samland, Christoph Kollert, Tim Zander, Christian Rudolph

Inhalt

Projekte

Weiterführende Informationen

Abschluss

Vorwort

....

Radverkehrsförderung ist in kleinen und mittleren Kommunen eine besondere Herausforderung. Sie birgt ein enormes Potenzial für lebenswerte, nachhaltige Städte und Gemeinden. Anders als beim motorisierten Individualverkehr oder öffentlichen Personennahverkehr können Kommunen beim Fuß- und Radverkehr auch eigenständig sinnvolle Maßnahmen ergreifen und dadurch sichtbare Erfolge erzielen.

Mit dem Forschungsprojekt NUDAFA (Nutzerdaten-gestützte Planung eines integrierten Fahrradverkehrsnetzes) haben wir von 2020 bis 2026 die Brandenburger Kommunen Eichwalde, Zeuthen, Schulzendorf, Schönefeld, Wildau und Königs Wusterhausen dabei unterstützt, konkrete Maßnahmen zur Stärkung des Radverkehrs zu erproben und zu realisieren.

Die Erfahrungen aus diesen sechs Jahren zeigen: Gerade der Einstieg in die Radverkehrsförderung stellt kleine Kommunen und Verwaltungen vor vielfältige Herausforderungen. Die Hemmnisse lassen sich jedoch klar bestimmen und überwinden, praxisnahe Lösungen können erfolgreich umgesetzt werden. Durch verschiedene Formate der Zusammenarbeit zwischen Kommunen gelingt es, Netzwerke aufzubauen und zu intensivieren. Konkrete Maßnahmen begünstigen eine Aufbruchsstimmung und ermöglichen Synergieeffekte. Die Vielfalt der im NUDAFA-Reallabor umgesetzten Projekte liefert wertvolle Erkenntnisse, welche Ansätze besonders wirksam sind.

Die im Reallabor erprobten Methoden, verwirklichten Projekte und gesammelten Erfahrungen werden hier vorgestellt, um engagierten Akteur*innen der Radverkehrsförderung in der kommunalen Verwaltung, Politik und Zivilgesellschaft als Inspiration und Orientierung zu dienen. Das Buch „Gemeinsam Radverkehr fördern — Rezepte für die kommunale Verkehrswende" richtet sich vornehmlich an Fachkräfte in kleinen und mittleren Kommunen, die Radverkehr unter vergleichbaren Rahmenbedingungen fördern möchten. Zugleich soll es aktiven zivilgesellschaftlichen Akteur*innen helfen, sich vor Ort für bessere Bedingungen des Radverkehrs einzusetzen und kommunale Prozesse konstruktiv zu begleiten oder anzustoßen.

Damit eigene Vorhaben schnell und erfolgreich umgesetzt werden können, präsentieren wir unsere Projekte als Rezepte in Form von Steckbriefen. Zudem erläutern wir das interkommunale Radverkehrsmanagement, welches im NUDAFA-Reallabor erprobt wurde und vor allem kleine Kommunen dazu ermächtigen soll, ihre Ressourcen effizient einzusetzen.

Nach Jahren intensiver Tätigkeit im NUDAFA-Reallabor danken wir allen Beteiligten — den Kommunen, Partner*innen und Fördermittelgebenden — für die engagierte Zusammenarbeit. Die gewonnenen Erkenntnisse veranschaulichen nicht nur, was bereits möglich ist, sondern sollen auch dazu anregen, eigene Projekte zu starten und die Radverkehrsförderung kontinuierlich weiterzuentwickeln.

Das NUDAFA-Kernteam
Tim Zander, Vanessa von Wiedner, Christoph Kollert, Ute Samland (von links nach rechts)

„Die Förderung des Radverkehrs lebt von guter Zusammenarbeit aller Beteiligten. Das NUDAFA-Reallabor hat mit der Erprobung verschiedener Ansätze in kleinen und mittleren Kommunen gezeigt, dass gemeinsame Ziele verfolgt und Hemmnisse überwunden werden können."

Prof. Dr.-Ing. Christine Ahrend,
Professorin im Fachgebiet „Integrierte Verkehrsplanung"
an der TU Berlin

„Das NUDAFA-Reallabor hat deutlich gemacht, dass ein interkommunales Radverkehrsmanagement viel bewirken kann. Um Kosten zu sparen, kann dieses Modell genau das Richtige für kleine Kommunen sein, die finanziell für die Radverkehrsförderung nur wenig Spielraum haben. Die Ideen, die im NUDAFA-Reallabor erprobt und umgesetzt wurden, werden hoffentlich nun vielfach kopiert und inspirieren noch viele zum Nachahmen!"

Prof. Dr.-Ing. Christian Rudolph,
Leiter der Professur „Radverkehr in intermodalen Verkehrsnetzen" an der TH Wildau

Grußwort

Liebe*r Leser*in,

als das Projekt NUDAFA als Reallabor für interkommunale Radverkehrsförderung in kleinen und mittleren Umland-Kommunen im Südosten Berlins 2020 seine Arbeit aufnahm, standen die Beteiligten vor zahlreichen offenen Fragen und komplexen Herausforderungen: Wie lassen sich Radverkehrsmaßnahmen in diesen Kommunen realistisch umsetzen? Wie können begrenzte Ressourcen so genutzt werden, dass sie eine langfristige Wirkung entfalten? Und wie kann dabei eine konstruktive Zusammenarbeit über Gemeindegrenzen hinweg gelingen?

Das NUDAFA-Reallabor ist Teil der systemischen Mobilitätsforschung des Bundesministeriums für Forschung, Technologie und Raumfahrt im Kontext des dreistufigen bundesweiten Wettbewerbs „MobilitätsWerkStadt 2025". Ziel der Fördermaßnahme ist es, nachhaltige, lokal angepasste Mobilitätskonzepte zu entwickeln, diese in Reallaboren vor Ort zu erproben, schließlich zu verstetigen und in andere Kommunen zu transferieren.

Ausgehend von knapp 50 Projekten in der ersten Phase der Fördermaßnahme „MobilitätsWerkStadt 2025" hat es das NUDAFA-Reallabor bis zuletzt in der dritten Förderphase mit nunmehr elf Projekten geschafft, das Thema Radverkehr daten- und technologiegestützt und mit engem Einbezug der Bevölkerung in den Projektkommunen zu verankern. Nach rund sechs Jahren intensiver transdisziplinärer Zusammenarbeit zwischen Wissenschaft, Verwaltung und Bürgerschaft blickt das Reallabor auf zahlreiche umgesetzte Maßnahmen und unverzichtbare Lernerfahrungen zurück. Eine Besonderheit war der Fokus auf kleinere und mittlere Kommunen. Gerade in diesen Kommunen ist der Erfolg der Mobilitätswende von entscheidender Bedeutung, da sie über zwei Drittel der Bevölkerung in Deutschland repräsentieren.

Mit dem Buch „Gemeinsam Radverkehr fördern — Rezepte für die kommunale Verkehrswende" liegt nun ein praxisnahes Werk vor, das kleinere und mittlere Kommunen im ganzen Land inspirieren und unterstützen kann. Es zeigt, dass nachhaltige Mobilität überall möglich ist — wenn unterschiedliche Akteur*innen bereit sind, zusammen neue Wege zu gehen!

Ich danke allen Beteiligten des NUDAFA-Reallabors für ihr ausdauerndes Engagement über den gesamten Förderzeitraum und bin zuversichtlich, dass die Arbeit auch nach Ende der Förderung in den Projektkommunen weiter Früchte tragen wird. Zudem wünsche ich diesem Buch viele interessierte Leser*innen und kommunale Akteur*innen, die von den Erkenntnissen des Projektes profitieren und den Mut haben, die vorgestellten Maßnahmen und Lösungen in weitere Kommunen zu übertragen.

Stefan Gröschner
wissenschaftlicher Referent beim DLR Projektträger im Deutschen Zentrum für Luft- und Raumfahrt e. V. (DLR)

Bonn, Juni 2026

Einleitung

Gemeinsam Radverkehr fördern — erproben, lernen, umsetzen, verstetigen und inspirieren

Die Förderung des Radverkehrs ist für viele kleine und mittlere Kommunen ein wichtiges, aber oft herausforderndes Aufgabenfeld. Häufig fehlen ausreichende personelle und zeitliche Ressourcen, Flexibilität oder die nötige Erfahrung, um Maßnahmen im Radverkehr systematisch einzuleiten. Das Forschungsprojekt NUDAFA-Reallabor hat genau hier angesetzt. Über sechs Jahre wurden in sechs Brandenburger Kommunen verschiedene Radverkehrsprojekte geplant, erprobt und ausgewertet. Das während der Projektphasen gewonnene Wissen wird in diesem Buch zusammengefasst und für andere Kommunen praxisgerecht aufbereitet.

„Gemeinsam Radverkehr fördern — Rezepte für die kommunale Verkehrswende" richtet sich in erster Linie an Akteur*innen innerhalb kommunaler Verwaltungen: Radverkehrsplanende, Mobilitätsbeauftragte, Mitarbeitende in Fachämtern und politische Entscheidungsträger*innen. Viele von ihnen widmen sich Radverkehrsthemen neben zahlreichen anderen Aufgaben und stehen dabei vor den genannten Herausforderungen, d. h. knappen Zeit- und Personalressourcen, begrenztem Fachwissen oder auch Verwaltungsstrukturen, die nicht speziell auf Radverkehr ausgerichtet sind. Darüber hinaus wollen wir mit diesem Buch auch zivilgesellschaftliche Akteur*innen unterstützen, die sich in der kommunalen und regionalen Radverkehrsförderung engagieren. Sie lenken oftmals die Aufmerksamkeit auf die Dringlichkeit und die Notwendigkeit besserer Radverkehrsinfrastrukturen und tragen dieses Anliegen in die Verwaltungen und die Politik. Für sie liefert das Buch wertvolle Anregungen, um einerseits Maßnahmen und Projekte entsprechend zu präzisieren und andererseits auch ein tieferes Verständnis für die komplexen Abläufe bei der Planung und Umsetzung solcher Projekte zu entwickeln.

Das Buch basiert auf den Erfahrungen und Erkenntnissen des NUDAFA-Reallabors und zeigt, dass Radverkehrsförderung trotz begrenzter Ressourcen Schritt für Schritt umsetzbar ist und mit Unterstützung lokaler und externer Partner*innen gelingen kann. Denn Radverkehrsförderung ist vor allem eine Gemeinschaftsaufgabe: Nur durch Zusammenarbeit mehrerer Akteur*innen innerhalb einer Kommune — zwischen Verwaltungen, Politik und zivilgesellschaftlichen Akteur*innen — sowie im interkommunalen Austausch ist es kleinen und mittleren Kommunen möglich, wirksame Impulse zu setzen und mit den richtigen Partner*innen auch größere Projekte erfolgreich zu realisieren.

Das vorliegende Buch bietet einen praxisnahen Leitfaden und dient als Inspirationsquelle für alle wesentlichen Aspekte kommunaler Radverkehrsförderung. Es soll ermutigen, eigene Ideen zu verfolgen und vorhandene Handlungsspielräume effektiv zu nutzen.

Das Forschungsprojekt NUDAFA-Reallabor und die Erkenntnisse der Begleitforschung werden im Kapitel „Das NUDAFA-Reallabor“ (→ S. 14) vorgestellt. Daran anschließend beschreibt das Kapitel „Die NUDAFA-Kommunen“ (→ S. 18) die Projektregion und die beteiligten Akteur*innen.

Zum Einstieg in die Radverkehrsförderung vermitteln die folgenden Kapitel sowohl theoretisches Grundlagenwissen als auch konkrete Praxisbeispiele: Es werden die Rahmenbedingungen der Radverkehrsförderung in kleinen und mittleren Kommunen (→ S. 50), typische Umsetzungshemmnisse und bewährte Umgangsstrategien beleuchtet. Zudem werden Faktoren benannt, die eine erfolgreiche kommunale Radverkehrsförderung begünstigen. Die Radverkehrsförderung umfasst vielfältige Aufgabenfelder (→ S. 56), die im Detail erläutert und in ihrer praktischen Umsetzung dargelegt werden. Anschließend wird die Notwendigkeit eines Radverkehrskonzepts (→ S. 68) dargestellt und Schritt für Schritt in die Erstellung eines solchen Konzepts eingeführt. Ergänzend wird mit dem NUDAFA-Radverkehrsatlas (→ S. 80) ein digitales Werkzeug vorgestellt, das Kommunen durch automatisiert aufbereitete Daten, thematische Karten und anschauliche Visualisierungen bei der Analyse und Planung von Radverkehrsnetzen unterstützen soll.

Die Untersuchung der Potenziale interkommunaler Zusammenarbeit bildete einen wesentlichen Bestandteil des NUDAFA-Reallabors. Die wichtigsten Ergebnisse werden im Kapitel „Besonderheiten der interkommunalen Zusammenarbeit“ (→ S. 92) ausgeführt.

Im Mittelpunkt dieses Buches stehen die Projektsteckbriefe (→ S. 98). Sie zeigen anhand konkreter Beispiele, wie Maßnahmen geplant, umgesetzt und koordiniert wurden, welche Akteur*innen beteiligt waren und welche Ressourcen benötigt wurden.

Abschließend bietet das Buch weiterführende Fachbeiträge des NUDAFA-Reallabors (→ S. 198), Beispiele inspirierender Projekte (→ S. 200) zum Radverkehr und nachhaltiger Mobilität sowie Hinweise zu Qualifikationsangeboten (→ S. 204).

Zur besseren Orientierung ist das Buch in sechs thematische Bereiche gegliedert, die sich jeweils durch eine eigene Farbgebung auszeichnen und so eine übersichtliche Struktur schaffen.

Einführung/Abschluss

NUDAFA-Reallabor

Hintergrundwissen

Projekte

Weiterführende Informationen

Perspektiven

6 Kommunen 99.917 Einw

9 Bürgermeister*innen 8

6 Jahre NUDAFA-Reallab

ohnende
Vissenschaftler*innen
or

Das NUDAFA-Reallabor

Über das Forschungsprojekt

Das NUDAFA-Reallabor für interkommunale Radverkehrsförderung ist ein vom Bundesministerium für Forschung, Technologie und Raumfahrt (BMFTR) gefördertes Forschungsprojekt der Gemeinde Eichwalde, der Technischen Hochschule Wildau (TH Wildau), der Technischen Universität Berlin (TU Berlin), des Forschungs- und Entwicklungspartners FixMyCity GmbH sowie der fünf Partnerkommunen in Brandenburg (Zeuthen, Schulzendorf, Schönefeld, Wildau und Königs Wusterhausen), das sich über einen Zeitraum von sechs Jahren (2020—2026) und drei Phasen erstreckte. Das Forschungsprojekt konzentrierte sich auf das eng verflochtene Siedlungsgebiet südöstlich von Berlin (→ Die NUDAFA-Kommunen, S. 18). Ausgangspunkt war, dass das Radverkehrsnetz trotz vielfältiger Anstrengungen der Kommunen lückenhaft, wenig komfortabel und in vielen Bereichen noch nicht ausreichend sicher ist. Das NUDAFA-Reallabor verfolgte daher das Ziel, den Radverkehr über Gemeindegrenzen hinweg, partizipativ sowie mithilfe digitaler Planungstools zu fördern und die Chancen interkommunaler Zusammenarbeit zu untersuchen. Jede Projektphase setzte dabei eigene inhaltliche Schwerpunkte.

2020–2021	2021–2024 (2022, 2023)	2024–2026 (2025)
Phase 1	**Phase 2**	**Phase 3**
Ziel: Modellprojekt zur Erstellung eines Nutzerdatengestützten interkommunalen Radverkehrskonzepts	**Ziel:** Ausgestaltung eines integrierten interkommunalen Radverkehrskonzepts (NUDAFA-Radverkehrsatlas), partizipative Einbindung und transdisziplinäre Vernetzung lokaler Akteur*innen, Entwicklung übertragbarer Projekte und Strategien im Reallabor	**Ziel:** Implementierung der Realexperimente und Projekte, Wissenstransfer und Verstetigung

Laufzeit und Phasen des NUDAFA-Reallabors

Phase 1: Datensammlung und Radverkehrsatlas (2020—2021)

In der ersten Phase lag der Fokus auf der Erhebung von Nutzungsdaten und der Erstellung eines datengestützten interkommunalen Radverkehrskonzepts für die Gemeindegebiete Eichwalde (→ S. 20), Zeuthen (→ S. 24) und Schulzendorf (→ S. 26). In Zusammenarbeit mit dem Einstein Center Digital Future und der Mobile Cloud Computing Research Group der TU Berlin wurde eine Crowdsensing-Kampagne durchgeführt. Bürger*innen aus den drei Projektgemeinden beteiligten sich, indem sie Daten zu den von ihnen genutzten Wegen sammelten. Erfasst wurden unter anderem Informationen zum Zustand des Straßenraums, zur Oberflächenqualität, zu Quell- und Zielbeziehungen und zu Beinahe-Unfällen. Diese Daten flossen in die Erstellung des NUDAFA-Radverkehrsatlas (→ S. 80) ein, eine vom Forschungs- und Entwicklungspartner FixMyCity GmbH im Rahmen des NUDAFA-Reallabors entwickelte Open-Source-basierte Webplattform. Der im Verlauf der nachfolgenden Projektphasen kontinuierlich erweiterte Radverkehrsatlas dient als agiles Planungs- und Beteiligungsinstrument, das Analysen des Siedlungsraumes visualisiert, Planungsprozesse unterstützt und diese transparenter und nachvollziehbarer macht. Zugleich war es Ziel der ersten Phase, den Nutzen sowie die Grenzen datenbasierter Methoden in Planungs- und Kommunikationsprozessen kritisch zu erforschen.

Zum Abschluss wurde die Antragstellung für die zweite Phase vorbereitet. Dabei wurden erste Erkenntnisse aus dem bisherigen Verlauf berücksichtigt. Zudem wurde Lobbyarbeit bei den Entscheidungstragenden in den umliegenden Kommunen sowie bei den zuständigen Landtags- und Bundestagsabgeordneten betrieben.

Phase 2: Reallabor und Realexperimente (2021—2024)

In der zweiten Phase wurde in der Gemeindeverwaltung Eichwalde das interkommunale Radverkehrsmanagement (IRVM) (→ S. 92) eingerichtet. Der Projektverbund erweiterte sich zudem um die Professur „Radverkehr in intermodalen Verkehrsnetzen" der TH Wildau, das Fachgebiet „Integrierte Verkehrsplanung" der TU Berlin sowie um die in das Projektgebiet aufgenommenen Kommunen Schönefeld (→ S. 28), Wildau (→ S. 30) und Königs Wusterhausen (→ S. 32). Die zweite Phase wurde als transdisziplinäres Reallabor konzipiert, das mit unterschiedlichen Zielen und Aufgaben verknüpft war. Im Sinne transformativer Forschung war es dem NUDAFA-Reallabor ein Anliegen, verschiedene Kooperationspartner*innen sowie lokale Akteur*innen aus Verwaltung, Politik und Zivilgesellschaft aktiv einzubinden. Auch wurde das integrierte Radverkehrskonzept durch den NUDAFA-Radverkehrsatlas erweitert und beendet. Gemeinsam wurden an realen Problemstellungen kooperative Lösungsansätze erarbeitet, um zur nachhaltigen Verkehrswende beizutragen und im Idealfall sogenanntes Transformationswissen zu erzeugen. Dazu zählte die Entwicklung der übertragbaren Projekte (→ S. 99).

Phase 3: Dokumentation und Verstetigung (2024—2026)

In der dritten Phase standen die Sicherung und Dokumentation der erzielten Ergebnisse sowie die Implementierung und Verstetigung der Projekte im Mittelpunkt. Dazu wurde unter anderem das IRVM weiterentwickelt, um die langfristige Verstetigung vorzubereiten, sowie die angestoßenen Vorhaben abgeschlossen und an die kommunalen Akteur*innen übertragen.

Im Folgenden werden die Vorgehensweise der Begleitforschung sowie zentrale Ergebnisse und Erkenntnisse im Detail vorgestellt.

NUDAFA
REALLABOR

Die Begleitforschung

Ab Phase 2 wurde das NUDAFA-Projekt als Reallabor konzipiert und wissenschaftlich durch den Fachbereich „Integrierte Verkehrsplanung" der TU Berlin begleitet. Ein Ziel war es, das Feld der Radverkehrsförderung aufzuschlüsseln und zentrale Akteur*innen zu identifizieren (Akteur*innenkarte). Das interkommunale Radverkehrsmanagement (IRVM) war in doppelter Funktion an der Erstellung der Akteur*innenkarte beteiligt: Zum einen unterstützte es bei der Kartierung der bereits in der Region aktiven radverkehrsfördernden Akteur*innen, zum anderen wurde der Aufbau des Netzwerkes im Rahmen der Tätigkeiten des IRVM in der Karte dokumentiert. Darüber hinaus wurde untersucht, wie Radverkehrsprojekte realisiert (Praktiken) und verwaltungsbezogene Hemmnisse durch die entwickelten Ansätze und Aktivitäten des IRVM abgebaut werden können (Erprobung des IRVM). Ein besonderes Augenmerk lag darauf, wie unter den gegebenen politischen Rahmenbedingungen — mit beschränkten kommunalen Finanzmitteln und knappen personellen Ressourcen — die interkommunale Zusammenarbeit sowohl innerhalb der Fachverwaltungen als auch in den kommunalen Selbstverwaltungsorganen verbessert werden kann, wobei ebenso die Einflüsse und Aktivitäten zivilgesellschaftlicher Akteur*innen in diese Prozesse einbezogen wurden.

Durch das transdiziplinär angelegte Reallabor konnten innovative Verfahrensweisen erprobt und durch Realexperimente Transformationsprozesse angestoßen werden, die im besten Fall langfristig verstetigt werden. Wissenschaftliche Lern- und gesellschaftliche Entwicklungsprozesse wurden dabei durch die gemeinsame und transdisziplinäre Planung, Durchführung und Auswertung von Projekten (Ko-Design und Ko-Produktion) vorangetrieben (vgl. Beecroft et al., 2018).

Für die Begleitforschung kamen verschiedene methodische Zugänge zum Einsatz: eine Dokumentenanalyse von Protokollen relevanter Gremien (Regionalausschüsse, Gemeindevertretungen, kommunale Ausschüsse), eine prozessbegleitende Dokumentation mithilfe problemzentrierter Interviews (vgl. Witzel, 2000), teilnehmende Beobachtung (vgl. Honer/Hitzler, 2022) sowie leitfadengestützte Interviews (vgl. Liebold/Trinczek, 2009).

Die Auswertung erfolgte inhaltsanalytisch (vgl. Kuckartz, 2018). Neben der Gewinnung wissenschaftlicher Erkenntnisse wurde somit auch ein praktischer Nutzen erzielt. Vertiefende wissenschaftliche Auswertungen sind in eine Reihe von Publikationen eingeflossen (→ Fachbeiträge des NUDAFA-Reallabors, S. 198).

Akteur*innenkarte

Trotz der vielfältig gewonnenen Daten erhebt die Akteur*innenkarte keinen Anspruch auf Vollständigkeit. Vielmehr soll ein Bild davon vermittelt werden, wie Radverkehrsförderung — ausgehend vom IRVM in der Gemeinde Eichwalde — kommunal und interkommunal in den NUDAFA-Kommunen etabliert werden konnte. Radverkehrsförderung findet, wie die Akteur*innenkarte (→ S. 40) zeigt, auf unterschiedlichen administrativen Ebenen und in unterschiedlichen Arenen statt. Durch die Visualisierung von Personen, Institutionen und Arenen, mit und in denen Radverkehr gestaltet wird, werden bestehende Strukturen, Beziehungsnetzwerke und Kommunikationswege sichtbar gemacht. Die Karte offenbart, dass Radverkehrsförderung auf vielfältigen Ebenen — von der Kommune über interkommunale Gremien bis zur Landesebene — stattfindet und gerade in kleineren Kommunen enge, formelle wie auch informelle Abstimmungen zwischen Politik und Verwaltung den Erfolg prägen. Die Akteur*innenkarte kann neben wichtigen Akteur*innen auch die Schnittstellen und das Kooperationspotenziale erhellen sowie die Koordinations- und Kommunikationsstrukturen darstellen, die sich aus den sichtbar werdenden kommunal unterschiedlichen Verwaltungsstrukturen ergeben. Sie erleichterte die gezielte Ansprache relevanter Partner*innen, stärkte auf diese Weise interkommunale Netzwerke und unterstützte eine koordinierte Entwicklung gemeinsamer Projekte. Hervorzuheben ist auch die Einbindung zivilgesellschaftlicher Akteur*innen, die als Motor und Vermittelnde zwischen Verwaltung, Politik und Bevölkerung wirkten. Die Analyse zeigt, dass eine Konstellation aktiver, vernetzter Akteur*innen die regionale Steuerungsfähigkeit erhöht, die Prozesse beschleunigt und wesentlich zur Verstetigung einer nachhaltigen Radverkehrsförderung beiträgt.

Praktiken

Kleine und mittlere Kommunen finden trotz zahlreicher struktureller und finanzieller Hindernisse Wege, Maßnahmen zur Radverkehrsförderung erfolgreich voranzubringen. Die Rahmenbedingungen zur Radverkehrsförderung und organisatorische sowie verwaltungspolitische Herausforderungen setzen Kommunen unter Druck. Fehlende Ressourcen, komplexe Verwaltungsprozesse und politische Zurückhaltung erschweren oft die Umsetzung, doch erzielten engagierte Akteur*innen durch pragmatische und kreative Ansätze maßgebliche Fortschritte. Kommunen übernahmen häufig selbst die Initiative. Die Begleitforschung erfasste diese Praktiken der Radverkehrsförderung (→ Umgang mit Hemmnissen in der kommunalen Radverkehrsförderung, S. 51). Der Erfolg der Radverkehrsförderung beruht vor allem auf der aktiven Gestaltung von Prozessen. Durch Leadership und Beharrlichkeit wird Radverkehr in Verwaltungsabläufe integriert und politisch positioniert. Anpassungspraktiken ermöglichen flexible Lösungen, die auf lokale Gegebenheiten reagieren und politische Mehrheiten sichern. Über Netzwerkbildung und informelle Kooperationen entstehen neue Handlungsspielräume, die Verfahren beschleunigen und Wissensaustausch begünstigen. Die Übertragung von Aufgaben an regionale AGs oder Planungsbüros erweitert die kommunale Handlungskapazität und fördert interkommunale Zusammenarbeit. Diese Praktiken wirken sich positiv auf die Verwaltungskultur und regionale Kooperation aus, da sie Eigenverantwortung, Innovationsfähigkeit und Lernprozesse in den Verwaltungen stärken. Radverkehrsförderung wird als gestaltbare Zukunftsaufgabe verstanden, die von engagierten Personen in aktiven Netzwerken und einer wachsenden interkommunalen Dynamik getragen wird. Die Übernahme von Verantwortung zeigte sich in allen Projektphasen: von der Ideenentwicklung über die Initiierung konkreter Maßnahmen bis hin zur Umsetzung. Temporäre Strukturen wie das NUDAFA-Reallabor oder die AG Rad LDS vermochten es, diesen Prozess zu unterstützen. Sie dienten als Vorbild für andere Kommunen, beförderten die Positionierung sowie das Engagement für den Radverkehr und erzeugten so Mitnahmeeffekte. Insgesamt zeigt sich, dass Radverkehr ein Handlungsfeld ist, das von kommunalen Akteur*innen aktiv gestaltet werden muss.

Erprobung des interkommunalen Radverkehrsmanagements

Das im Rahmen des NUDAFA-Reallabors erprobte interkommunale Radverkehrsmanagement (IRVM) (→ S. 92) hat sich als wirksames Instrument zur Förderung des Radverkehrs und zur Stärkung interkommunaler Zusammenarbeit erwiesen. Durch seine koordinierende, unterstützende und vermittelnde Rolle trug das IRVM wesentlich dazu bei, Hindernisse in den Kommunen abzubauen, Ressourcen zu bündeln und übergreifende Strategien zu entwickeln. Der Erfolg dieses Ansatzes zeigt sich darin, dass die neu geschaffenen Kommunikations- und Kooperationsstrukturen zwischen Verwaltungen, Politik und Zivilgesellschaft über administrative Grenzen hinausreichen. Durch gemeinsame Projekte, Veranstaltungen und abgestimmte Strategien wird die Region als handlungsfähige Einheit wahrgenommen. Dem IRVM gelang es, ein neues Verständnis von Verantwortung und Kooperation zu etablieren — basierend auf Netzwerklogik, Vertrauen und gemeinsamem Gestalten. Damit wird deutlich, dass die Handlungskraft nicht allein in einer einzelnen Person, sondern in der Konstellation interkommunaler Akteur*innen liegt. Das IRVM konnte effiziente Verfahrensweisen dieser Akteur*innen über die Dauer der Erprobung aktivieren. Ein weiterer Vorteil bestand in der nachhaltigen Professionalisierung und Beschleunigung der Radverkehrsförderung. Projekte wie der Interkommunale Radweg (→ S. 116) oder die Erstellung des NUDAFA-Radverkehrsatlas (→ S. 80) zeigen, dass gemeinsame Planung und Umsetzung nicht nur Synergien erzeugen, sondern auch Vertrauen, Effizienz und Planungssicherheit fördern. Das IRVM fungierte dabei als moderierende Schnittstelle, die durch die Übernahme von Aufgaben Wissen bündelte, Prozesse steuerte und durch ein eigenes Budget zusätzliche Handlungsspielräume eröffnete. Die Ergebnisse der Begleitforschung bestätigen, dass erfolgreiche Radverkehrsförderung, insbesondere in kleinen Kommunen, dort gelingt, wo engagierte Akteur*innen eng zusammenarbeiten, interkommunale Kooperationen aktiv gestaltet und institutionell unterstützt werden. Durch systematische Akteur*innenanalysen, lernorientierte Verwaltungspraxis und das IRVM konnten nicht nur Hemmnisse abgebaut, sondern auch Strukturen geschaffen werden, die den Radverkehr als gemeinsame kommunale Zukunftsaufgabe wahrnehmen.

Die NUDAFA-Kommunen

Die Projektregion des NUDAFA-Reallabors umfasst die am südöstlichen Rand Berlins gelegenen Gemeinden Eichwalde (A), Zeuthen (B), Schulzendorf (C) und Schönefeld (D) sowie die Städte Wildau (E) und Königs Wusterhausen (F). Sie alle gehören zum Landkreis Dahme-Spreewald. Die Bevölkerungszahlen reichen von etwa 6.500 in der kleinsten Kommune Eichwalde bis zu rund 40.000 in der Stadt Königs Wusterhausen. Diese auch als „Nordkommunen" bezeichneten Orte gehören zur Hauptstadtregion und unterliegen damit besonderen infrastrukturellen, demografischen und wirtschaftlichen Rahmenbedingungen.

In dieser Region treffen die sozioökonomische Dynamik des Berliner Umlands und des stark wachsenden Flughafenumfelds auf ein Gebiet mit sowohl suburbanen als auch ländlich geprägten Strukturen. Die Gemeinden Eichwalde, Zeuthen und Schulzendorf sowie die Stadt Wildau bilden siedlungsstrukturell eine nahezu zusammenhängende Einheit — administrativ getrennt durch Ortsschilder, funktional und verkehrlich jedoch eng verflochten. Im Gegensatz dazu weisen andere Teile der Projektregion, insbesondere Schönefeld und Königs Wusterhausen, eine großflächige und teils zersiedelte Siedlungsstruktur auf. Lange Wege zwischen den Ortsteilen bedingen funktionale Verbindungen (z. B. Gewerbe, Versorgung), die teils stärker zu benachbarten Kommunen geknüpft sind als innerhalb der eigenen Kommune. Auch die engen Verkehrsverflechtungen, bestehend durch Pendelbewegungen der Bevölkerung und den Wirtschaftsverkehr, führen zu einem beanspruchten Verkehrsnetz sowie zu wachsenden Flächen- und Umweltbelastungen. Daraus ergeben sich überörtliche Herausforderungen, die eine verstärkte interkommunale Zusammenarbeit erfordern. Zudem verzeichnet ein Großteil der Region deutliche Wachstumsdynamiken. Vor allem Schönefeld und Königs Wusterhausen haben sich in den letzten Jahren beträchtlich entwickelt und zeigen signifikante Zuwächse an Bevölkerung und Arbeitsplätzen. Lediglich Eichwalde sowie Teile von Schulzendorf sind aufgrund der Siedlungsbeschränkungszone des Landesentwicklungsplans Flughafenstandortentwicklung in ihrer Wohnentwicklung eingeschränkt.

Die Lage nahe der Stadt Berlin und dem Flughafen BER sowie die Anbindung an ein dichtes Netz von Straßen, Autobahnen, S-Bahn-, Regional- und Fernbahntrassen sorgen einerseits für eine hohe Erreichbarkeit, schaffen andererseits aber erhebliche räumliche Barrieren. Insbesondere der Flughafen BER mit seinem nicht durchquerbaren Gelände, die großen Verkehrsachsen, aber auch die sich erstreckenden Gewässer erschweren eine durchgängige Erschließung für den Radverkehr. Der Ausbau der Radverkehrsinfrastruktur ist daher nicht nur mit planerischem Aufwand, sondern ebenso mit maßgeblichen Investitionen verbunden. Gleichzeitig bietet das dichte Netz des öffentlichen Verkehrs gute Voraussetzungen für intermodale Verknüpfungen mit dem Radverkehr — eine Chance, die gezielt genutzt werden kann.

Vor diesem Hintergrund der siedlungsstrukturellen Gegebenheiten stellt die Verlagerung vom Autoverkehr auf den Radverkehr ein großes Potenzial dar. Gerade das Pendeln über mittlere und längere Distanzen — etwa zwischen Wohnorten, Gewerbegebieten sowie Schul- und Hochschulstandorten — kann durch eine verbesserte Fahrradinfrastruktur erleichtert werden. Es existieren jedoch zahlreiche Netzlücken, subjektiv unsichere Kreuzungen, Kopfsteinpflasterstraßen mit schlechter Befahrbarkeit und ein Mangel an Radabstellanlagen. Um die alltägliche Nutzung des Fahrrads attraktiv zu gestalten, braucht es eine sichere, durchgängige und komfortable Infrastruktur. Die beteiligten Kommunen sehen sich vor der komplexen Herausforderung, integrierte Radverkehrsplanung mit weiteren administrativen, organisatorischen und wachstumsbedingten Aufgaben zu verknüpfen. Ziel des NUDAFA-Reallabors war daher nicht nur eine Steigerung des Radverkehrs, sondern auch der Ausbau der Radverkehrsinfrastruktur. Eine wesentliche Aufgabe lag in der Unterstützung der Radverkehrsfördernden in den Kommunen und einer Bündelung der Kompetenzen. Im Folgenden werden die Kommunen und ihre Herausforderungen, Aufgaben und Ziele im Allgemeinen wie auch hinsichtlich des Radverkehrs auf Basis von Kommunenbesuchen, Strategiepapieren sowie frei verfügbaren Informationen kurz vorgestellt.

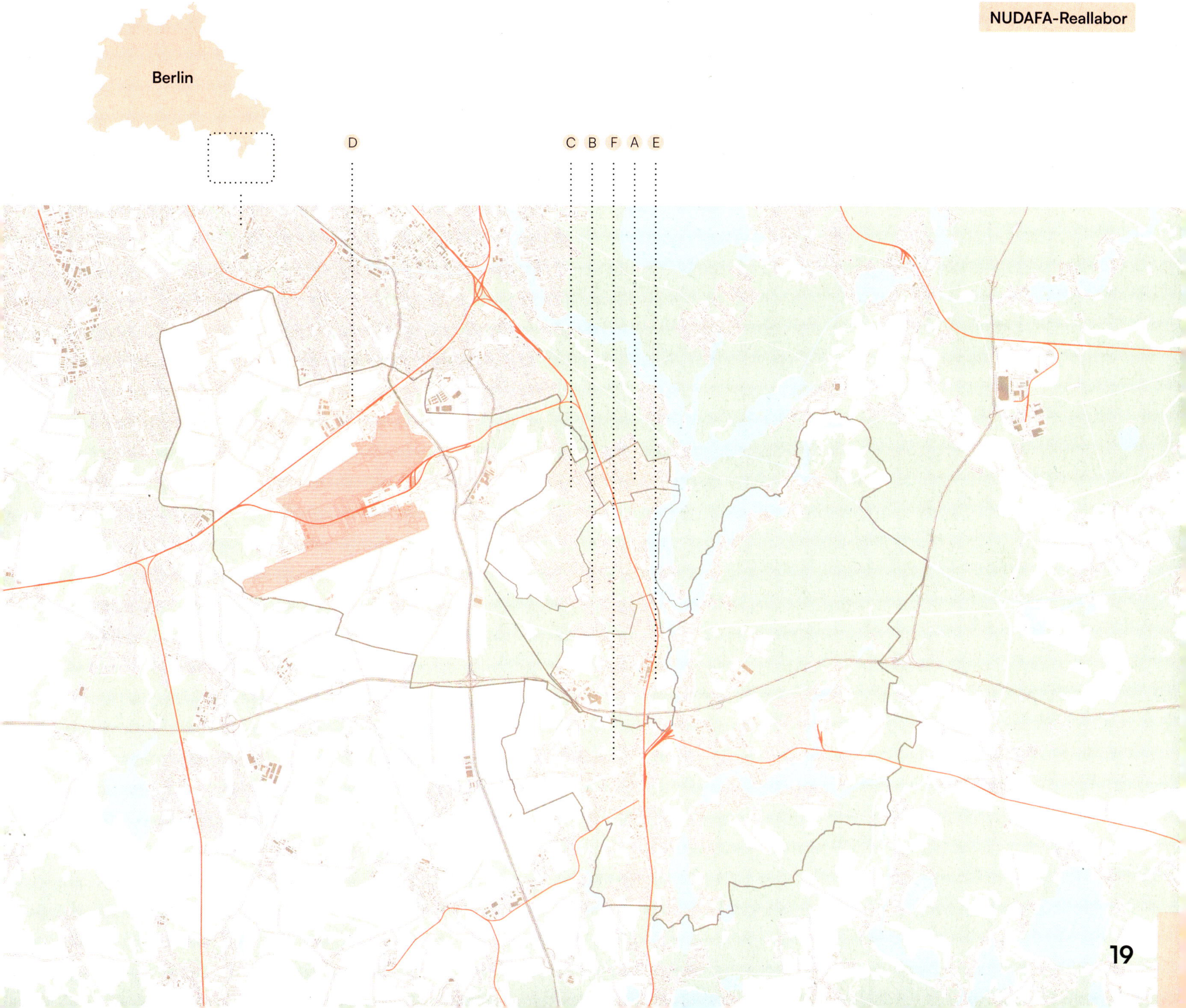
Berlin
D
C
B
F
A
E

Kommunensteckbrief

Eichwalde

Einwohnende

6.505
(Stand 31.12.2025)

Eintritt NUDAFA-Reallabor

März 2020
Sitz der Verbundkoordination und des interkommunalen Radverkehrsmanagements (IRVM) des NUDAFA-Reallabors

Bezug zu NUDAFA-Projekten

Modulares Fahrradparkhaus (→ S. 100)
Interkommunaler Radweg (→ S. 116)
Komfortables Kopfsteinpflaster (→ S. 126)
Tempo-30-Zone mit innenliegender Tempo-20-Zone (→ S. 134)
Quick Wins der Radverkehrsinfrastruktur (→ S. 138)
Lastenräder für die Bevölkerung (→ S. 148)
Das NUDAFAmobil (→ S. 154)
Ortskernbeirat (→ S. 158)
Tag der Mobilität (→ S. 172)
STADTRADELN (→ S. 176)
Projektwoche BikeBuddies (→ S. 180)
Partizipative Schulwegkartierung (→ S. 186)
SCHULEXPRESS (→ S. 190)
Dienstradleasing (→ S. 194)

Siedlungs- und Infrastruktur

- amtsfreie Gemeinde; Grundfunktionales Zentrum
- Ein- und Zweifamilienhäuser
- Trennung des Gemeindegebiets aufgrund der S-Bahn-Trasse
- grüner Charakter (Gartenstadtidylle)
- unmittelbare Lage an der Dahme mit Wasserzugang (Badewiese)
- städtisch wirkende Geschäftsstraße im Zentrum der Gemeinde
- in der Fläche nicht weiter entwickelbar, Fokus auf Innenentwicklung
- Grundschule, private Gesamtschule, Gymnasium
- S-Bahnanschluss S, mehrere Buslinien
- negatives Pendlersaldo

Stellenwert Radverkehr

Fokus
temporäre Ansiedlung des interkommunalen Radverkehrsmanagements des NUDAFA-Reallabors in der Gemeindeverwaltung Eichwalde und damit hohe Priorisierung des Radverkehrs

Aufgaben
- Vorantreiben der Verkehrswende
- Entwicklung von Verkehrsbeziehungen
- Bahnquerungen (Schrankenoptimierung)
- Anpassung der Infrastrukturen zur Erleichterung des Radverkehrs (z.B. durch Abschleifen von Kopfsteinpflaster)
- Interkommunaler Radweg (Königs Wusterhausen, Wildau, Zeuthen, Eichwalde)
- Ausbau von Radabstellanlagen

Herausforderungen und Ziele

Herausforderungen
- Koordinierung und Regulierung bestehender Entwicklungen
- Umgang mit Fachkräfte- und Personalmangel in öffentlichen Institutionen (Verwaltung, Kinderbetreuung)
- hoher Entwicklungsdruck bei geringer Flächenverfügbarkeit
- hohe Lärmbelastung durch Flughafen BER

Ziele
- Ausbau sozialer Infrastrukturen (Grundschule)
- Umsetzung des Klimaschutzkonzepts z.B. durch Ausstattung mit Photovoltaikanlagen
- Weiterentwicklung der interkommunalen Zusammenarbeit
- Stärkung des Rad- und Fußverkehrs

*„Viele [Bürger*innen] fahren jetzt Fahrrad. Es hat ja auch politisch einen hohen Stellenwert bekommen — Fahrradfahren, Klimaschutz, Umweltschutz. Und aus dem Grund ist das natürlich an Eichwalde nicht vorbeigegangen [...] und das ist ja auch ein gutes Ziel. Wir haben schon immer das Thema Umwelt, Baumerhalt, Straßenbepflanzungen als sehr wichtig akzeptiert [...]. Der Erhalt des Gartenstadtcharakters [...], das heißt, der Erhalt des Grüns, war uns auch immer wichtig. Und deswegen ist das Thema Fahrrad schon immer dagewesen, aber hat in der Vergangenheit einen zunehmend höheren Stellenwert bekommen."*

Akteur*in Gemeindeverwaltung Eichwalde

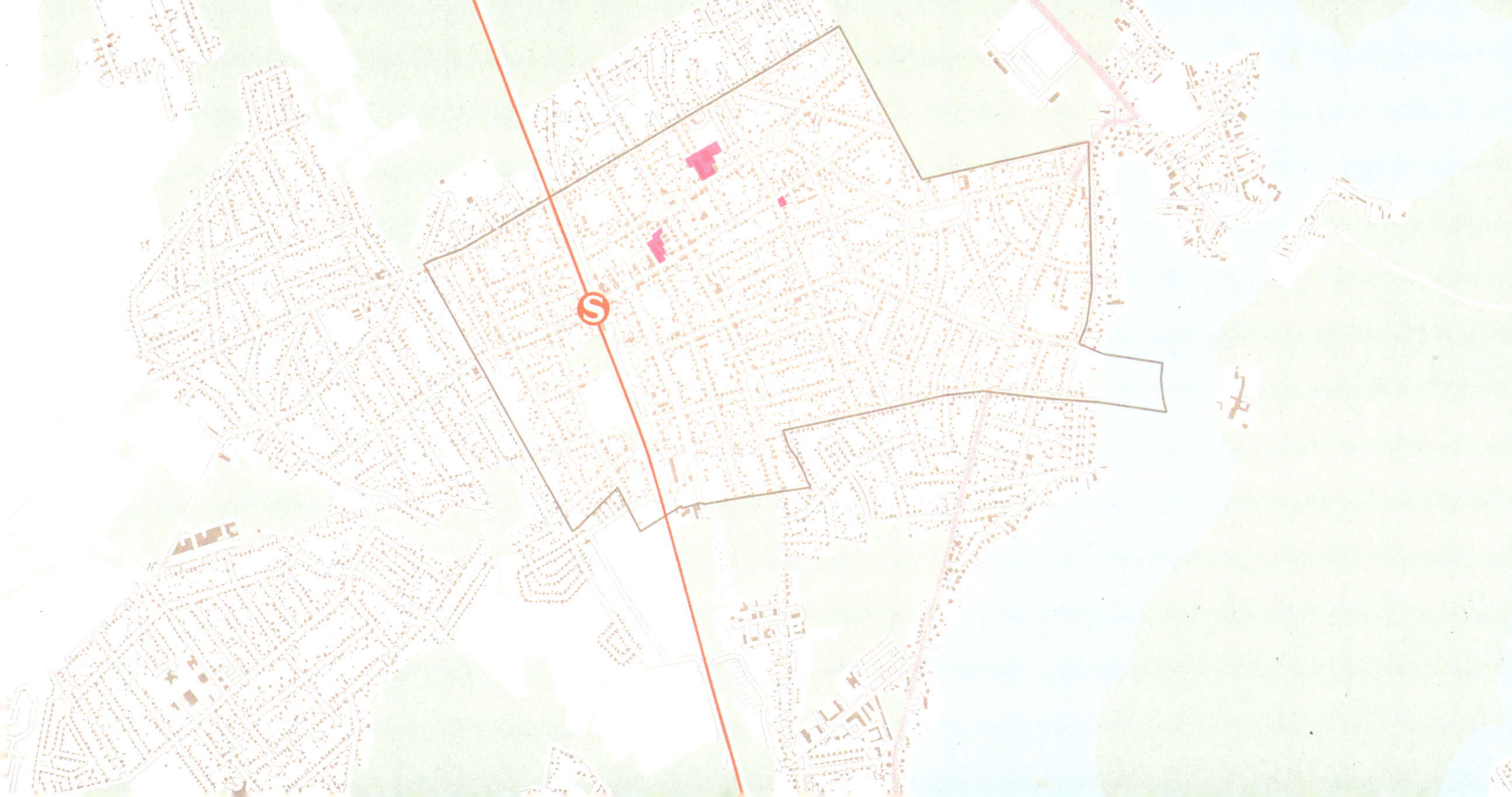

Impulsgeber für das NUDAFA-Reallabor

Interview mit Jörg Jenoch, Bürgermeister der Gemeinde Eichwalde

Politik/Verwaltung

....

Wie und warum setzen Sie sich im Berufsalltag und im Rahmen des NUDAFA-Reallabors für die Förderung des Radverkehrs ein?

*Weil viele Eichwalder*innen sehr radaffin sind, aber die Bedingungen für entspanntes Radfahren in der Gemeinde und sicheres Parken am Bahnhof (für die vielen Pendelnden) nicht gut waren, haben wir zuerst das Leitbild für die künftige Entwicklung Eichwaldes erarbeitet, dann einen Förderantrag für das NUDAFA-Reallabor gestellt und anschließend die Radverkehrsförderung durch die beiden vom Fördermittelgeber (BMFTR) geförderten Mitarbeiter vorangetrieben.*

In welcher Rolle sehen Sie das NUDAFA-Reallabor und welchen Beitrag konnte es leisten?

Das NUDAFA-Reallabor hat die interkommunale Zusammenarbeit auf eine neue Stufe gehoben. Gemeinsam wurden Ideen entwickelt (Interkommunaler Radweg), konkrete Lösungen zur Umsetzung ausgearbeitet, welche als Blaupausen verwendet werden können (Modulares Fahrradparkhaus), sowie Innovationen zusammen mit Firmen auf den Weg gebracht (Abschleifen des Kopfsteinpflasters).

„Das NUDAFA-Reallabor hat die interkommunale Zusammenarbeit auf eine neue Stufe gehoben."

Welche Chancen sehen Sie diesbezüglich speziell bei den NUDAFA-Kommunen?

Die NUDAFA-Kommunen haben in den letzten Jahren sehr vertrauensvoll und erfolgreich zusammengearbeitet, diese Basis nutzen wir gerade sehr intensiv auch bei anderen Projekten.

Was sind aus Ihrer Sicht derzeit die zentralen Herausforderungen bei der Förderung des Radverkehrs im interkommunalen Radverkehrsmanagement?

Die zentralen Herausforderungen liegen darin, dass wir Radverkehr in den Kommunen interkommunal erleben und deshalb auch interkommunal entwickeln müssen. Und wir haben gelernt, dass gemeinsames Planen wichtig ist und die Umsetzung dann am besten auf kommunaler Ebene vorangetrieben wird.

Welche Themen und Aufgabenbereiche müssten künftig noch vertiefter untersucht werden, um bei der Radverkehrsförderung in kleinen Kommunen schneller voranzukommen?

Die Verstetigung dieser Projekte sollte noch intensiver und vor allem früher in der Projektphase untersucht werden.

Kommunensteckbrief

Zeuthen

Einwohnende

11.600
(Stand 31. 12. 2025)

Eintritt NUDAFA-Reallabor

Juli 2021

Bezug zu NUDAFA-Projekten

Interkommunaler Radweg
(→ S. 116)
STADTRADELN
(→ S. 176)
SCHULEXPRESS
(→ S. 190)

Siedlungs- und Infrastruktur

- amtsfreie Gemeinde; Grundfunktionales Zentrum
- überwiegend Einfamilienhäuser in guter bis sehr guter Wohnlage, hohe Grundstücksnachfrage
- Trennung des Gemeindegebiets aufgrund der S-Bahn-Trasse
- grüner Charakter
- Grundschule, Gesamtschule
- S-Bahnanschluss S, mehrere Buslinien
- negatives Pendlersaldo

Stellenwert Radverkehr

Fokus
Anregung eines örtlichen Diskurses zur Verkehrswende sowie Sensibilisierung für den Radverkehr — nicht als Verzicht auf das Auto, sondern mit dem Ziel, beide Verkehrsmittel als sich ergänzende und integrierte Bestandteile der Mobilität zu begreifen (mit Unterstützung des Netzwerks Fahrradfreundliches Zeuthen)

Aufgaben

- Prüfung zur Einführung von Fahrradstraßen innerörtlich trotz Flächenknappheit
- Schaffung weiterer Abstellanlagen für Fahrräder am S-Bahnhof
- Kommunikationskampagnen zur Sensibilisierung, Transparenz, Information
- Schaffung von zentralen Trassen in mehrere Richtungen und dabei Umgang mit Grenzen hinsichtlich der Flächenaufteilung und der Interessen von Grundstückeigentümer*innen
- Interkommunaler Radweg (Königs Wusterhausen, Wildau, Zeuthen, Eichwalde)

Herausforderungen und Ziele

Herausforderungen

- Steuerung des Wachstums nach dem kommunalen Leitbild, die Gemeinde im Einklang mit Natur, Mensch und Umwelt zu entwickeln

Ziele

- Ausbau sozialer Infrastrukturen (Grundschule)
- Förderung der dezentralen Energieversorgung
- Förderung des Tagestourismus
- Reaktivierung der Fährverbindung
- Erschließung und Erneuerung des Wegenetzes

„Und dann kommen eben die Probleme: Wir haben oft Gehwege mit ‚Radverkehr frei' und keine Abstellanlagen [an] zum Beispiel den Bushaltestellen sowie vor unseren Geschäften. Dann will ich den ÖPNV nutzen, kann aber mein Fahrrad […] nirgendwo abstellen. Solche Sachen sind […] in den letzten paar Jahren aufgekommen und haben uns dann auch dazu bewegt, daran zu arbeiten."

Akteur*in Gemeindeverwaltung Zeuthen

Kommunensteckbrief

Schulzendorf

Einwohnende

9.981
(Stand 31. 12. 2025)

Eintritt NUDAFA-Reallabor

Juli 2021

Bezug zu NUDAFA-Projekten

STADTRADELN
(→ S. 176)
SCHULEXPRESS
(→ S. 190)

Siedlungs- und Infrastruktur

- amtsfreie Gemeinde; Grundfunktionales Zentrum
- überwiegend Einfamilienhäuser
- kleines Ortszentrum mit allen Funktionen des täglichen Bedarfs
- Grundschule
- mehrere Buslinien
- kein eigener S-Bahnanschluss, jedoch S-Bahnhöfe S von Eichwalde und Zeuthen in unmittelbarer Nähe
- negatives Pendlersaldo

Stellenwert Radverkehr

Fokus
Entwicklung des Alltagsradverkehrs mit sicheren Geh-, Rad- und Schulwegen

Aufgaben
- integrierte Betrachtung und Entwicklung von Fuß- und Radverkehr mit besonderer Berücksichtigung vulnerabler Gruppen (Senior*innen, Kinder, mobilitätseingeschränkte Personen)
- Verbesserung der Schulwegsicherheit
- Verbesserung der Anbindung an den öffentlichen Personennahverkehr (ÖPNV)
- Ausbau von Gehwegen und Erweiterung um das Verkehrszeichen „Radverkehr frei"
- punktuelle aber effektive Ausbesserungsarbeiten zur Verbesserung der Radinfrastrukturen

Herausforderungen und Ziele

Herausforderungen
- zukünftig weiterer Bevölkerungsanstieg und erhöhtes Verkehrs- und Pendler*innenaufkommen erwartet
- geringe Akzeptanz des ÖPNV und hohe Autoaffinität
- Umgang mit der wirtschaftlichen Entwicklung des (Flughafen-)Umfeldes und den damit einhergehenden Verkehrsströmen

Ziele
- Nutzung des Wachstumspotenzials und der Flächenreserven
- Ausbau sozialer Infrastrukturen (Kindergärten, Schulen), Bau interkommunaler Grundschule mit Schönefeld

„Es muss vieles gemacht werden. […] Um den Radverkehr gleichberechtigt zu behandeln […], müssen [wir] alles dezentral […] in die Seitenbereiche reinbringen. [Dabei haben wir] einen Straßenquerschnitt von 10 bis 12 Metern. Da kann sich jeder ausrechnen, dass [wir] das gar nicht hinkriegen, [den Radverkehr] jetzt auf die Straße zu bringen […].“

Akteur*in Gemeindeverwaltung Schulzendorf

Kommunensteckbrief

Schönefeld

Einwohnende

20.158
(Stand 31. 12. 2025)

Eintritt NUDAFA-Reallabor

Juli 2021

Bezug zu NUDAFA-Projekten

STADTRADELN
(→ S. 176)

Siedlungs- und Infrastruktur

- amtsfreie Gemeinde; Mittelzentrum in Funktionsteilung mit der Stadt Wildau
- sechs Ortsteile (Großziethen, Kiekebusch, Schönefeld, Selchow, Waltersdorf, Waßmannsdorf) mit individuellen städtebaulichen Prägungen
- überwiegend dörflich-grüner Charakter und Wohnstandort mit Einfamilienhäusern; teilweise städtisch geprägte Bereiche mit Reihen-, Doppel- und Mehrfamilienhäusern bis fünf Geschosse sowie urbane Strukturen mit Stadtvillen und Mehrfamilienhäusern bis elf Geschosse (Schönefeld, Großziethen)
- teils bereits entwickelte gewerbliche Fläche mit Gewerbe- und Einzelhandelszentren (Schönefeld, Waltersdorf, Waßmannsdorf); Ansiedlung des Amazon-Standorts (Kiekebusch)
- Flughafen BER
- Mobilitätsbarrieren durch den Flughafen BER und die Verkehrsflächen (Autobahn, Straßen, Bahngleise)
- Teil des regionalen Wachstumskerns „Schönefelder Kreuz“
- zwei Grundschulen, Oberschule, zwei Gymnasien, Oberstufenzentrum
- mehrere Autobahnanschlüsse
- S-Bahnanschluss, mehrere Buslinien
- positives Pendlersaldo

Stellenwert Radverkehr

Fokus
Förderung emissionsarmer Mobilitätsoptionen durch Ausbau des Radverkehrs und anderen Verkehrsträgern als Alternative zum motorisierten Individualverkehr (MIV)

Aufgaben
- Sensibilisierung für die Erfordernisse des Radverkehrs
- Lückenschlüsse und Anbindung der Ortsteile
- Ausbau der Ladeinfrastrukturen für E-Fahrräder
- Entwicklung eines neuen Wohnquartiers mit Fokus auf nachhaltiger Mobilitätsentwicklung (Mobility Hubs, Fokus Umweltverbund)
- Bau eines modularen Fahrradparkhauses (RadPark Waßmannsdorf) und weiteren Abstellanlagen an Mobilitätsschwerpunkten

Herausforderungen und Ziele

Herausforderungen
- starkes Wachstum (vor allem der Ortsteil Schönefeld)
- demografischer Wandel durch Zuzug junger Familien
- Lärmbelastung, Verkehrsbarrieren und überlastete Knotenpunkte durch Verkehrszunahme, Verkehrsflächen (Flughafen BER, Autobahnen, Straßen) und unzureichenden ÖPNV

Ziele
- Entwicklung einer verkehrsgerechten Anbindung an den Flughafen BER (z. B. ÖPNV-Ausbau für Reisende und Radinfrastrukturausbau für Pendler*innen und Tourist*innen) als Alternative zum MIV
- Förderung und Erweiterung des Busnetzes sowie des Rad- und Fußverkehrs
- Ausbau sozialer Infrastrukturen
- Entwicklung des Wirtschaftsstandorts Schönefeld
- Reduzierung des Durchgangsverkehrs in den Ortsteilen und Priorität für Fuß- und Radverkehr, ÖPNV und Lieferverkehr in Wohngebieten
- Balance zwischen den Interessen des Flughafens BER und den Bedürfnissen der Anwohnenden

„Schönefeld ist ja durch viele Barrieren zerschnitten. […] [Wir] haben nicht nur in Ost-West-Ausrichtung die zwei Flugbahnen, sondern […] auch noch eine Bahntrasse, sodass wir wirklich eine Trennung in Nord und Süd bei unseren Radwegen haben. […] So eine Bahn zu überspannen, ist in finanzieller Hinsicht eine große Herausforderung, weil ein Brückenbauwerk [notwendig ist]. […] Auch […] Bauzeitenpläne [und] Sperrzeiten bei der Bahn [sind] kein einfaches Thema. Das macht [es] unter Umständen extrem schwer, [die] Verbindungen zu schaffen, die wir uns alle auch überregional wünschen."

Akteur*in Gemeindeverwaltung Schönefeld

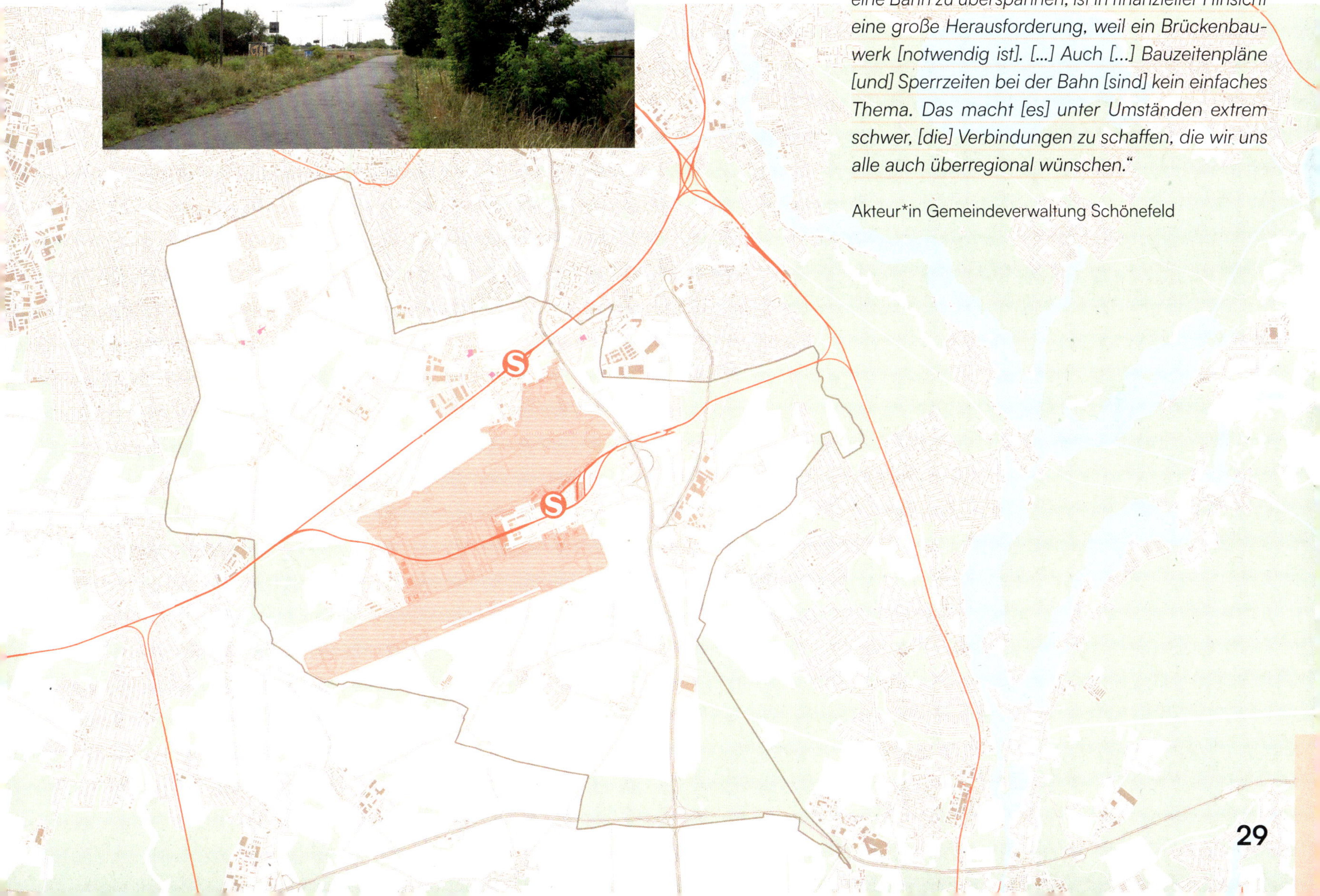

Kommunensteckbrief

Wildau

Einwohnende

11.492
(Stand 31. 12. 2025)

Eintritt NUDAFA-Reallabor

Juli 2021
Sitz der TH Wildau als Projektpartner des NUDAFA-Reallabors

Bezug zu NUDAFA-Projekten

Interkommunaler Radweg
(→ S. 116)
STADTRADELN
(→ S. 176)
Partizipative Schulwegkartierung
(→ S. 186)
Dienstradleasing
(→ S. 194)

Siedlungs- und Infrastruktur

- Stadt; Mittelzentrum in Funktionsteilung mit der Gemeinde Schönefeld
- überwiegend Einfamilienhäuser sowie hoher Anteil an Mietwohnungen in mehrgeschossigem Wohnungsbau
- unmittelbare Lage an der Dahme
- Trennung des Stadtgebiets aufgrund topografischer Unterschiede und der S-Bahn-Trasse, daher kein zentraler Ortskern vorhanden; Einrichtungen des täglichen Bedarfs sind dezentral auf mehrere, räumlich getrennte Standorte im Stadtgebiet verteilt
- gemeinsam mit Königs Wusterhausen größter Binnenhafen Brandenburgs sowie bedeutender Logistik- und Gewerbestandort
- Teil des regionalen Wachstumskerns „Schönefelder Kreuz"; Wissenschafts- und Technologiepark sowie überregional bedeutendes Einkaufszentrum „A10-Center"
- zwei Grundschulen, Freie Waldorfschule, Oberschule, Gymnasium, TH Wildau
- Autobahnanschluss
- S-Bahnanschluss S, mehrere Buslinien
- positives Pendlersaldo

Stellenwert Radverkehr

Fokus
Betrachtung des Radverkehrs als Teil der allgemeinen Verkehrs-/Mobilitätsmaßnahmen

Aufgaben
- Abarbeitung der Maßnahmenliste der AG Rad Wildau (→ S. 43)
- integrierte Betrachtung und Entwicklung von Fuß- und Radverkehr mit besonderer Berücksichtigung vulnerabler Gruppen (Senior*innen, Kinder, mobilitätseingeschränkte Personen)
- Verbesserung der Schulwegsicherheit
- Schaffung von sicheren und witterungsfesten Radabstellanlagen
- Interkommunaler Radweg (Königs Wusterhausen, Wildau, Zeuthen, Eichwalde)

Herausforderungen und Ziele

Herausforderungen
- hoher Finanzbedarf
- fehlende personelle Kapazitäten

Ziele
- Sicherung der Lebensqualität durch Steuerung des Wachstums: Zentrumsentwicklung durch Nachverdichtung, Qualifizierung des Bestands und räumliche Erweiterung, Steuerung der Flächenentwicklung
- Ausbau sozialer Infrastrukturen (Grundschule)
- Steuerung der Verkehrsbelastungen und des steigenden verkehrssystembezogenen Sanierungsbedarfs bei hoher und fortwährend steigender Mobilitätsnachfrage (ÖPNV und MIV)
- Stärkung der Kooperationen zwischen den Kommunen sowie zwischen Kommune und lokaler Wirtschaft in Bezug auf Förderung intermodaler Mobilität (Mobilitätsstationen, Radabstellanlagen)
- Orientierung am Leitbild der „Stadt der kurzen Wege"

„Die AG Rad war [anfangs] eben initiiert und forciert [worden aus] einer quasi engagierten Bürgerschaft [...] und zum Teil auch aus den politischen Gremien der Stadtverordnetenversammlung [...]. [Dabei wurde] diese lange Liste von Einzelmaßnahmen zusammengestellt [...]. Die Forderung an die Teilnehmenden der AG Rad war: Konkretisiert das bitte [und] setzt auch Prioritäten aus eurer Betroffenensicht. Wir können nur immer wieder aus unserer Verwaltungserfahrung und den [...] Vorgängen, die unser Arbeiten bestimmen, die Sachen bewerten. Aber was jetzt für die Wildauer das Beste oder das Dringlichste ist, das könnt ihr [AG Rad] vielleicht besser selber festlegen. Und das hat dann auch dazu geführt, dass eben diese Liste nicht nur ein Sammelsurium darstellt, sondern auch eine Priorisierung und eine durchaus entsprechende Wertigkeit erfahren hat. Und unsere Aufgabe dann daraus abgeleitet, das möglich zu machen.“

Akteur*in Stadtverwaltung Wildau

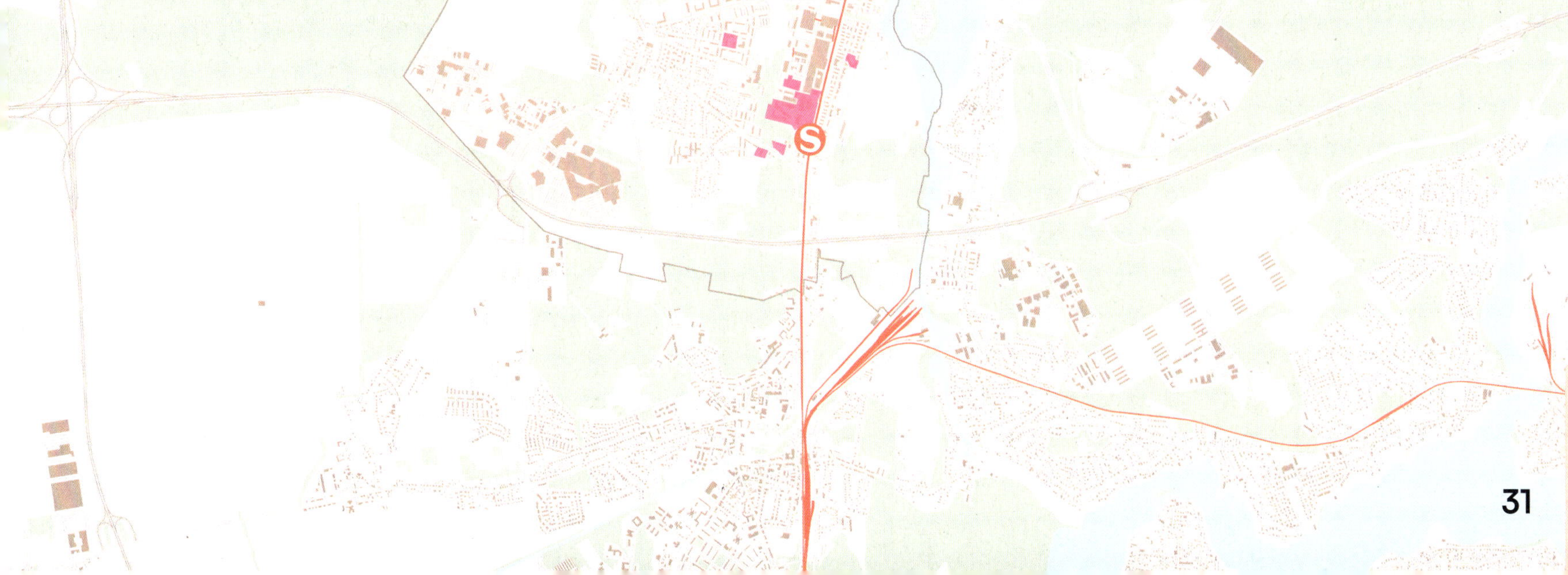

Kommunensteckbrief

Königs Wusterhausen

Einwohnende

40.181
(Stand 31. 12. 2025)

Eintritt NUDAFA-Reallabor

Juli 2021

Bezug zu NUDAFA-Projekten

Interkommunaler Radweg
(→ S. 116)
STADTRADELN
(→ S. 176)

Siedlungs- und Infrastruktur

- Stadt; Mittelzentrum
- teilweise hoher Einfamilienhausanteil
- großräumig verteilte Ortsteile (Diepensee, Kablow, Niederlehme, Senzig, Wernsdorf, Zeesen und Zernsdorf) mit zum Teil dörflichem Charakter, naturnaher Lage in wasserreicher Gegend
- Trennung des Stadtgebiets aufgrund der S-Bahn-Trasse
- gemeinsam mit Wildau größter Binnenhafen Brandenburgs und bedeutender Logistik- und Gewerbestandort
- unmittelbare Lage an der Dahme
- Teil des regionalen Wachstumskerns „Schönefelder Kreuz", Schwerpunkt auf flughafenaffinen Branchen
- Technologiepark Funkerberg
- Zugehörigkeit zur Energieregion Lausitz
- sechs Grundschulen, Brandenburgische Schule für Blinde und Sehbehinderte, zwei Gesamtschulen, zwei Gymnasien, berufliches Gymnasium, Fachoberschule
- Autobahnanschluss
- S-Bahn- S und Regionalbahn-Anschluss, mehrere Buslinien
- negatives Pendlersaldo

Stellenwert Radverkehr

Fokus
Erweiterung und Anpassung des Radverkehrsnetzes zugunsten der Verringerung der Flächenkonkurrenz zu anderen Verkehrsträgern und der bestehenden intermodalen Verknüpfung

Aufgaben
- Abschwächung der starken Konkurrenz zwischen Fuß- und Radverkehr (aufgrund des hohen Anteils an Gehwegen mit dem Verkehrszeichen „Radverkehr frei")
- Ausbau von sicheren Radabstellanlagen, u. a. Bau eines Fahrradparkhauses am Bahnhof
- Sensibilisierung der Politik für das Mobilitätsthema
- Interkommunaler Radweg (Königs Wusterhausen, Wildau, Zeuthen, Eichwalde)

Herausforderungen und Ziele

Herausforderungen
- starke Zunahme an Verkehr durch Siedlungswachstum
- Steuerung der Entwicklungsdynamik (Gestaltung des Verkehrs-, Bevölkerungs- und des Wirtschaftswachstums, Weiterentwicklung und Versorgungspflicht als Mittelzentrum)

Ziele
- funktionale Stärkung der Innenstadt und Funktionsmischung
- Ausbau sozialer Infrastrukturen
- Lückenschlüsse an Ortsteilgrenzen sowie Haltepunkte, Schnittstellen Radverkehr-Schiene und Integration verschiedener Verkehrsträger
- Stärkung des ÖPNV
- Förderung des Nachhaltigkeitsgedankens, Umsetzung von Nachhaltigkeitskonzepten

„Das Problem bei dem Fahrradparkhaus ist so ein bisschen, dass zwar die Planung jetzt schon lange steht und [...] auch schon vorbereitende Maßnahmen getroffen [wurden]. Allerdings findet sich da momentan schwer ein Unternehmen, was dieses Fahrradparkhaus auch baut. [...] Momentan [wird es] erst mal eine Lösung geben, dass wir neue Abstellplätze [Anlehnbügel] bauen [...], woran die Fahrräder angeschlossen werden. Das Parkhaus ist aber nicht aus der Planung raus, es soll langfristig auch gebaut werden [...], aber kurzfristig kann es momentan nicht realisiert werden."

Akteur*in Stadtverwaltung Königs Wusterhausen

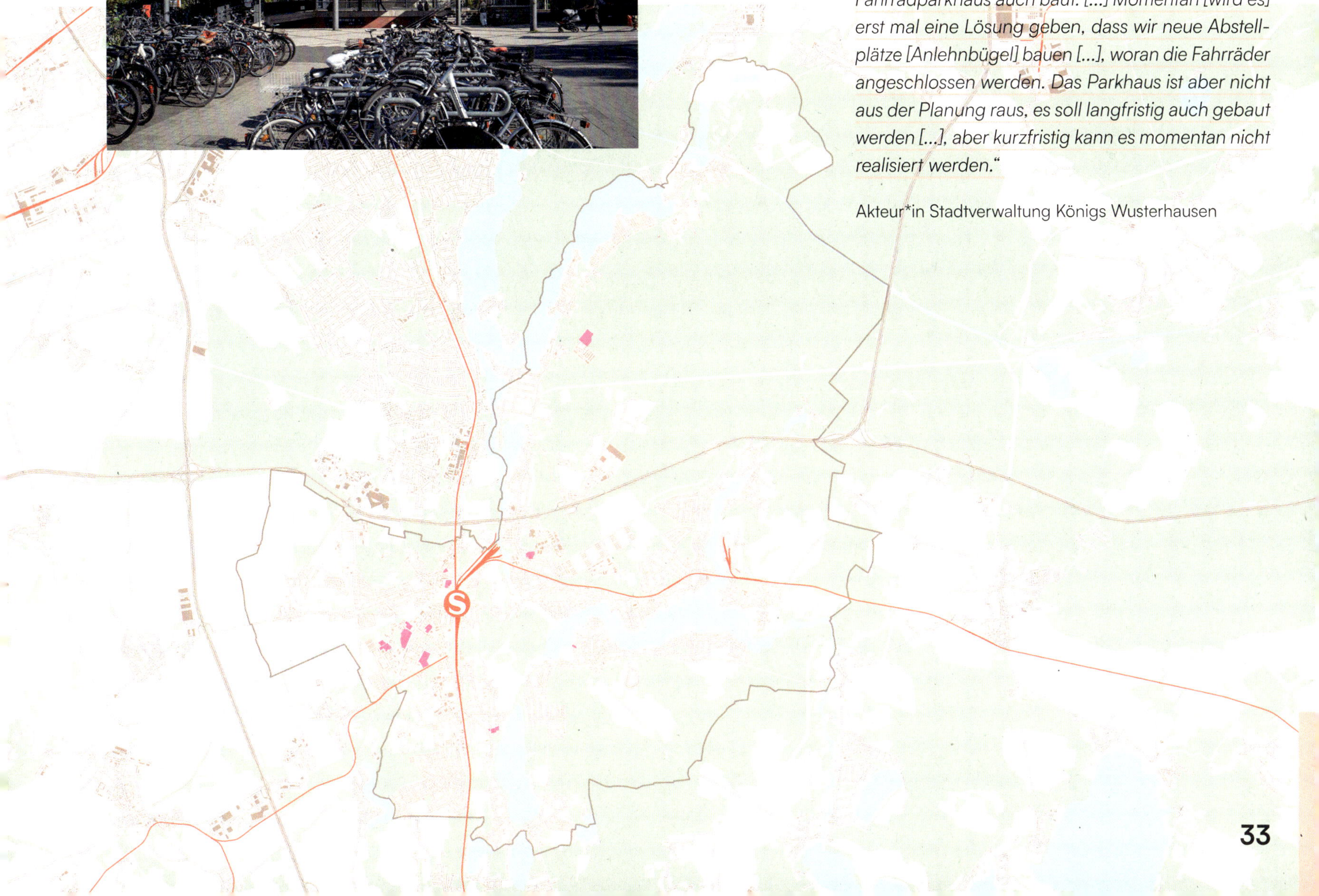

Interkommunale Wege und Kooperationen

Interview mit Michaela Wiezorek, Bürgermeisterin der Stadt Königs Wusterhausen

Politik/Verwaltung

Wie und warum setzen Sie sich für die Förderung des Radverkehrs ein?

Die Stadt Königs Wusterhausen arbeitet seit drei Jahren intensiv an einem Mobilitätskonzept mit einem Planungshorizont bis zum Jahr 2030. Im Rahmen der Erstellung eines Mobilitätskonzeptes wurden konkrete Maßnahmenpakete zur Förderung umweltfreundlicher Verkehrsmittel wie Rad- und Fußverkehr, Bus und Bahn sowie Carsharing in der Stadt Königs Wusterhausen ausgearbeitet. Dem Fuß- und Radverkehr soll hier die Chance und Möglichkeit eingeräumt werden, sich gegen das Konzept der autogerechten Stadt zu behaupten. Das Mobilitätskonzept der Stadt Königs Wusterhausen setzt sich u. a. für die Verbesserung der Radverkehrsinfrastruktur und der Radverkehrssicherheit ein.

In welcher Rolle sehen Sie das NUDAFA-Reallabor und das interkommunale Radverkehrsmanagement und welchen Beitrag konnte es leisten?

Mit Unterstützung des NUDAFA-Reallabors konnten die Kommunen Eichwalde, Zeuthen, Wildau, Königs Wusterhausen gemeinsam Fördermittel einwerben und ein Ingenieurbüro mit der Planung der Radvorrangroute beauftragen. Mit dem Projekt soll der Radverkehr in der Region erleichtert werden. Somit hat das Reallabor im Projekt die Rolle eines Initiators und Vernetzers eingenommen. Das NUDAFA-Reallabor hat einen bedeutsamen Beitrag in der Netzwerkarbeit, Öffentlichkeitsarbeit und Facharbeit geleistet.

Welche Chancen sehen Sie in der interkommunalen Zusammenarbeit?

Das NUDAFA-Projekt hat vielfältige Einblicke in die interkommunale Zusammenarbeit ermöglicht, z. B. in die Steuerung von Vergabeprozessen. Mit dem „Interkommunalen Radweg“ wurde die bereits vorhandene Idee fortgesetzt, einen durchgehenden, bahnbegleitenden Radweg zwischen Eichwalde und Königs Wusterhausen zu entwickeln.

> *„Mit dem ‚Interkommunalen Radweg‘ wurde die bereits vorhandene Idee fortgesetzt, einen durchgehenden, bahnbegleitenden Radweg zwischen Eichwalde und Königs Wusterhausen zu entwickeln.“*

Was sind aus Ihrer Sicht derzeit die zentralen Herausforderungen bei der Förderung des Radverkehrs im Norden des Landkreises Dahme-Spreewald?

Zu den wesentlichen Herausforderungen bei solchen Radwegprojekten gehören u. a. die Finanzierung durch Haushalts- bzw. Fördermittel sowie die komplexen Abstimmungsprozesse der beteiligten Kommunen, beispielsweise in der Ausgestaltung einer Kooperationsvereinbarung.

Welche Themen und Aufgabenbereiche müssten künftig noch vertiefter untersucht werden, um bei der Radverkehrsförderung in kleinen und mittleren Kommunen schneller voranzukommen?

Der Fokus sollte auf die nachfolgenden Aspekte gesetzt werden: Mustervorlagen zur Kooperationsvereinbarung, Vereinheitlichung bzw. Vereinfachung von Vergabeprozessen sowie Übertragung von Beratungsleistungen und die Bereitstellung von Fachwissen.

Interkommunale Zusammenarbeit in den NUDAFA-Kommunen

Wie in den Einzelbeschreibungen bereits ersichtlich, stehen die NUDAFA-Kommunen vor ähnlichen Herausforderungen, die sowohl aus ihrer Größe, ihrer Lage am Rand der Stadt Berlin, ihrer Nähe zum Wachstumsmotor Flughafen BER sowie der verkehrlichen Infrastruktur des Verflechtungsraums, des Autobahnkreuzes und der S-Bahn- und Regionalbahnverbindungen resultieren. Diesen sind starkes Bevölkerungswachstum, häufige Flächen- und Nutzungskonkurrenzen, steigende Anforderungen an soziale, wirtschaftliche und verkehrliche Infrastrukturen sowie finanzielle und personelle Engpässe gegenübergestellt.

Die interkommunale Zusammenarbeit stellt vor diesem Hintergrund ein zentrales strategisches Instrument zur nachhaltigen Raumentwicklung dar. Eine zentrale Voraussetzung dafür ist die funktionale Verflechtung zwischen den Kommunen. In den „Nordkommunen" des Landkreises Dahme-Spreewald (LDS) — zu denen die NUDAFA-Kommunen zählen — bestehen enge Pendlerbeziehungen, gemeinsame Schul- und Versorgungsräume sowie übergreifende Gewerbe- und Wohnstandorte. Neben der räumlichen Verflechtung bilden rechtliche und institutionelle Rahmenbedingungen eine weitere Grundlage der Zusammenarbeit. Das Kommunalrecht des Landes Brandenburg eröffnet unterschiedliche Kooperationsformen, etwa öffentlich-rechtliche Vereinbarungen, Zweckverbände und gemeinsame Einrichtungen. Diese Instrumente ermöglichen es, Aufgaben gemeinsam wahrzunehmen und Ressourcen zu bündeln. Dennoch ist der rechtliche Rahmen allein nicht ausreichend. Entscheidend ist vielmehr der politische Wille zur Kooperation. Interkommunale Zusammenarbeit setzt Vertrauen, Transparenz und die Bereitschaft voraus, partikulare Interessen zugunsten regionaler Gesamtinteressen zurückzustellen. Nur wenn eine gemeinsame Entwicklungsvision besteht, kann Kooperation dauerhaft tragfähig sein. Die Kommunale Arbeitsgemeinschaft Dialogforum Airport Berlin-Brandenburg (Dialogforum BER) hat mit der Erstellung eines gemeinsamen Strukturkonzeptes und einer Verkehrsengpassanalyse für eine Basis einer gemeinsamen Vision gesorgt.

Die Anlässe für eine vertiefte Zusammenarbeit sind in den „Nordkommunen" vielfältig. Anhaltendes Bevölkerungswachstum führt zu steigendem Wohnraumbedarf und zunehmender Belastung sozialer Infrastrukturen wie Schulen und medizinischer Einrichtungen. Gleichzeitig nehmen Verkehrsbelastungen auf den Pendlerachsen Richtung Berlin zu. Verkehrsplanung, Radwegenetze oder Park-and-Ride-Systeme lassen sich effizienter realisieren, wenn sie über Gemeindegrenzen hinweg konzipiert werden. Auch in der Wirtschaftsförderung bietet sich eine koordinierte Strategie an. Interkommunale Gewerbegebiete ermöglichen eine gerechtere Verteilung von Investitionskosten und Steuereinnahmen und verhindern eine konkurrierende Flächenpolitik zwischen Nachbarkommunen. Der Bereich Klimaschutz und -anpassung bietet ebenfalls sinnvolle gebietsübergreifende Kooperationspotenziale, da Umweltprozesse nicht an administrativen Grenzen haltmachen. Zudem stehen kommunale Verwaltungen unter wachsendem Druck. Fachkräftemangel, steigende regulatorische Anforderungen und komplexe Förderverfahren erfordern spezialisierte Kompetenzen, die kleinere Gemeinden häufig nicht allein bewältigen können. Durch gemeinsame Strukturen oder die Bündelung von Fachwissen, Personal- und Finanzressourcen lassen sich Effizienzgewinne erzielen und die Leistungsfähigkeit der öffentlichen Verwaltung sichern.

Auch das NUDAFA-Reallabor knüpfte hier mit dem interkommunalen Radverkehrsmanagement (IRVM) (→ S. 92) an. So konnten Kapazitäten, Wissen und Kompetenzen für Radverkehrsprojekte interkommunal gebündelt und als Gemeinschaftsaufgabe wahrgenommen und bearbeitet werden. Weitere Beispiele funktionierender kommunenübergreifender Kooperationen sind die zentrale Vergabestelle der Gemeinden Zeuthen, Eichwalde und Schulzendorf, der Regionalausschuss (→ S. 43) der Stadt Wildau und der Gemeinden Zeuthen, Eichwalde und Schulzendorf sowie „Kümmern im Verbund", ein interkommunales Pflegeprojekt der Gemeinden Eichwalde, Schönefeld, Schulzendorf und Zeuthen.

Zusammenfassend lässt sich feststellen, dass enge funktionale Verflechtungen, der Entwicklungsdruck des Berliner Umlands sowie begrenzte personelle und finanzielle Ressourcen interkommunale Zusammenarbeit weniger als optionale Ergänzung kommunaler Politik erscheinen lassen, sondern objektive Kooperationsanlässe schaffen und eine strukturelle Notwendigkeit darstellen.

Zeuthen
Eichwalde
Landkreis
Dahme-Spreewald

Strukturen und Akteur*innen im NUDAFA-Reallabor

Das Feld der interkommunalen Akteur*innen

Ziel des NUDAFA-Reallabors ist es, die interkommunale Zusammenarbeit zur Radverkehrsförderung in der Region besser zu verstehen und zu fördern. Die Idee, Radverkehr interkommunal voranzubringen, fußt auf bereits vorhandenen und langfristig gewachsenen Kooperationsbeziehungen der beteiligten Kommunen in anderen Themen und Aufgabenfeldern. So arbeiten die Kommunen in unterschiedlichen Konstellationen und Aufgaben zusammen, wie im gemeinsamen Einwohnermeldeamt oder in der zentralen Vergabestelle der Gemeinden Zeuthen, Eichwalde und Schulzendorf. Da Radfahren in den Kommunen ein fester Bestandteil des Alltags ist und aufgrund der regionalen Siedlungsstruktur kommunenübergreifend praktiziert wird, sind flächendeckende Radverkehrsnetze unerlässlich. Hier wird folglich eine struktuelle Zusammenarbeit notwendig.

Radverkehrsförderung zielt grundsätzlich darauf ab, die Rahmenbedingungen des Radverkehrs zu verbessern und dessen Potenziale zu nutzen. Um das Feld der Radverkehrsförderung in der NUDAFA-Region zu verstehen, wurde eine Akteur*innenkarte (→ S. 40) im Rahmen der Begleitforschung (→ S. 16) erstellt, die die beteiligten Akteur*innen im Projektkontext des NUDAFA-Reallabors abbildet (vgl. Schubert et al., 2001; Schön et al., 2004; Ohlhorst/Kröger, 2015).

Mit der Akteur*innenkarte sollen die Vernetzung innerhalb der Radverkehrsförderung veranschaulicht und zentrale Akteur*innen identifiziert werden, um, aufbauend auf der Kartierung der Personen und Orte, Radverkehrsförderung in der Region gezielt zu realisieren und geeignete Kooperationsstrategien zu entwickeln.

Innerörtliche Pendelnde	Einpendelnde	Auspendelnde	NUDAFA-Kommune
383	811	2.930	Eichwalde
782	1.730	4.912	Zeuthen
515	706	4.468	Schulzendorf
1.711	21.251	9.426	Schönefeld
1.294	6.550	4.713	Wildau
5.373	8.891	14.356	Königs Wusterhausen

Pendelstatistik in den NUDAFA-Kommunen nach Pendleratlas Deutschland 2024

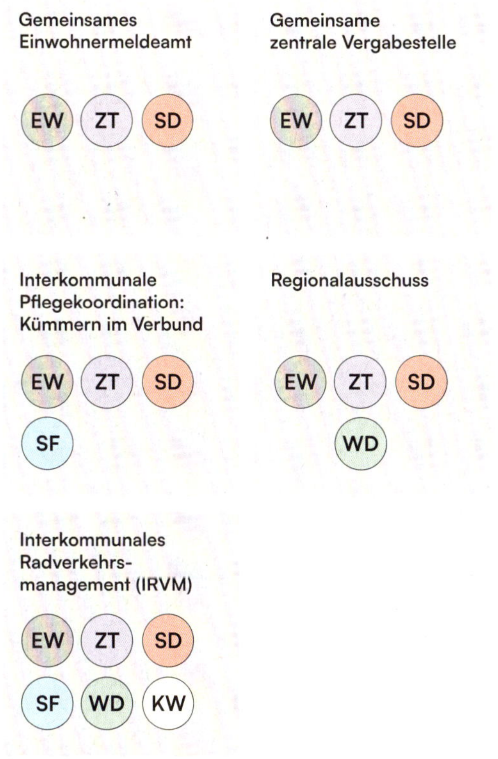

Interkommunale Zusammenschlüsse in den NUDAFA-Kommunen

EW — Eichwalde
ZT — Zeuthen
SD — Schulzendorf
SF — Schönefeld
WD — Wildau
KW — Königs Wusterhausen

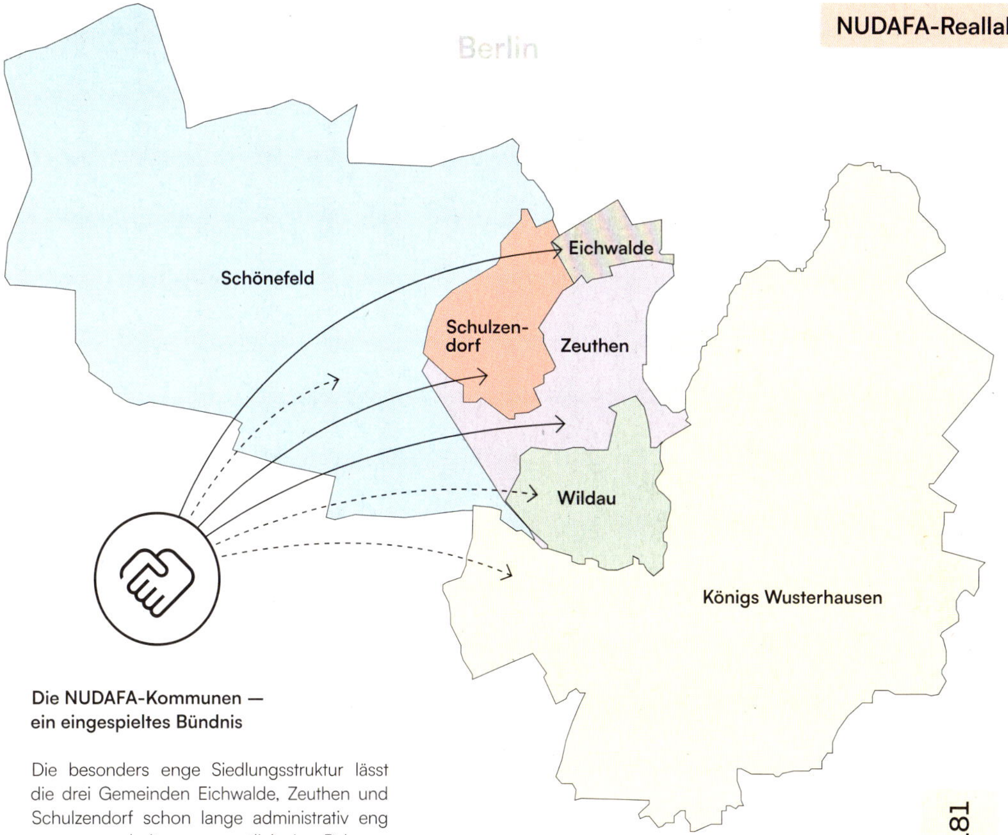

Die NUDAFA-Kommunen — ein eingespieltes Bündnis

Die besonders enge Siedlungsstruktur lässt die drei Gemeinden Eichwalde, Zeuthen und Schulzendorf schon lange administrativ eng zusammenarbeiten, namentlich im Rahmen des gemeinsamen Einwohnermeldeamts sowie der zentralen Vergabestelle. Um weitere Aufgaben effizient zu erledigen und den Austausch auf politischer Ebene zu intensivieren, erweiterte sich die Kooperation auf die Gemeinde Schönefeld sowie die Städte Wildau und Königs Wusterhausen. Das interkommunale Radverkehrsmanagement (IRVM) ist als weitere interkommunale Einrichtung folgerichtig.

99.917 Einwohnende

Fast 100.000 Einwohnende leben aktuell in der Region und nutzen die Infrastruktur. Die NUDAFA-Kommunen stehen weiterhin unter massivem Entwicklungsdruck, wobei der flächendeckende Ausbau von Radverkehrsinfrastrukturen eine wichtige interkommunale Stellschraube darstellt, um Verkehr nachhaltig zu gestalten und einen Verkehrskollaps zu vermeiden.

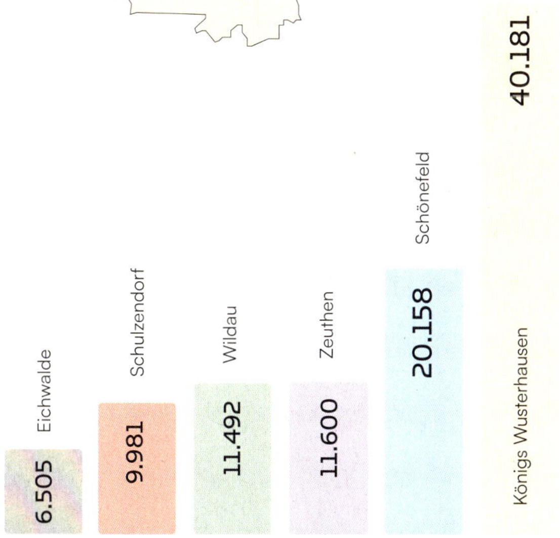

Einwohnende in den NUDAFA-Kommunen (Stand: 31. 12. 2025)

Land Brandenburg

- ADFC Brandenburg
- AGFK Brandenburg
- Landtag
- Radverkehrsbeauftrage (Ministerium für Infrastruktur und Landesplanung)
- Landesverwaltung
- Landesbetrieb Straßenwesen Brandenburg

Landkreis Dahme-Spreewald (LDS)

- ADFC Dahme-Spreewald (Regionalgruppe)
- AG Rad LDS
- Straßenverkehrsbehörde
- Gebäudemanagement (GIM)
- Kreistag
- Kreisverwaltung
- Kämmerei
- Landrat/Landrätin
- SG Bauleit- und strategische Planung
- SG untere Naturschutzbehörde

Interkommunale Zusammenschlüsse

- Nordlichter
- Dialogforum BER
- Regionalausschuss
- Kommunale AG
- Kommunales Nachbarschaftsforum Berlin-Brandenburg e.V. (Nord-Süd-Ost-West, Hauptstadt-Umland)

Kommunen

Eichwalde

- Verwaltung
- interkommunales Radverkehrsmanagement
- Klimaschutzmanagement
- Bauverwaltung
- Finanzverwaltung
- GV Eichwalde
- Ortsentwicklungsausschuss

Zeuthen

- Verwaltung
- GB Fördermittel und Grundsatzfragen
- GB Infrastruktur und Ordnung
- Tiefbau
- zentrale Vergabestelle der Gemeinden Zeuthen, Eichwalde und Schulzendorf
- GV Zeuthen
- Ortsentwicklungsausschuss

Schulzendorf

- Verwaltung
- Tiefbau
- GV Schulzendorf
- Ortsentwicklungsausschuss

Schönefeld

- Verwaltung
- SG Verkehrsplanung
- Ausschuss für Klima, Umwelt und Mobilität
- Bauausschuss
- Ausschuss für Entwicklung
- GV Schönefeld

Wildau

- Verwaltung
- Stadtentwicklung
- Tiefbau
- Liegenschaftsverwaltung
- Klimaschutzmanagement
- Öffentlichkeitsarbeit
- AG Rad Wildau
- SVV Wildau

Königs Wusterhausen

- Verwaltung
- SG Stadtentwicklung
- Tiefbau
- SG Vergabe- und Vertragsmanagement
- SVV Königs Wusterhausen

Einzelne Akteur*innen der jeweiligen Kommune (Personenstärke)

Eichwalde

- Bürgermeister*in
- Leiter*in SG Bauverwaltung
- Akteur*in SG Liegenschaften
- Kämmer*in
- Klimaschutzmanager*in
- interkommunale Radverkehrsmanager*innen
- Akteur*innen Tiefbau
- zivilgesellschaftliche Akteur*innen
- politische Akteur*innen

Zeuthen

- Bürgermeister*in
- stellv. Bürgermeister*in
- Akteur*in GB Fördermittel und Grundsatzfragen
- Akteur*in GB Infrastruktur und Ordnung
- Akteur*innen Tiefbau
- zivilgesellschaftliche Akteur*innen
- politische Akteur*innen

Schulzendorf

- Bürgermeister*in
- Akteur*in Tiefbau
- Bürger*innen GV
- politische Akteur*innen

Schönefeld

- Bürgermeister*in
- Leiter*in Bürgermeisterstab
- Akteur*in SG Verkehrsplanung
- politische Akteur*innen

Wildau

- Bürgermeister*in
- Leiter*in Bauverwaltung
- Klimaschutzmanager*in
- Akteur*in Öffentlichkeitsarbeit
- Teamleiter*in Liegerschaftenverwaltung
- Teamleiter*in Tiefbau
- politische Akteur*innen

Königs Wusterhausen

- Bürgermeister*in
- stellv. Bürgermeister*in
- Leiter*in SG Vergabe- und Vertragsmanagement
- Akteur*innen SG Vergabe- und Vertragsmanagement
- Akteur*innen SG Stadtentwicklung
- Akteur*innen Tiefbau
- zivilgesellschaftliche*r Akteur*in
- politische Akteur*innen

Gesellschaftliche Akteur*innen

- TH Wildau (Radverkehrsprofessur)
- Kinder- und Jugendbeirat Wildau
- Universität Wuppertal
- Wohnungsgenossenschaft Wildau eG
- Gewerbeverein Wildau e.V.
- Radnetz ZES+
- KJV e.V.
- Eichwalder Gewerbeverband 92 e.V.
- Bike2BER
- Waldkinderkarten Eichwalde e.V.
- Tourismusverband Dahme-Seenland e.V.
- fLotte Berlin e.V.
- Flughafen Berlin Brandenburg GmbH
- Schönefelder Gewerbeverein e.V.
- Tief- und Leitungsbau Walddrehna GmbH
- Sachverständigenbüro Fritzsche
- Vermessungsbüro Möhring
- Baugrundbüro Wenzel
- Spreeplan Verkehr GmbH
- DB Fahrwegdienst GmbH
- Terhalle Holzbau GmbH
- FixMyCity GmbH
- Ziegler Metallbau GmbH
- Gruppe Planwerk GmbH
- complan Kommunalberatung GmbH
- Ingenieurgemeinschaft WTU GmbH
- Gertz Gutsche Rümenapp GbR
- GB infraVelo GmbH

*Akteur*innenkarte*

Akteur*innen im NUDAFA-Reallabor

Die Übersicht zeigt die Personen, die sich im Bereich der Radverkehrsförderung engagieren, sowie die Orte, Arbeitskreise und administrativen Ebenen, in denen die Akteur*innen den Radverkehr verhandeln und gestalten. Die Karte verdeutlicht, dass die Akteur*innen aus verschiedenen Bereichen stammen: der Verwaltung, der Politik, der Zivilgesellschaft sowie der Privatwirtschaft. Sie folgt dieser Grundstruktur und demonstriert die gesellschaftliche Ebene und die verschiedenen administrativen Ebenen, darunter die kommunale und interkommunale Ebene sowie die Landkreis- und die Landesebene. Da es immer wieder Akteur*innen gibt, die in mehreren Gruppen wie Initiativen, Arbeitskreisen oder politischen Gremien aktiv sind, wurden sie separat gesammelt.

Land Brandenburg

Das Land Brandenburg ist neben der Entwicklung von Radverkehrsstrategien und Leitlinien vor allem für den Bau und Betrieb von Landesstraßen sowie für die Bereitstellung von Fördermitteln verantwortlich. Dafür übernimmt es eine Priorisierung von Maßnahmen an Landesstraßen und unterstützt Kommunen bei übergeordneten Projekten. Auf der Landesebene sind etliche landesweit agierende Einrichtungen angesiedelt. Die Radverkehrsbeauftragte des Landes Brandenburg ist dem Ministerium für Infrastruktur und Landesplanung zugeordnet. Daneben ist in Brandenburg der Allgemeine Deutsche Fahrradclub Brandenburg e. V. (ADFC Brandenburg) sowie die Arbeitsgemeinschaft fahrradfreundliche Kommunen (AGFK BB) aktiv.

Landkreis Dahme-Spreewald (LDS)

Der Landkreis bildet die Schnittstelle zwischen Land und Kommune. Er koordiniert die Planung und den Bau von Radwegen an Kreisstraßen und ist für die Vergabe von Fördermitteln zuständig. Der Landkreis unterstützt und berät Kommunen und hat ebenfalls eine Koordinationsfunktion bei der Durchführung interkommunaler Projekte. Eine sehr wichtige Instanz auf der Kreisebene ist die Straßenverkehrsbehörde, die beispielsweise für verkehrsrechtliche Anordnungen verantwortlich ist. Weitere Einrichtungen (Politik, Verwaltung) sind das Sachgebiet für Bauleit- und strategische Planung, die Kreisverwaltung LDS und deren Kämmerei, der Landrat bzw. die Landrätin, der Kreistag LDS und das landkreisweite Gebäudemanagement (GIM) sowie die untere Naturschutzbehörde und Forstabteilung. Zudem gibt es die ADFC-Regionalgruppe Dahme-Spreewald sowie die AG Rad LDS. Der Landkreis stellt über den Kreisstrukturfonds den Kommunen Fördermittel für Maßnahmen der Radverkehrsförderung zur Verfügung.

Interkommunale Zusammenschlüsse

Die interkommunale Ebene ist keine formal administrative Ebene. Die Akteur*innen organisieren sich hier selbst und informell zu Themen des Radverkehrs. Die Gruppe „Nordlichter" etwa ist ein Zusammenschluss der NUDAFA-Kommunen auf Bürgermeister*innen-Ebene. Im politischen Rahmen kommen vier Kommunen im Regionalausschuss regelmäßig zusammen. Zahlreiche Kommunen, Berliner Bezirke und Landkreise rund um den Flughafen BER haben sich im Dialogforum BER zusammengeschlossen. Im Kommunalen Nachbarschaftsforum Berlin Brandenburg e. V. (KNF e. V.) organisieren sich die Berliner Bezirke der Stadt Berlin mit den umliegenden Brandenburger Städten und Gemeinden. Ziel der Zusammenschlüsse ist es, das regionale Wachstum und die regionale Entwicklung zu steuern und Herausforderungen gemeinsam zu bearbeiten. Dazu zählen Pendelnde- und Wanderungsbewegungen, Verkehrsströme und touristische Beziehungen sowie die durch zunehmende Verkehre und Lärm verursachten Belastungen für die Bevölkerung und die Natur.

Kommunen

Der Radverkehr wird innerhalb der Kommunen in unterschiedlichen Fachbereichen und Zuständigkeiten verortet: So können in einer Kommune Radverkehrsbeauftragte (IRVM Eichwalde) bzw. Mobilitätsbeauftragte (Schönefeld) eingesetzt werden, das Thema ist dem Städtebau (Königs Wusterhausen) bzw. dem Klimaschutz zugeordnet oder fokussiert sich auf die Planung und Umsetzung konkreter Maßnahmen durch Ansiedlung in der Tiefbauabteilung (Wildau). Auch in den kommunalpolitischen Gremien findet ein intensiver Austausch mit Radverkehrsbezug statt, etwa in der Gemeindevertretung bzw. der Stadtverordnetenversammlung und Ausschüssen, wie dem Ortsentwicklungsausschuss. Die politischen Gremien stehen dabei im fortwährenden Austausch mit den entsprechenden Sachgebieten der Kommunalverwaltungen. Teilweise bilden sich spezifische Austauschformate aus, die verwaltungsintern agieren oder auch hybrid organisiert sind, z. B. die „Arbeitsgruppe Rad" (AG Rad) in Wildau, in der Akteur*innen aus Verwaltung, Politik und Zivilgesellschaft regelmäßig zusammenkommen, um radverkehrsbezogene Bedarfe zu erfassen, diese in spezifische Maßnahmen zu gießen und in einer Prioritätenliste zu ordnen.

Gesellschaftliche Akteur*innen

Die gesellschaftliche Ebene umfasst die freiwilligen Zusammenschlüsse von Bürger*innen, bspw. in Vereinen und Initiativen, sowie auch nicht-staatliche privatwirtschaftliche Akteur*innen, wie Unternehmen. Auch zivilgesellschaftlich gibt es erheblichen Austausch zum Thema Radverkehr. Hier ist vor allem das Radnetz ZES+ zu nennen, das aus Bürger*innen der Gemeinden Zeuthen, Eichwalde und Schulzendorf besteht. Weiterhin sind in dieser Ebene Dienstleistungsunternehmen aufgeführt, die die Umsetzung von Radverkehrsmaßnahmen unterstützen.

ⓘ Die Konstruktion der Karte erfolgte in mehreren Iterationen. Zunächst wurden verfügbare Protokolle aus politischen Gremien ausgewertet, dann wurde die Karte sukzessive auf Basis der Aktivitäten des interkommunalen Radverkehrsmanagements ergänzt und weiter qualifiziert. Hinzu kommen Informationen, die in teilnehmenden Beobachtungen, in den Kommunenbesuchen sowie durchgeführten Interviews erworben wurden: Aufgrund der Fülle an Kommunikation und Kooperation in den unterschiedlichen Projekten stellt die Karte einen temporären wie inhaltlichen Ausschnitt der Gesamtaktivitäten der Radverkehrsförderung in der Region dar.

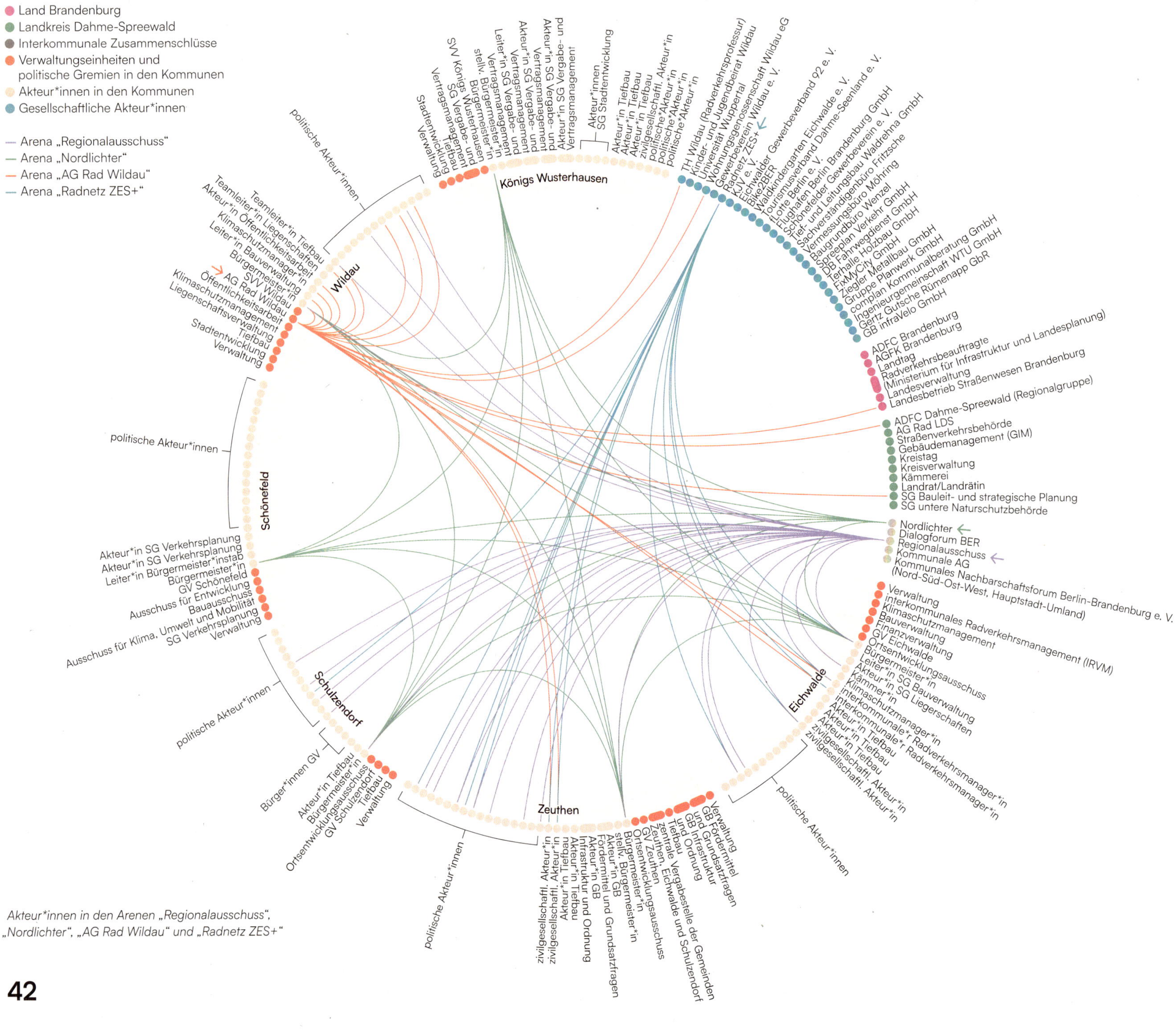

*Akteur*innen in den Arenen „Regionalausschuss“, „Nordlichter“, „AG Rad Wildau“ und „Radnetz ZES+“*

Arenen der Radverkehrsförderung

Die Akteur*innen wirken in unterschiedlichen sogenannten Arenen. Diese Arenen sind soziale, nicht immer räumlich kontextualisierte Formate des Austausches, in denen Perspektiven, Themen, Interessen ausgehandelt, Ressourcen mobilisiert sowie Ideen legitimiert werden (Pohlmann, 2020). In Arenen organisieren und materialisieren sich Ideen, an denen gearbeitet und die zu Projekten und Maßnahmen weiterentwickelt werden; sie dienen der Verfolgung spezifischer Ziele (ebd.). Ihr Zugang kann durch Formalien eingeschränkt sein (z. B. Regionalausschuss) (ebd.). Die Art des Ressourcen- und Informationsaustausches ist Arena-spezifischen Regeln und informellen Routinen unterworfen. Diese variieren von Kommune zu Kommune, worin sich wiederum die Eigenheit der jeweiligen Kommune widerspiegelt. Gleichzeitig zeigt die Akteur*innenkarte, dass engagierte Akteur*innen in mehreren Funktionen aktiv sind, beispielsweise in der „Radnetz ZES+"- Initiative und als politische*r Akteur*in im Regionalausschuss, was wiederum zu einer hohen Kommunikationsdichte zwischen den verschiedenen Arenen führt.

→ Regionalausschuss

Die Kommunen Eichwalde, Zeuthen, Schulzendorf und Wildau sind auf politischer Ebene im Regionalausschuss organisiert. Diese Arena wird intensiv genutzt, um über überkommunal relevante Themen zu sprechen, zu denen auch der Radverkehr gehört. Es werden gemeinsame Strategiekonzepte entwickelt und Maßnahmen diskutiert. Jeweils drei Kommunen entsenden ihre Ausschussmitglieder in rotierender Reihenfolge zu einem Termin in der vierten Kommune. Da ein gemeinsamer Ausschuss kommunalrechtlich nicht vorgesehen ist, tauschen die Kommunen sich dort primär miteinander aus; Beschlüsse werden kommunenintern verfasst.

→ Nordlichter

Ebenfalls auf interkommunaler Ebene arbeitet die Gruppe „Nordlichter", die sich im Zuge des NUDAFA-Reallabors auf der Ebene der Verwaltungsspitzen gebildet hat. Durch kontinuierliche Kommunikation der Bürgermeister*innen wird der Austausch über Ideen, mögliche Projekte und Herausforderungen im Radverkehr priorisiert.

→ AG Rad Wildau

Hybrid, d. h. als Mischung aus Akteur*innen aus Verwaltung, Politik sowie Zivilgesellschaft agiert die „Arbeitsgruppe Rad" (AG Rad) in Wildau. So werden verwaltungsgeführt radverkehrsbezogene Bedarfe erfasst, auf deren Grundlage konkrete Maßnahmen entwickelt und nach Priorität geordnet werden.

→ Radnetz ZES+

Die Zivilgesellschaft trägt wesentlich zum interkommunalen Dialog bei. Besonders hervorzuheben ist die Initiative „Radnetz ZES+", die aus Bürger*innen der Gemeinden Zeuthen, Eichwalde und Schulzendorf besteht und ein Radkonzept für die Region entwarf.

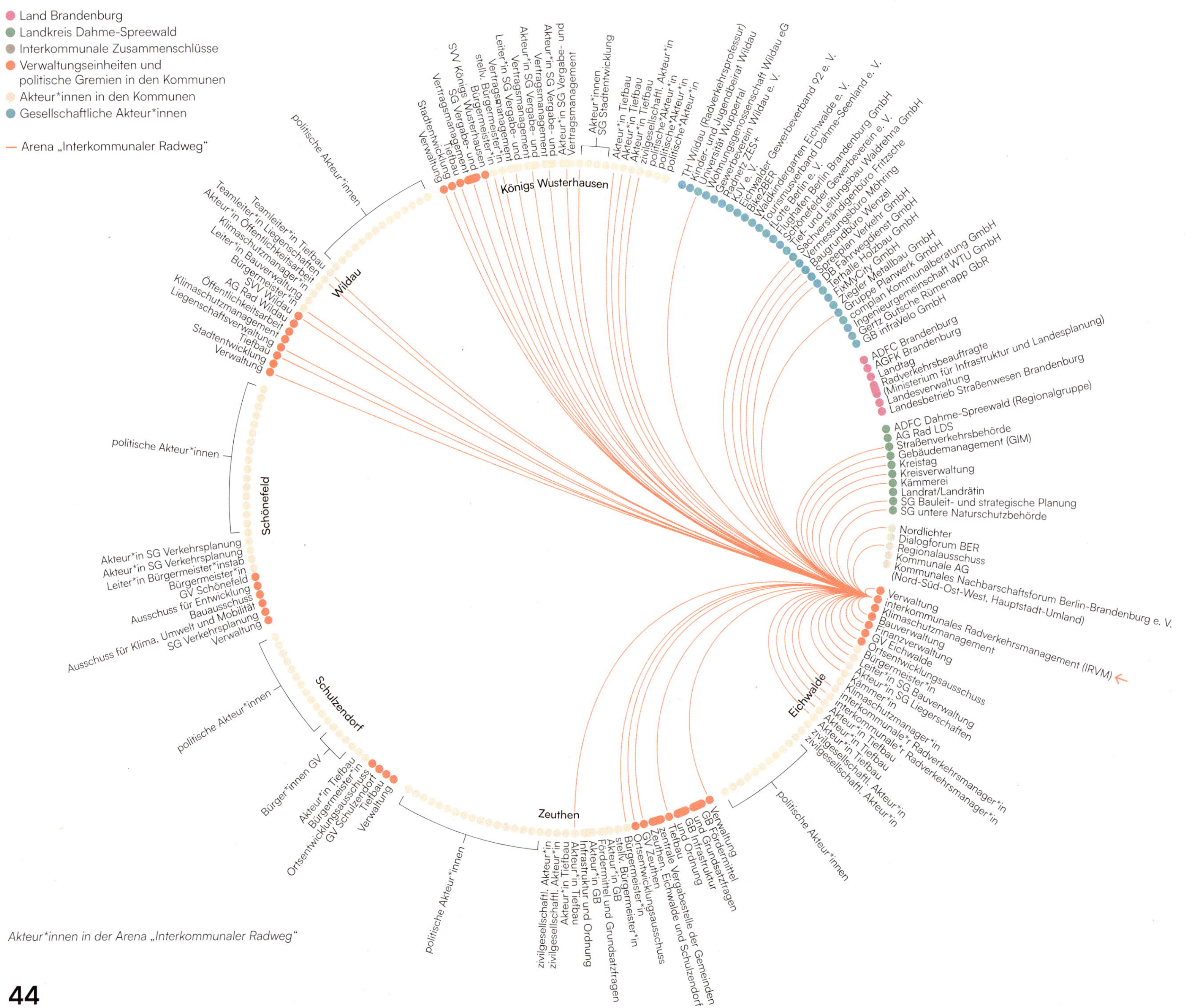

*Akteur*innen in der Arena „Interkommunaler Radweg“*

Beispiel für interkommunale Kooperation: Der „Interkommunale Radweg“

Die im Rahmen des NUDAFA-Reallabors entstandenen interkommunalen Strukturen, Austauschformate und Kooperationsprozesse haben — unterstützt durch das Engagement des interkommunalen Radverkehrsmanagement (IRVM) (→ S. 92) — dazu geführt, dass die Planung eines kommunenübergreifenden Radwegs aufgenommen wurde. Der Interkommunale Radweg (→ S. 116) ist ein gemeinsames Projekt der Kommunen Eichwalde, Zeuthen, Wildau und Königs Wusterhausen. Ziel war es, eine durchgehende Radvorrangroute entlang der Bahnlinie von Königs Wusterhausen nach Eichwalde gemeinsam zu planen. Am Beispiel des „Interkommunalen Radwegs“ zeigt die Karte, dass allein während der ersten drei Planungsphasen (LPH 1—3) zahlreiche Akteur*innen aus den beteiligten Kommunen involviert waren, die wiederum das Projekt in unterschiedlichen kommunalen Fachbereichen bearbeiten sowie in politischen bzw. administrativ-organisatorischen Gremien vorstellen und diskutieren. Darüber hinaus wurden eine Reihe gesellschaftlicher Akteur*innen hinzugezogen, die Dienstleistungen, wie z. B. Vermessung und Baugrunduntersuchung, durchführten. Da die Koordination der Begleitforschung vom IRVM ausgehend untersucht wurde, blieben die jeweiligen kommuneneigenen Prozesse unberücksichtigt.

↘ Insgesamt lässt sich feststellen, dass das Akteur*innenfeld der Radverkehrsförderung in der NUDAFA-Region heterogen ist. Jede Kommune schafft ihre eigenen Strukturen mit Ansiedlung von Stellen und Gestaltung von Stellenprofilen, Zuordnungen in Fachbereiche und politische Ausschüsse sowie verwaltungsinterne oder hybride Arbeitskreise.

Wichtig für eine breite Aufstellung der Radverkehrsförderung ist die Unterstützung gesellschaftlicher Akteur*innen und Initiativen, die lokal verankert, jedoch regional sowie überregional vernetzt sind und mit Politik und Verwaltung kooperieren. So können eine gemeinsame Perspektive für die Region erarbeitet, übergreifende Ziele festgelegt und interkommunale Projekte entwickelt werden. Die regionale Steuerungsfähigkeit wird gestärkt bei gleichzeitiger Wahrung kommunaler Autonomie.

Mit dem Einsatz des IRVM im Rahmen des NUDAFA-Reallabors sind die interkommunalen Netzwerke in der Region erheblich gewachsen, wobei die bereits vorhandenen interkommunalen Strukturen — wie der Regionalausschuss oder die gemeinsame zentrale Vergabestelle — eine entscheidende Grundlage boten. Denn erst im Netzwerk eröffnen sich Möglichkeiten, insbesondere wenn ebenen- und organisationsübergreifend zusammengearbeitet wird. Handlungskapazitäten entfalten sich nicht bei einzelnen Akteur*innen, sondern sind vielmehr der Akteur*innenkonstellation zuzuschreiben.

Ehrenamt als Motor für Radverkehr und das NUDAFA-Reallabor

Interview mit Alf Hamann, ehrenamtlicher Radverkehrsförderer und Mitinitiator des NUDAFA-Reallabors

Zivilgesellschaft/Politik

....

Wie und warum setzen Sie sich ehrenamtlich für die Förderung des Radverkehrs ein?

Radfahren ist gesund, ressourcenschonend und umweltschonend, wird aber durch schlechte Radverkehrsinfrastruktur ausgebremst. Deshalb habe ich 2018 Kontakt zu anderen Rad-Aktiven aufgenommen, wir haben eine regionale Radnetzgruppe (Radnetz ZES+) gegründet, Veranstaltungen gemacht und angefangen, Pläne für eine Verbesserung der Infrastruktur aufzustellen.

Welche Beweggründe haben Sie dazu veranlasst, sich ehrenamtlich am Fördermittelantrag für das NUDAFA-Reallabor zu beteiligen?

Modernisierung von Infrastruktur oder das Reagieren auf neue Herausforderungen wie Klimakrise und Verkehrskollaps kommen nicht von selber. Sie müssen oft von zivilgesellschaftlichen Akteuren vorangetrieben werden. Die NUDAFA-Reallabor-Antragsstellung hat geholfen, die Akzeptanz für Ziele unserer Initiative Radnetz ZES+ in kommunalen bzw. regionalen Gremien zu katalysieren und zugleich eine Professionalisierung durch personelle und finanzielle Ausstattung zu erreichen. Im späteren Verlauf des NUDAFA-Reallabors habe ich mich vor allem um die Telraam-Verkehrszählungen gekümmert.

Welche Rolle hat das NUDAFA-Reallabor Ihrer Wahrnehmung nach in der Region übernommen und welchen Beitrag konnte es zur Förderung des Radverkehrs leisten?

Eine sehr wichtige Rolle, da es erlaubte, verschiedene Konzepte und Ebenen der Förderung des Radverkehrs zu erproben, die erfolgreichen Ansätze praxis- und verwaltungskompatibel zu machen und durch Realisierung von Pilotprojekten öffentliche Aufmerksamkeit und Zuversicht zu erreichen.

Welche Chancen sehen Sie speziell bei den NUDAFA-Kommunen?

Die ineinanderfließende Siedlungsstruktur erleichtert die zivilgesellschaftliche Vernetzung. Gute interkommunale Kommunikation durch gemeinsame Gremien (Regionalausschuss) und kooperierende Bürgermeister waren wichtig für die Umsetzung.

Welche zentralen Herausforderungen sehen Sie bei der Erarbeitung des Radnetzes im NUDAFA-Reallabor?

1. *Das lokale Wissen der Radfahrenden einzubinden,*
2. *eine realisierbare Planung in kommunalen Gremien und Verwaltung zu erarbeiten,*
3. *Fördermittel für eine Finanzierung einzuwerben, da kommunale Haushalte nicht ausreichend ausgestattet sind.*

Welche Themen und Aufgabenbereiche müssten künftig noch vertiefter untersucht werden, um bei der Radverkehrsförderung in kleinen Kommunen schneller voranzukommen?

Es wäre wichtig, genauer zu untersuchen, ob die Planung von Verkehrsstrukturen durch Standardisierung bzw. Modularisierung zu größerer Schnelligkeit und Kosteneffizienz kommen kann. Das Beispiel der modularen Fahrradparkhäuser könnte hier ein vorzügliches Modell sein.

2,1 Fahrräder pro Hausha

pro Person/Tag[1] **16** % alle

Person/Tag[1] **73,2** % der N

Fahrrad zum S-Bahnhof

[1] Eichwalde/Zeuthen 2018 (Erhebung „Mobilität in Städten — SrV")
[2] S-Bahnhof Eichwalde 2023 (Umfrage der Infostelle Fahrradparken)

t[1] **2,3** km mit Fahrrad
Wege mit Fahrrad pro
utzenden fahren mit
ichwalde[2]

Radverkehrsförderung in kleinen und mittleren Kommunen

Hemmnisse in der kommunalen Radverkehrsförderung

Städte und Gemeinden sind formal für die Förderung des lokalen Radverkehrs zuständig und leisten damit einen wesentlichen Beitrag zur nachhaltigen Verkehrswende. In der Praxis zeigt sich jedoch, dass gerade kleine Kommunen vor spezifischen strukturellen, organisatorischen und finanziellen Herausforderungen stehen. Die Förderung des Radverkehrs wird dort durch eine Vielzahl interner und externer Faktoren erschwert, die von begrenzten personellen Kapazitäten über fehlende strategische Zielsetzungen bis hin zu unzureichend etablierten Verwaltungsstrukturen reichen. Zentrale Schwierigkeiten ergeben sich aus dem Mangel an klar definierten Prozessen, übergreifenden Organisationsformen und verbindlichen politischen Leitlinien. In vielen Kommunen fehlen langfristig ausgerichtete Strategien oder eine explizite politische Priorisierung des Radverkehrs (vgl. Wang, 2018; Stein et al., 2022).

Verbindliche Entscheidungen und klare Zielvorgaben könnten jedoch maßgeblich dazu beitragen, Zielkonflikte zwischen Fachabteilungen zu vermeiden und Entscheidungsprozesse zu vereinfachen (vgl. ebd.). Besonders in kleineren Verwaltungen hat die limitierte personelle Ausstattung zur Folge, dass Aufgaben des Radverkehrsmanagements oftmals „nebenbei" erledigt werden und so an Kontinuität und Wirkungskraft verlieren. Ein weiteres Hindernis stellt die unzureichende Integration vorhandener Planungsinstrumente dar. Zwar existieren vielfach Teilkonzepte oder allgemeine Mobilitätsstrategien, doch sind diese selten miteinander verzahnt oder werden nicht systematisch weiterentwickelt (vgl. Stein et al., 2022; Albers/Bugow, 2022).

In kleineren Kommunen wird dadurch die Radverkehrsförderung häufig als Einzelaufgabe behandelt und nicht als Querschnittsthema, das verschiedene Fachbereiche wie Bauverwaltung, Verkehrsplanung, Stadtentwicklung und Umweltmanagement gleichermaßen betrifft. Eine abteilungsübergreifende Zusammenarbeit, die für eine erfolgreiche Radverkehrsförderung notwendig wäre, findet somit nur punktuell statt. Die jahrzehntelange Ausrichtung der kommunalen Verkehrspolitik auf den motorisierten Individualverkehr hat zudem dazu geführt, dass in kleinen Kommunen spezifisches Fachwissen und praktische Kompetenzen im Bereich der Radverkehrsplanung oft lediglich eingeschränkt vorhanden sind. Häufig fehlt es zudem an internem Fachpersonal, sodass verkehrsplanerische Aufgaben von Mitarbeitenden ohne nötige Spezialisierung übernommen werden. Der Aufbau entsprechender Expertise erfordert Zeit, Qualifizierung und zusätzliche Ressourcen, die in den ohnehin stark ausgelasteten Verwaltungen nur schwer bereitzustellen sind (vgl. Wang, 2018; Gaffron, 2002).

Auf der politischen Ebene zeigt sich ein ähnliches Bild: Obwohl das Bewusstsein für die Bedeutung des Radverkehrs als Bestandteil nachhaltiger kommunaler Entwicklung wächst, mangelt es vielerorts an aktiver politischer Unterstützung. Dies spiegelt sich nicht allein in der niedrigen Priorität, die lokale Gremien dem Thema einräumen, sondern auch in der unzureichenden Bewilligung finanzieller Mittel wider (vgl. Wang, 2018; McAndrews et al., 2018).

Hinzu treten Konflikte mit privaten Akteur*innen wie Gewerbetreibenden, Grundstückseigentümer*innen oder Verbänden, die insbesondere in kleineren Gemeinden durch enge persönliche und wirtschaftliche Verflechtungen oft eine erhebliche Tragweite haben. Unklare Beteiligungsverfahren und fehlende Kommunikationsstrategien können dabei die Prozesse zunehmend verzögern und deren Komplexität erhöhen (vgl. Wang, 2018). Erschwerend kommt hinzu, dass die Radverkehrsförderung, trotz der kommunalen Zuständigkeit, rechtlich als freiwillige Aufgabe gilt. Vor allem kleine Kommunen verfügen daher häufig weder über die finanziellen noch über die personellen Mittel, um diese Aufgabe strukturell zu verankern. Die Einrichtung spezialisierter Koordinierungsstellen oder die Entwicklung eigener Radverkehrskonzepte bleibt deshalb meist auf größere Städte beschränkt (vgl. Stein et al., 2022; Wang, 2018; Gaffron, 2002; McAndrews et al., 2018).

Zusammenfassend lässt sich festhalten, dass die Radverkehrsförderung in kleinen Kommunen zunehmend als zentraler Bestandteil nachhaltiger kommunaler Entwicklung anerkannt wird. Ihre Umsetzung wird jedoch durch strukturelle, organisatorische und politische Hemmnisse deutlich erschwert. Fehlende Kapazitäten, sektorales Denken und langwierige Verwaltungsprozesse bremsen die flächendeckende Realisierung notwendiger Maßnahmen, sodass Fortschritte oft nur punktuell sichtbar werden. Gleichwohl besteht ein dringender Bedarf, neue Prozesse und Kooperationsformen zu entwickeln, die in kleineren Kommunen bislang kaum etabliert sind, aber für eine nachhaltige und praxisorientierte Radverkehrsförderung essenziell wären (vgl. Hausigke, 2024).

Wie sich die beschriebenen Hemmnisse ausprägen und inwiefern interkommunale Kooperationen als Lösungsansatz dienen, um die genannten strukturellen Defizite zu überwinden und den Radverkehr als gemeinsame kommunale Aufgabe langfristig zu stärken, kann jedoch kommunal unterschiedlich sein. Die im Buch vorgestellten Projekte (→ S. 99) bieten hierfür Impulse. Obgleich kommunale Akteur*innen mit vielfältigen Hemmnissen in der Radverkehrsförderung konfrontiert sind, findet auf kommunaler Ebene dennoch Radverkehrsentwicklung statt. Daher stellte sich die Frage, mit welchen Strategien lokale Akteur*innen aus der Verwaltung und der Politik auf diese Hemmnisse reagieren. Die nachfolgenden Abschnitte geben dazu Anregungen. Im kommenden Abschnitt wird dargelegt, welche Praktiken die Akteur*innen im Reallabor nutzen, um mit den Hemmnissen umzugehen. Anschließend wird ein Change-Management-Modell erläutert, mit dem systematisch überprüft werden kann, welche Voraussetzungen für erfolgreiche (Veränderungs-)Prozesse noch fehlen. Auf dieser Grundlage lassen sich gezielt Maßnahmen einleiten.

Umgang mit Hemmnissen in der kommunalen Radverkehrsförderung

Im Umgang mit diesen Hemmnissen zeigt sich, dass die Radverkehrsförderung eine aktive Integration in den Verwaltungsalltag benötigt. Kommunales Leadership, die Sensibilisierung für die Erfordernisse des Radverkehrs sowie das Wirken engagierter Einzelakteur*innen entscheiden über den Erfolg eines Projekts.

Um nachzuvollziehen, wie Radverkehrsförderung trotz vielfältiger Hemmnisse und Restriktionen funktioniert, wurden die lokalen Radverkehrsfördernden im Rahmen der Begleitforschung des NUDAFA-Reallabors befragt und ihr Umgang mit Hemmnissen analysiert. Auf Grundlage qualitativer Befragungen und einer praxistheoretisch orientierten Auswertung der durch die Begleitforschung gesammelten Erkenntnisse konnten fünf Praktiken herausgearbeitet werden. Die folgenden Praktiken nutzen die befragten Verwaltungs- und Praxisakteur*innen, um auf die Hemmnissen zu reagieren. Daraus lassen sich Lösungsansätze und Strategien ableiten, die je nach Kontext zum Erfolg beitragen können.

Durchsetzung/Leadership

Einzelne Personen (z. B. Bürgermeister*innen) übernehmen Führungsverantwortung, indem sie gezielt Beschlussvorlagen vorbereiten, diese in politische Gremien einbringen und die Kommunikation zwischen den Akteur*innen und Fachabteilungen innerhalb der Verwaltung sowie zwischen Verwaltung und Politik stärken. Außerdem integrieren sie aktiv Maßnahmen in kommunale Verwaltungsprozesse, priorisieren Aufgaben und gestalten Vorgänge abteilungsübergreifend. Dadurch wird die Relevanz der Radverkehrsförderung im Kanon der kommunalen Pflichtaufgaben betont (→ Das interkommunale Radverkehrsmanagement, S. 92).

Anpassung

Die unterschiedlichen lokalen Gegebenheiten, politischen Rahmenbedingungen und tatsächlichen Nutzungen erfordern flexible und erfahrungsbasierte Arbeitsweisen. Auf interkommunaler Ebene ist es notwendig, diese teilweise unterschiedlichen kommunalen Arbeitsweisen abzustimmen und an gemeinsame Projektziele anzupassen. Beispielsweise kann die Anpassung des Projektvolumens oder die Bündelung bzw. Unterteilung von Maßnahmen hilfreich sein, um politische Unterstützung oder auch interkommunale Synergieeffekte gezielt zu fördern (→ Übersicht, S. 99).

Opportunität

Der Ausbau des Netzwerks und das Bilden von Allianzen spielen eine zentrale Rolle, um Handlungsspielräume zu erweitern, Wissen und Erfahrungen auszutauschen, Prozesse zu beschleunigen und Projekte erfolgreich anzustoßen. Dabei sind individuelle, informelle und professionelle Netzwerke gleichermaßen wichtig. Eine effektive Radverkehrsplanung und erfolgreiche Umsetzung wird durch das Zusammenbringen von Akteur*innen auf kommunaler und interkommunaler Ebene, den Austausch von Ideen und die gemeinsame Entwicklung von Projekten und Maßnahmen gesteigert, z. B. AG Rad Wildau (→ S. 43).

Externalisierung/Auslagerung

Der Einbezug externer Akteur*innen, etwa Gutachter*innen oder Planungsbüros, ist nicht nur hinsichtlich der Ausarbeitung spezifischer Inhalte hilfreich, sondern stärkt auch die Legitimation von Maßnahmen in kommunalpolitischen Entscheidungsprozessen und erleichtert die Kooperation über kommunale Grenzen hinweg. Auf interkommunaler Ebene können vor allem über zivilgesellschaftlich organisierte Arbeitskreise, Austauschformate und Kommunikationsstrukturen geschaffen werden, z. B. Mitgliedschaft bzw. Engagement in der Arbeitsgemeinschaft fahrradfreundlicher Kommunen (AGFK), der AG Rad LDS und dem Dialogforum BER (→ Strukturen und Akteur*innen im NUDAFA-Reallabor, S. 38).

Umgehung

Hemmnisse können auf die Radverkehrsförderung beeinträchtigend, aber auch beschleunigend wirken. Eine restriktive Orientierung an Regelwerken erschwert oft die Anpassung an örtliche Gegebenheiten und verzögert so die kommunale Planung. Andererseits können mit der Übernahme zusätzlicher Aufgaben, etwa der Baulastträgerschaft, Zuständigkeiten umgangen und die Radverkehrsentwicklung in der Kommune vorangebracht werden. Diese zusätzlichen Aufgaben binden wiederum personelle wie finanzielle Ressourcen, wodurch ein Fokus auf die Entwicklung und Gestaltung des Kerngebietes gelegt wird — zulasten der Randbereiche und Übergänge zu benachbarten Kommunen. Auch Definitionsarbeit (z. B. die Definition eines Radweges als Radschnellweg) kann Prioritätenlisten und Zuständigkeiten umgehen, führt jedoch nicht immer zum gewünschten Erfolg.

Abschließend lässt sich festhalten, dass das Gelingen der Radverkehrsförderung maßgeblich davon abhängt, wie flexibel, koordiniert und vernetzt die kommunalen Akteur*innen auf lokale Hemmnisse reagieren. Dabei empfiehlt es sich, verschiedene organisatorische, kommunikative und kreative Ansätze miteinander zu kombinieren, wobei es notwendig ist, die jeweiligen Rahmenbedingungen und Voraussetzungen zu verstehen und darauf aufbauend Lösungsansätze zu entwickeln. Im folgenden Abschnitt wird ein Modell vorgestellt, mit dem in komplexen Systemen kontextspezifisch und systematisch die vor Ort notwendigen Anpassungen identifiziert werden können.

Faktoren und Rahmenbedingungen für eine erfolgreiche kommunale Radverkehrsförderung

Die Förderung des Radverkehrs stellt Kommunen vor eine komplexe Aufgabe, die weit über den Bau von Radwegen hinausgeht. Sie umfasst neben der Infrastruktur auch Serviceangebote, Kommunikation und organisatorische Anpassungen innerhalb der Verwaltung. Die politische und soziale Einbettung kommunaler Prozesse bedingt häufig Verzögerungen und Probleme in der Umsetzung.

Jede Kommune bringt unterschiedliche räumliche, politische und soziale Voraussetzungen mit, weshalb es keine einheitliche Lösung für die Radverkehrsförderung gibt: Die Erfahrungen des NUDAFA-Reallabors mit sechs Partnerkommunen zeigen deutlich, dass jede Kommune eigene, spezifische Herausforderungen zu bewältigen hatte, die teils sehr unterschiedliche Arbeitsweisen und Lösungsansätze erforderten. Entsprechend existiert kein universelles Erfolgsrezept. Verbote, Zielkonflikte, Ressourcenmangel und behördliche Abstimmungsprozesse stellen sich oftmals als (orts-)spezifische Hemmnisse in der kommunalen Radverkehrsförderung (→ S. 50) dar, für deren Überwindung Kommunen und die vor Ort handelnden Akteur*innen entsprechend angepasste Wege entwickeln mussten.

Um Veränderungsprozesse und konkrete Projekte trotz komplexer Rahmenbedingungen produktiv zu gestalten, bietet das Lippitt-Knoster-Modell (→ S. 55; vgl. Villa/Thousand, 2000; Caredda, 2020) eine hilfreiche Grundlage zur Analyse der Erfolgsvoraussetzungen. Es definiert sechs zentrale Komponenten für das Gelingen eines Prozesses: eine abgestimmte Vision, Konsens unter den Akteur*innen, Anreize für die Beteiligten, fachliche Kompetenzen, ausreichende finanzielle und personelle Ressourcen sowie einen Aktionsplan. Fehlt eine dieser Komponenten, entstehen typische Reaktionen wie Verwirrung, Widerstand, Frustration oder Verzögerung (vgl. Kollert/Rudolph, 2025). Das Modell hilft in komplexen und dynamischen Umgebungen, die spezifischen Umsetzungsprobleme zu identifizieren und entsprechende Lösungsansätze zu formulieren. Für das Feld der Radverkehrsförderung lassen sich die sechs Komponenten beschreiben, mit denen die Radverkehrsförderung vor Ort begünstigt werden kann.

Vision

Klare Visionen und überprüfbare Ziele bilden die Basis erfolgreicher Radverkehrsförderung. Fehlen sie, entstehen Zielkonflikte und langwierige Abstimmungsprozesse. Visionen müssen realistisch, gemeinsam entwickelt und an die politischen und finanziellen Rahmenbedingungen angepasst sein. Radverkehrskonzepte oder integrierte Mobilitätsstrategien dienen häufig als handlungsleitende Grundlage und ermöglichen konsistente Entscheidungen.

Konsens

Essenziell ist ein breiter Konsens. Da Radverkehrsförderung keine kommunale Pflichtaufgabe darstellt und häufig mit anderen Politikfeldern konkurriert, sind politische Mehrheiten, Rückhalt aus der Verwaltungsspitze und transparente Beteiligungsprozesse notwendig. Widerstände sind erwartbar, dürfen aber nicht ignoriert werden. Eine offene Kultur der Zusammenarbeit — innerhalb der Verwaltung sowie zwischen Verwaltung, Politik und Bürgerschaft — erweist sich als entscheidend. Strukturelle Anpassungen wie die Einrichtung von Mobilitätsämtern oder abteilungsübergreifende Arbeitsweisen sind häufig hilfreich.

Anreize

Sowohl finanzielle als auch organisatorische oder symbolische Anreize unterstützen Veränderungsprozesse. Fördermittelprogramme können starke externe Impulse setzen, doch die Beantragung von Mitteln erfordert oft zusätzliche Ressourcen und Kompetenzen. Sichtbare Erfolge oder Verbesserungen im Arbeitsalltag der Verwaltung können motivierend wirken und Akzeptanz erhöhen.

Kompetenzen

Angesichts der steigenden Anforderungen an die Radverkehrsplanung sind vielfältige Kompetenzen gefragt: Es bedarf neben planerischen und kommunikativen auch rechtlichen, digitalen und organisatorischen Fähigkeiten. Die Aufgaben verlangen Fachwissen, Koordinationsgeschick, Projektmanagement, Öffentlichkeitsarbeit und den Umgang mit politischen Prozessen. Mangelnde Kompetenzen können Angst vor Fehlern und Überforderung erzeugen, was den Prozess verlangsamt. Ein gezielter Aufbau von Kompetenzen durch Fortbildungen, externe Unterstützung oder klare Zuständigkeitsverteilung wirkt dem entgegen.

Ressourcen

Fehlende Ressourcen zählen zu den häufigsten Hemmnissen. Ohne ausreichendes Personal, Budget und Zeit lassen sich selbst gute Strategien nicht umsetzen. Viele Kommunen leiden unter strukturellem Fachkräftemangel und finanziellen Beschränkungen. Ressourcenengpässe betreffen zudem nicht nur Radverkehrsstellen, sondern auch unterstützende Bereiche wie Vergabe, Ordnungsverwaltung, Finanzen oder Landesbehörden. Prozessoptimierung, Digitalisierung und externe Expertise können Engpässe abfedern, ersetzen aber keine strukturelle Ausstattung.

Aktionsplan

Ein klarer Aktionsplan schafft Orientierung und dient der Prioritätensetzung. Er legt fest, welche Maßnahmen in welcher Reihenfolge realisiert werden, und berücksichtigt vorhandene Abhängigkeiten. Ohne umsichtige Planung entstehen ineffiziente Maßnahmenfolgen oder lückenhafte Netze. Da kommunale Prozesse oft durch unvorhersehbare Verzögerungen geprägt sind, müssen Aktionspläne flexibel anpassbar bleiben. Gleichzeitig ermöglichen erste schnelle Maßnahmen sichtbare Erfolge und stärken politische Unterstützung.

Im Laufe des NUDAFA-Reallabors hat sich herausgestellt, dass drei weitere Faktoren für die Praxis besonders wichtig sind:

1. Eine **solide Datengrundlage** ermöglicht präzise Planung, Fortschrittskontrolle und transparente Argumentation.

2. **Intensive Zusammenarbeit bzw. Kooperationsformen** erweisen sich als unverzichtbar, da Radverkehrsförderung eine Querschnittsaufgabe mit vielen Akteur*innengruppen ist.

3. **Rechtliche Rahmenbedingungen** prägen den kommunalen Handlungsspielraum, wobei zahlreiche Regelwerke weiterhin stark auf den motorisierten Verkehr ausgerichtet sind und entsprechende Expertise erforderlich ist, um Gestaltungsspielräume auszuschöpfen.

Das Lippitt-Knoster-Modell zeigt insgesamt, dass die Faktoren für eine wirksame Radverkehrsförderung eng miteinander verwoben sind. Unterschiedliche Kommunen legen unterschiedliche Schwerpunkte, doch im Kern herrscht Konsens darüber, dass Vision, Zusammenarbeit, Ressourcen, Kompetenzen und ein strukturierter Prozess notwendig sind, um Planungen optimal umsetzen zu können. Eine zentrale Erkenntnis betrifft die Rolle engagierter Einzelakteur*innen, die oft entscheidende Impulse geben, Netzwerke knüpfen und Prozesse vorantreiben. Trotz aller Komplexität bleibt die wichtigste Botschaft: anfangen, lernen und kontinuierlich weiterentwickeln. Erfolgreiche Radverkehrsförderung ist ein langfristiger Transformationsprozess, der Schritt für Schritt gestaltet wird.

→ Weiterführende Literatur

- ADFC (2023): InnoRADQuick. Erfolgsfaktoren für den Wandel zur lebenswerten Stadt.
- Graf, T. (2022): Handbuch: Radverkehr in der Kommune. Nutzertypen, Infrastruktur, Stadtplanung, Marketing. Das Hygge-Modell. Ergänzungen zur ERA.
- Hertel, M. et al. (2024): Kommunale Radverkehrsförderung beschleunigen — Planungsprozess optimieren. Ergebnisse und Empfehlungen des BMBF-Forschungspojekts KoRa. Abschlussbericht.
- Koska, T. et al. (2020): Praxis kommunaler Verkehrswende. Ein Leitfaden.
- Prenzel, T. (2012): Erfolgsfaktoren im kommunalen Radverkehr: Folgerungen für die Praxis.
- Rérat, P. et al. (2024): Velowende: Für eine lebendige Stadt.
- Stein, T.; Bauer, U. (2023): Vom Plan auf die Straße. Wie Kommunen den Ausbau von Radverkehrsinfrastruktur und Parkraummanagement beschleunigen können.
- Stein, T. et al (2022): Was hemmt die Umsetzung der kommunalen Radverkehrsplanung? Erste Ergebnisse aus dem laufenden BMBF-Forschungsprojekt „KoRa […]".

Visionen & Ziele, Leadershop & Führung		Akteur*innen mit einbeziehen, (politische) Alianzen bilden		Motivieren und überzeugende Mehrwerte schaffen		Verantwortlichkeit klären, Fortbildung und Wissenstransfer stärken		Personelle/finanzielle Ressourcen sichern bzw. gerecht verteilen		Entwicklung und Umsetzung klarer Konzepte, Strategien & Strukturen		
Vision	+	Konsens	+	Anreiz	+	Kompetenzen	+	Ressourcen	+	Aktionsplan	=	Erfolg
Vision	+	Konsens	+	Anreiz	+	Kompetenzen	+	Ressourcen	+	Aktionsplan	=	Verwirrung
Vision	+	Konsens	+	Anreiz	+	Kompetenzen	+	Ressourcen	+	Aktionsplan	=	Sabotage
Vision	+	Konsens	+	Anreiz	+	Kompetenzen	+	Ressourcen	+	Aktionsplan	=	Widerstand
Vision	+	Konsens	+	Anreiz	+	Kompetenzen	+	Ressourcen	+	Aktionsplan	=	Angst
Vision	+	Konsens	+	Anreiz	+	Kompetenzen	+	Ressourcen	+	Aktionsplan	=	Frustration
Vision	+	Konsens	+	Anreiz	+	Kompetenzen	+	Ressourcen	+	Aktionsplan	=	Fehlstart

Lippitt-Knoster-Modell zur Implementierung komplexer Transformationsprozesse nach Kollert/Rudolph (2025) in Anlehnung an Villa/Thousand (2000) sowie Caredda (2020)

Aufgabenfelder der kommunalen Radverkehrsförderung

Dieses Kapitel gibt einen Überblick über die zentralen Handlungsfelder in der kommunalen Radverkehrsförderung. Es zeigt auf, welche Aufgaben Radverkehrsplanende in kleinen und mittleren Kommunen neben fachspezifischen Kernbereichen übernehmen. Die acht vorgestellten Aufgabenfelder leiten sich aus den Erkenntnissen des NUDAFA-Reallabors ab, insbesondere aus der Arbeitspraxis des interkommunalen Radverkehrsmanagements (→ S. 92).

Steuerung des Planungsprozesses

Kommunen spielen eine entscheidende Rolle bei der Gestaltung nachhaltiger Mobilität, da sie für die bauliche Umsetzung zuständig sind. Vor allem die Radverkehrsplanung rückt seit einigen Jahren in den Mittelpunkt strategischer Überlegungen, um Klima-, Umwelt- und Gesundheitsziele zu erreichen. Doch die Planung erweist sich als komplex und herausfordernd. Rechtliche Rahmenbedingungen, fachliche Standards, begrenzte Ressourcen und die vielfältigen Interessen der Akteur*innen prägen den Planungsprozess. Die Art der Entwicklung, Koordination und Umsetzung von Radverkehrsmaßnahmen entscheidet daher über ihren Erfolg.

Die Steuerung von Planungsprozessen im Radverkehr ist nicht allein eine technische oder verwaltungsinterne Aufgabe, sondern ein multidimensionaler Prozess, an dem unterschiedliche Fachbereiche (z. B. Klimaschutz, Öffentlichkeitsarbeit, Bau- und Ordnungsverwaltung) sowie die Bevölkerung beteiligt sind. Dabei müssen übergeordnete Ziele wie Klimaschutz, Verkehrssicherheit und die Stärkung des Umweltverbundes mit dem Bedarf an MIV, ÖPNV und Wirtschaftsverkehr sowie den Interessen der Anwohnenden und Gewerbetreibenden in Einklang gebracht werden. Die Steuerung bewegt sich somit im Spannungsfeld zwischen normativen Zielsetzungen, fachlich-planerischen Anforderungen und gesellschaftlicher Akzeptanz.

Für den Planungsprozess sind Leitbilder, Prioritäten und Maßnahmenauswahl ebenso bedeutsam wie die Sicherstellung von Ressourcen, da Radverkehrsprojekte häufig mit anderen Vorhaben konkurrieren. Abgestimmte Leitbilder und Konzepte bilden oft die Grundlage, um Finanz- und Personalressourcen zu sichern, die Koordination mit Kreis, Land und Bund zu erleichtern sowie Förderprogramme zu akquirieren und zu bewirtschaften. Dies erfordert fachliche Expertise sowie ausgeprägte Verwaltungs- und Prozesskompetenz. Der Einbezug der Öffentlichkeit im Rahmen partizipativer Verfahren stärkt die Legitimation von Planungen und liefert wertvolle Impulse für die Ausarbeitung von Maßnahmen, müssen jedoch mit einer effizienten und zielorientierten Planungspraxis in Einklang gebracht werden. Ein weiteres zentrales Element ist die fortlaufende Evaluation und Anpassung der Maßnahmen. Da Radverkehrsplanung im dynamischen Kontext kommunaler Entwicklungen erfolgt, müssen Steuerungsprozesse flexibel auf kurzfristige Anforderungen (z. B. neue Sicherheitsbedarfe, veränderte Verkehrsströme) und langfristige Entwicklungen (z. B. Wandel der Mobilitätskultur, technologische Innovationen) reagieren. Kommunale Steuerung bedeutet somit nicht nur eine einmalige Planung, sondern das kontinuierliche Management eines sich wandelnden Systems. Dabei ist die kommunale Radverkehrsplanung in ein komplexes Mehrebenensystem aus Akteur*innen, Regelungen und Institutionen eingebettet. Die Kommune fungiert dabei als zentrale Schnittstelle, die lokale Bedarfe mit übergeordneten politischen Zielsetzungen und rechtlichen Vorgaben verknüpft und tragfähige Kooperationen mit externen Partner*innen wie Verkehrsverbünden, Nachbarkommunen oder zivilgesellschaftlichen Organisationen etabliert.

Im NUDAFA-Reallabor bildete das interkommunale Radverkehrsmanagement (IRVM) die zentrale Steuerungsinstanz. Zum einen koordinierte es die gemeindeübergreifenden Kooperationen und Akteur*innen im Rahmen von Strategieentwicklungen, zum anderen konzipierte und realisierte es konkrete Projekte.

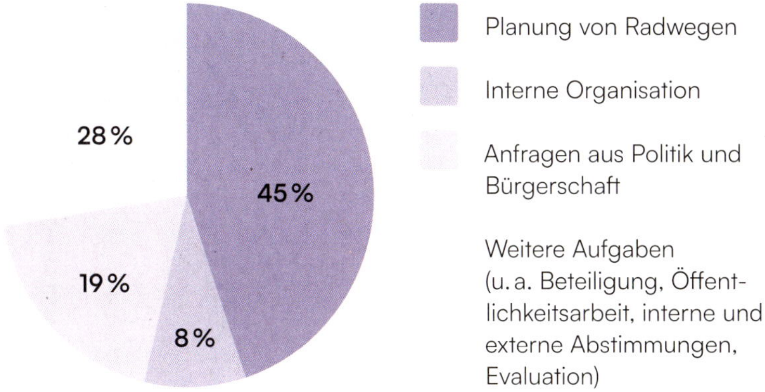

Aufgaben eines Radverkehrsplanenden am Beispiel Hannover nach Stein/Bauer (2023)

Die Steuerung des Planungsprozesses in der Radverkehrsplanung stellt eine Kernaufgabe kommunaler Mobilitätsgestaltung dar. Diese umfasst neben rein planerischer Umsetzung von Infrastrukturprojekten auch strategische Koordination, Ressourcenmanagement, Beteiligungsprozesse, Öffentlichkeitsarbeit und die kontinuierliche Anpassung an sich wandelnde Rahmenbedingungen. Wenn Kommunen diese Steuerungsaufgabe aktiv und kompetent wahrnehmen, können die Potenziale des Radverkehrs für eine nachhaltige Kommunal- und Regionalentwicklung besser ausgeschöpft werden. Die Einbettung in einen integrativen, partizipativen und adaptiven Prozess ist daher entscheidend für den Erfolg moderner Radverkehrsplanung.

Haushalts-/Finanzierungsplanung und Fördermittelakquise

Die Förderung des Radverkehrs ist eine zentrale Aufgabe der kommunalen Verkehrs- und Stadtentwicklungsplanung. Vor dem Hintergrund der politischen Zielsetzungen zur Verkehrswende, Klimaneutralität und Steigerung der Lebensqualität kommt der Finanzierung von Radverkehrsmaßnahmen eine strategische Schlüsselrolle zu. Kommunale Haushalts- und Finanzierungsplanung sowie eine systematische Fördermittelakquise bilden die organisatorische und ökonomische Grundlage für die Radverkehrsförderung. Verantwortlich für diese Aufgabenbereiche ist vorrangig die Bauverwaltung, die eng mit der Finanzverwaltung der Kommune zusammenarbeitet.

In der Haushalts- und Finanzierungsplanung sowie der Fördermittelakquise lassen sich verschiedene Schwerpunkte und Aufgaben ausmachen: Die kommunale Haushaltsplanung als strategisches Steuerungsinstrument definiert die finanziellen Rahmenbedingungen für Investitionen und Unterhalt im Bereich der Radverkehrsinfrastruktur. Dazu zählen sowohl investive Maßnahmen wie der Neu- und Ausbau von Radwegen, Abstellanlagen oder Querungshilfen als auch Ausgaben für Planung, Öffentlichkeitsarbeit und Betrieb. Gerade kleine Kommunen stehen vor der Herausforderung der Finanzierung, da Radverkehrsförderung keine kommunale Pflichtaufgabe darstellt. So sind Kommunen von Fördermitteln abhängig, um Radverkehrsmaßnahmen umsetzen zu können. Besitzen Kommunen ein eigenständiges Radverkehrsbudget, verfügen sie nachweislich über größere Handlungsspielräume und Planungssicherheit. Dies erfordert jedoch die Festsetzung einer mehrjährigen Haushaltsposition für den Radverkehr, die zuvor durch die Gemeindevertretung oder Stadtverordnetenversammlung beschlossen werden muss.

Neben der haushaltsinternen Verankerung verlangt die Realisierung kommunaler Radverkehrskonzepte eine differenzierte Finanzierungsplanung. Durch die Bündelung verschiedener Finanzierungsquellen, etwa aus Eigenmitteln,

Landes- und Bundesprogrammen oder europäischen Fonds, können Maßnahmen zu einem hohen Anteil fremdfinanziert werden.

Kommunen und Landkreise haben die Möglichkeit, sich auf unterschiedliche Förderprogramme zu bewerben: Bund und Länder halten beispielsweise über das Sofortprogramm „Stadt und Land" oder die „Nationale Klimaschutzinitiative" investive Mittel für den Bau von Radverkehrsinfrastrukturanlagen bereit. Auch die Europäische Kommission stellt über den Europäischen Fonds für regionale Entwicklung (EFRE) Mittel u. a. für Radinfrastruktur zur Verfügung. Kleine Kommunen stehen jedoch aufgrund fehlender Expertise und Personalknappheit bei der Antragsstellung oftmals vor Hindernissen, die beispielsweise durch Planungs- und Ingenieurbüros aufgefangen werden können. Zudem bieten die Infostelle Fahrradparken der Deutschen Bahn (DB) und die beim Verkehrsverbund Berlin-Brandenburg (VBB) angesiedelte Vernetzungsstelle Bike and Ride im Land Brandenburg kostenlose Unterstützungsangebote bei der Planung von Fahrradabstellanlagen an Bahnhöfen und deren Umsetzung (→ Modulares Fahrradparkhaus, S. 100).

Fördermittelakquise aktiv zu nutzen, bedeutet für die Kommunen, Förderprogramme systematisch zu beobachten, geeignete Projekte zu identifizieren und fristgerecht Anträge einzureichen. In der Regel müssen die kommunalen Eigenmittel für das Förderprogramm bereits im Haushalt der Kommune berücksichtigt werden. Das heißt, dass die Gemeindevertretung vor Antragstellung davon überzeugt werden muss, entsprechende Mittel für dieses Projekt im Haushalt bereitzustellen und ggf. andere Projekte zurückzustellen — trotz der Unsicherheit, ob eine Bewilligung erteilt wird. Für diesen Prozess ist ein bestehendes Vertrauensverhältnis zwischen Verwaltung und Vertretung unerlässlich. Manchmal wird diese Aufgabe von einer eigens eingerichteten Stelle wie der Fördermittelbewirtschaftung koordiniert, oftmals liegt sie jedoch direkt in der Verantwortung der Planenden in der Bauverwaltung. Diese sind dann auch für die Abrechnung der genutzten Förderprogramme zuständig, die manchmal erst Jahre nach der Übergabe an die Öffentlichkeit möglich ist. Außerdem sind sie für die weitere Bewirtschaftung der umgesetzten Projekte verantwortlich. Im NUDAFA-Reallabor muss beispielsweise auch nach Bauabschluss des Modularen Fahrradparkhauses (→ S. 100) die Wartung der Sammelschließanlagen, der Videoanlage und der Winterdienst gewährleistet werden.

Das Mobilitätsforum Bund des Bundesamtes für Logistik und Mobilität (BALM) bietet eine umfassende und stets aktuelle Übersicht zu Fördermöglichkeiten und weitere Informationen sowie digitale Werkzeuge für die Antragsstellung unter www.mobilitaetsforum.bund.de/DE/Foerderungen/foerderungen_node.html.

Im NUDAFA-Reallabor konnte eine effektive und enge Zusammenarbeit verschiedener Fördermittelgebenden auf Bundes-, Länder- und Landkreisebene etabliert werden. So wurden auf Landkreisebene Fördermittel des Kreisstrukturfonds gemeinsam mit den Partnerkommunen für den Interkommunalen Radweg (→ S. 116) eingeworben. Auf Landesebene wurden für das Projekt Lastenräder für die Bevölkerung (→ S. 148) sowie auf Bundesebene für Fahrradabstellanlagen (→ Fahrradbügel, S. 140) Fördermittel akquiriert. Zu Beginn des NUDAFA-Reallabors war es eine Herausforderung, den Radverkehr und dessen Förderung in der Haushaltsplanung der beteiligten Kommunen zu verankern. Dank der engagierten Initiative des Eichwalder Bürgermeisters Jörg Jenoch und des NUDAFA-Teams gelang dies während der sechsjährigen Projektzeit erfolgreich.

↘ Die Haushalts- und Finanzierungsplanung sowie die Fördermittelakquise stellen keine rein administrativen Tätigkeiten dar, sondern sind integraler Bestandteil einer wirkungsorientierten Radverkehrspolitik. Sie bestimmen maßgeblich Umfang, Qualität und Kontinuität kommunaler Maßnahmen. Ein strategisches Finanzmanagement, das Eigenmittel, Fördermittelmanagement und Controlling miteinander verknüpft, ist Voraussetzung für eine kontinuierliche, effiziente und resiliente Radverkehrsförderung. Nur auf dieser Grundlage können Kommunen die Potenziale des Radverkehrs als umweltfreundliche, gesundheitsfördernde und stadtverträgliche Mobilitätsform langfristig erschließen.

Projektanbahnung und Vergabe

Noch bevor konkrete Bauvorhaben verwirklicht werden können, durchlaufen Kommunen den Prozess der Projektanbahnung und Vergabe. Diese frühen Phasen sind entscheidend für den Erfolg von Radverkehrsprojekten, da sie den organisatorischen, rechtlichen und finanziellen Rahmen für die Umsetzung festlegen. Gleichzeitig bringen sie vielfältige Herausforderungen mit sich, die den Planungs- und Realisierungsprozess erheblich beeinflussen können. Hauptantriebskräfte für die Projektanbahnung sind die Bürgermeister*innen der Kommunen oder auch die Bauverwaltungen. Im weiteren Verlauf werden Abteilungen wie die Finanzverwaltung, die Vergabestelle, ggf. die Ordnungsverwaltung und Öffentlichkeitsarbeit in die Projektanbahnung involviert.

Die Projektanbahnung umfasst die Initiierung, Konkretisierung und strategische Einbettung eines Vorhabens. Sie beginnt häufig mit politischen Beschlüssen oder der Aufnahme von Maßnahmen in kommunale Radverkehrskonzepte und Mobilitätspläne. In dieser Phase identifiziert die Bauverwaltung gemeinsam mit der Finanzverwaltung und ggf. auch der Ordnungsverwaltung den konkreten Bedarf, prüft Machbarkeiten und nimmt erste Abstimmungen mit relevanten Akteur*innengruppen vor. Bereits hier zeigt sich, dass kommunale Verwaltungen häufig mit knappen personellen Ressourcen arbeiten und dafür notwendige Fachkompetenzen in Verkehrsplanung, Umweltprüfung oder Fördermittelmanagement sich mitunter angeeignet werden müssen. Zudem erweist sich die Sicherstellung der Finanzierung über kommunale Haushaltsmittel, Landes- oder Bundesförderprogramme als eine grundlegende Voraussetzung, die eng mit der Anbahnung verknüpft ist. Aufschübe oder Unsicherheiten bei der Fördermittelbewilligung können Projekte in dieser frühen Phase erheblich verzögern.

Die anschließende Vergabe von Planungs- und Ingenieurleistungen ist ein weiterer zentraler Schritt. Öffentliche Auftraggeber unterliegen in Deutschland strengen rechtlichen Bestimmungen, insbesondere dem Vergaberecht. Diese sollen Transparenz, Wirtschaftlichkeit und Gleichbehandlung gewährleisten, stellen Kommunen jedoch oft vor beträchtliche Anforderungen in Bezug auf Verfahrenssicherheit und Dokumentationspflichten. Gerade die Durchführung dieser komplexen Vergabeverfahren benötigt spezialisiertes Know-how, was das Risiko von Verzögerungen, Anfechtungen oder fehlerhaften Ausschreibungen erhöht. Ein Lösungsansatz wäre hier, Ressourcen und Kompetenzen durch auf interkommunaler Ebene eingerichtete Stellen zu bündeln, wie dies im Fall der gemeinsamen Vergabestelle der Gemeinden Zeuthen, Eichwalde und Schulzendorf gelang.

Für eine erfolgreiche Vergabephase ist eine präzise Leistungsbeschreibung unerlässlich. Kommunen sollten die gewünschten Ziele und Qualitätsstandards so schlüssig formulieren, dass Planungsbüros darauf aufbauend belastbare Angebote abgeben können. Dies erfordert bereits in der Anbahnungsphase fundierte Vorüberlegungen und eine klare Definition strategischer Ziele. Unspezifische oder unvollständige Ausschreibungsunterlagen bergen das Risiko späterer Nachträge, Konflikte in der Zusammenarbeit oder Qualitätseinbußen bei der Umsetzung. Durch die Einbindung von Jurist*innen oder Kanzleien lässt sich dieses Risiko minimieren und die Rechtssicherheit steigern. Allerdings müssen mögliche Mehrkosten und zeitliche Verzögerungen dabei berücksichtigt werden.

Die zeitliche Eintaktung der Aufgaben ist für den Gesamtprozess von großer Bedeutung: Förderprogramme sind an knappe Fristen gebunden, die den Kommunen nur wenig Spielraum für sorgfältige Verfahren lassen. Gleichzeitig benötigen Abstimmungen mit politischen Gremien, Bürger*innenbeteiligung oder Umweltprüfungen viel Zeit — hier entsteht ein Spannungsfeld zwischen Gründlichkeit, Transparenz und Effizienz. Um diesen Prozess zu steuern, empfiehlt sich die Beauftragung eines Planungs- oder Ingenieurbüros. Besonders hervorzuheben sind die steuernden und koordinierenden Aufgaben der Kommune in dieser Phase. Die Projektanbahnung und Vergabe finden nicht isoliert in der Verwaltung statt, sondern in einem Netzwerk aus politischen Entscheidungsträger*innen, Fachämtern, externen Dienstleistenden und Bürger*innen. Kommunen übernehmen hierbei eine moderierende Rolle, die ein hohes Maß an Prozess- und Kommunikationskompetenz benötigt.

Im NUDAFA-Reallabor war die Vergabe ein zentraler Baustein großer Projekte wie dem Modularen Fahrradparkhaus (→ S. 100) und dem Interkommunalen Radweg (→ S. 116). Auch kleine Vergaben, die durch das Einholen von drei Angeboten erledigt werden konnten, waren Bestandteil von Projekten, darunter der Beschaffung von Fahrradbügeln (→ S. 140), der Einrichtung einer Lastenradgarage (→ S. 144) sowie Service- und Reparatursäulen (→ S. 142).

Die Projektanbahnung und Vergabe stellen in der Radverkehrsplanung relevante Schlüsselphasen dar, die über das Gelingen eines Projekts entscheiden. Sie sind geprägt von der Notwendigkeit rechtssicherer Verfahren, dem Umgang mit Ressourcenknappheit, der Bewältigung eines angespannten Planungsmarktes und der Integration vielfältiger Akteur*inneninteressen. Kommunen stehen damit vor der Aufgabe, diese Prozesse strategisch zu gestalten und zugleich flexibel auf externe Rahmenbedingungen zu reagieren. Nur durch eine professionelle und vorausschauende Steuerung lassen sich Radverkehrsprojekte erfolgreich realisieren und die übergeordneten Ziele einer nachhaltigen Mobilitätsentwicklung erreichen.

Verkehrszählung

Verkehrszählungen bilden eine wichtige Grundlage für eine fundierte und zukunftsorientierte Mobilitäts- und Verkehrsplanung in den Gemeinden. Sie liefern Daten über Verkehrsaufkommen, Verteilung auf einzelne Verkehrsmittel (Modal Split), Tages- und Wochenverläufe sowie Geschwindigkeiten und ermöglichen damit ein evidenzbasiertes Handeln im Rahmen nachhaltiger Mobilitätsstrategien. Gemeindeverwaltungen setzen Verkehrserhebungen sowohl an kritischen Stellen wie Unfallhäufungsorten oder verkehrsreichen Knotenpunkten als auch an Dauerzählstellen ein. Während punktuelle Zählungen helfen, akute Probleme zu erkennen sowie Maßnahmen gezielt zu begründen und zu evaluieren, erlauben kontinuierliche Erhebungen, langfristige Entwicklungen der Mobilität zu beobachten und die Wirksamkeit von Maßnahmen über einen längeren Zeitraum zu überprüfen — etwa durch Vorher-Nachher-Vergleiche. In günstigen Fällen können sie eine verlässliche Grundlage für datenbasierte Infrastrukturentscheidungen oder für Förderanträge bereitstellen.

In der Praxis stehen Kommunen häufig vor methodischen Herausforderungen: Die Auswahl geeigneter Zählgeräte, wie Seitenradar, Induktionsschleifen, video- oder KI-basierte Systeme, erfordert technisches Know-how, finanzielle Mittel und ein Verständnis der jeweiligen Vor- und Nachteile. Der Vergleich unterschiedlicher Verfahren kann von Vorteil sein. Je nach Zielsetzung und Ressourcen eignen sich manuelle Zählungen, DIY-Zählsysteme wie Telraam oder kommerziell angebotene Video-, Radar-, Laser- oder LiDAR-Zählgeräte bzw. Dienstleistungen.

Im NUDAFA-Reallabor wurden unterschiedliche Verfahren getestet: die manuelle Zählung, das Zählgerät Telraam sowie die Zählauftragsvergabe an ein Planungsbüro.

Manuelle Zählungen sind zeitaufwendig und daher ideal für exemplarische Kurzzeitmessungen. Sie bieten hohe Genauigkeit, etwa auch bei der Erfassung der exakten Routenführung (z. B. Radfahrende auf dem Bürgersteig), hängen jedoch von Tageszeit, Wochentag und Wetter ab. Für belastbare Maßnahmen sind manuelle Eigenerhebungen in der Regel nicht ausreichend, da normierte und vergleichbare Zählungen (z.B. DTV) erforderlich sind. Sie dienen daher vor allem der ersten Einschätzung und Projektanbahnung und müssen später durch standardisierte Erhebungen qualifizierter Fachbüros ergänzt werden.Die einfachste Variante sind Strichlisten, während Apps wie CounterPoint - Prove It die Buchführung beispielsweise über verschiedene Fahrzeugtypen erleichtern und die Daten öffentlich zugänglich machen. Darüber hinaus ist die manuelle Zählung — ob mit oder ohne App — das Mittel der Wahl zur Erfassung des ruhenden Verkehrs. So wurde im NUDAFA-Reallabor vor dem Bau eines Modularen Fahrradparkhauses (→ S. 100) am S-Bahnhof Eichwalde zur Bedarfsplanung die Anzahl der im Bahnhofsumfeld abgestellten Räder erfasst.

Bei Telraam handelt es sich um ein handliches, video-basiertes Zählgerät, das kostengünstig (für ca. 200 bis 500 €) zu erhalten ist. Es eignet sich für längere, mitunter mehrjährige Zählzeiträume und ist in der Lage, auch Ferienzeiten sowie tages- und jahreszeitliche Schwankungen abzubilden. Die Daten werden datenschutzkonform gespeichert und auf einem öffentlich zugänglichen Server bereitgestellt. Das Gerät wird in der Regel an der Innenseite von Fensterscheiben von Gewerbetreibenden oder privaten Anwohnenden angebracht und sollte sich in etwa drei bis fünf Metern Höhe über Straßenniveau und mit weniger als 15 m Abstand zur Straße befinden, also mit freiem Blick auf die Straße inklusive Bürgersteige und Radwege ausgerichtet werden. Es lässt sich über das Stromnetz oder einen 5-Volt-USB-Netzstecker betreiben. Das Gerät benötigt keinen Internetzugang, um die gesammelten und anonymisierten Daten zu übermitteln. Zudem sind wetterfeste Modelle verfügbar, die eine Montage im Freien ermöglichen. Die korrekte Installation wird durch einen standardisierten Onboarding-Prozess sichergestellt, der die Auswahl geeigneter Standorte vorgibt und eine Anbringung an Orten mit eingeschränkter Sicht, z.B. durch Bäume, verhindert. Dadurch liefern die Zähldaten eine verlässliche Grundlage für erste Gespräche mit Straßenverkehrsbehörden zu verkehrsrechtlichen Anordnungen (→ S. 62). Im NUDAFA-Reallabor hat sich gezeigt, dass bei der Installation mehrerer Geräte in einer Kommune eine zentrale Verwaltung und Anbringung der Geräte durch eine Person effizient ist.

Telraam-Zahlgerät

Zählungen, die von Planungsbüros durchgeführt werden, sind aus Kostengründen in der Regel zeitlich wie räumlich begrenzt, bieten jedoch breitere Analysemöglichkeiten. Üblicherweise erfassen sie in einem 24-stündigen Einsatz alle Verkehrsarten (Leicht-, Schwer-, Fuß- und Radverkehr). Solche punktuellen Zählungen sind insbesondere bei komplexen Verkehrsführungen, etwa an Kreuzungen, hilfreich. Die Ergebnisse der Planungsbüros gelten nach aktuellem Stand als genauer gegenüber einfachen technischen Einrichtungen und werden von amtlichen Stellen daher bevorzugt.

Für längerfristige Zählungen an einzelnen Messorten bieten Seitenradar-Zählgeräte mit integrierten Geschwindigkeitsanzeigen oder Smiley-Displays eine sinnvolle Lösung. Diese Geräte zeigen nicht nur präventiv an, wenn die Geschwindigkeit überschritten wird — beispielsweise durch die Anzeige „Sie fahren zu schnell" oder ein lachendes bzw. trauriges Smiley —, sondern dokumentieren auch wichtige Messdaten wie Fahrzeugtyp, Geschwindigkeit und Uhrzeit, die entweder direkt gespeichert oder über das Netz übertragen werden.

↘ Der kommunalen Verwaltung, die Verkehrszählungen als Steuerungsinstrument für die lokale Mobilitätswende einsetzen möchte, stehen verschiedene Optionen für die quantitative Erfassung des Verkehrsaufkommens zur Verfügung. Weitere Informationen zu Verkehrserhebungen sind dem Technischen Regelwerk „Empfehlungen für Verkehrserhebungen" (FGSV, 2012a) zu entnehmen.

Verkehrsrechtliche Anordnung

Die verkehrsrechtliche Anordnung (VRAO) ist ein zentrales Instrument der kommunalen Verkehrssteuerung. Ziel ist es, mit verkehrsregelnden Maßnahmen wie Geschwindigkeitsbeschränkungen, Halt- und Parkverboten oder der Einrichtung von Fahrradstraßen eine höhere Sicherheit, Ordnung, Umweltschutz und Leichtigkeit des Verkehrs zu gewährleisten (§ 45 Abs. 1 Straßenverkehrsordnung (StVO)). Hauptverantwortlich für die Genehmigung sind die Straßenverkehrsbehörden (StVB), die eng mit der Polizei zusammenarbeiten. Je nach Maßnahme sind das Tiefbauamt sowie das Gebäude- und Liegenschaftsmanagement (GLM) einzubeziehen. Zudem ist stets zu prüfen, welche weiteren Träger öffentlicher Belange (TÖB) eingebunden werden sollten.

In rechtlicher Hinsicht bildet die VRAO einen Dauerverwaltungsakt, der durch das Setzen oder Ändern von Verkehrszeichen sowie durch das Aufbringen von Markierungen in Kraft tritt. Insbesondere bei Vorliegen einer Gefahrenlage ist schnelles Handeln gefordert. Eine solche Situation kann das Ausstellen einer VRAO argumentativ unterstützen. Vor allem bei Parkregelungen, etwa im Zuge von Baumaßnahmen, kommen sie in Kommunen zum Einsatz. Die Genehmigung von Geschwindigkeitsbegrenzungen auf 30 km/h kann wiederum besonders sensible Areale wie Eingangsbereiche von Schulen und Kindergärten schützen — auch ohne qualifizierte Gefahrenlage (§ 45 Abs. 9 StVO — Schutzwürdige Einrichtungen). Zudem ermöglichen Verkehrsversuche und Pop-up-Maßnahmen, z. B. temporäre Radwege, das Testen innovativer Lösungen, sofern eine dauerhafte Umsetzung in Aussicht steht (§ 45 Abs. 1 S. 2 Nr. 6 StVO — Experimentierklausel).

Trotz klarer Ziele — von Verkehrsberuhigung bis hin zur Förderung des Umweltverbunds — sehen sich Kommunen bei der Anwendung von VRAOs mit vielfältigen Herausforderungen konfrontiert. Sie verlangen rechtssichere Entscheidungen, etwa hinsichtlich Gefahrenlage, Sichtbarkeitspflicht von Verkehrszeichen oder Privilegienverbot. Die rechtliche Komplexität erfordert fundierte juristische Expertise, bietet aber auch Ermessensspielräume. Unerlässlich dabei ist die verwaltungsinterne Koordination zwischen Fachämtern (z. B. Ordnungsamt, Tiefbau) und eine gute Vernetzung, die sich jedoch oftmals als vielschichtig und zeitaufwendig erweisen. Zur fachgerechten Planung, rechtlichen Prüfung und Umsetzung werden spezialisierte Ressourcen benötigt, bei denen insbesondere kleine Kommunen strukturell benachteiligt sind und an kommunale Kapazitätsgrenzen stoßen. Transparente Kommunikation und Partizipation der unmittelbar Betroffenen, etwa Anwohnenden oder Gewerbetreibenden, vermeiden Konflikte und steigern die Akzeptanz der Maßnahmen. Schließlich können systematische Monitoring-Konzepte Effekte der Maßnahmen erfassen und bewerten sowie Wissensgewinne hervorbringen, sind jedoch für kleine Kommunen oft schwer umsetzbar.

Auch im NUDAFA-Reallabor konnten öffentlichkeitswirksame verkehrsrechtliche Maßnahmen vorangetrieben werden. So wurde in Eichwalde an der Zeuthener Straße / Tschaikowskistraße eine Bedarfs-Lichtsignalanlage geplant, um Schulkindern und Anwohnenden sichere Querungsmöglichkeiten zu bieten. Außerdem erfolgte flächendeckend die Umsetzung einer Tempo-30-Zone mit innenliegender Tempo-20-Zone (→ S. 134). In Schulzendorf stand die Freiligrathstraße im Fokus: Hier wurde die Einrichtung einer Fahrradstraße in Kombination mit einer Fahrbahnsanierung diskutiert — ein klassischer Fall dafür, wie VRAOs zur Förderung des Radverkehrs eingesetzt werden können.

↘ Verkehrsrechtliche Anordnungen sind ein zentrales Instrument kommunaler Verkehrssteuerung und ermöglichen die Umsetzung sicherheits- und ordnungsrelevanter Maßnahmen. Ihre Anwendung erfordert rechtssichere Entscheidungen, politische Unterstützung bei der Umsetzung mit der StVB, interne Koordination und ausreichende fachliche Ressourcen, stellt Kommunen jedoch vor organisatorische und rechtliche Herausforderungen. Gleichzeitig eröffnen sie Handlungsspielräume, etwa für den Schutz sensibler Bereiche oder für Verkehrsversuche. Eine transparente Kommunikation und begleitende Evaluation fördern die Akzeptanz, um verkehrspolitische Ziele wirksam zu erreichen.

Öffentlichkeitsarbeit und Beteiligung

Grundsätzlich ist es sinnvoll, Bürger*innen und von Radverkehrsmaßnahmen Betroffene in Entwicklungsprozesse aktiv einzubinden und zu beteiligen. Dies schafft Vertrauen zwischen Verwaltung, Politik und Bevölkerung und fördert eine lebendige Demokratie. Gemeinsame Lösungsfindungen sorgen zudem dafür, dass Leistungen stärker anerkannt werden, Entscheidungen transparent bleiben und nachvollziehbar sind. Öffentliche Beteiligung bedeutet zunächst, allen betroffenen, interessierten sowie vulnerablen Personen die Möglichkeit zu geben, ihre Anliegen und Bedarfe angemessen zu äußern. Dieser Einbezug erstreckt sich von der Erarbeitung von Leitbildern und Strategien bis hin zur Umsetzung konkreter Projekte. Insbesondere bei der Erstellung von Radverkehrskonzepten (→ S. 68) ist die Beteiligung von Bürger*innen unverzichtbar. Sie liefert wertvolle Erkenntnisse über tatsächlich genutzte Radwegrouten und subjektiv erfasste Gefahrenstellen. Aber auch bei detaillierten infrastrukturellen Planungen wie konkreter Radwegegestaltung (→ Interkommunaler Radweg, S. 116) ist es sinnvoll, die Bevölkerung zur Akzeptanzsteigerung einzubinden. Darüber hinaus zeigt die Erfahrung, dass vor allem Fördermittelgebende großen Wert auf Beteiligung legen.

Die Öffentlichkeit umfasst dabei sowohl Einzelpersonen als auch organisierte Gruppen. Gemischte Arbeitskreise, in denen Akteur*innen aus Politik, Verwaltung und Zivilgesellschaft auf kommunaler Ebene (→ AG Rad Wildau, S. 43) oder Entscheidungsträger*innen aus der kommunalen Verwaltung auf Landkreisebene (z. B. AG Rad LDS) zusammenkommen, fördern den Austausch von Informationen und Erfahrungen. Workshops schaffen einen geeigneten Rahmen, um Maßnahmen zu entwickeln und die Radverkehrsentwicklung voranzutreiben. Für die bedarfsorientierte Planung können gezielt organisierte Interessengruppen oder Initiativen einbezogen werden. Diese bringen praxisnahes Wissen ein, sind in relevante Netzwerke eingebunden, verfügen über Kooperationsfähigkeit und Medienkompetenzen und engagieren sich oft mit großem Einsatz für Radverkehrsbelange und konkrete Projekte. Spezielle Zielgruppen wie Kinder und Jugendliche lassen sich ebenfalls beteiligen (→ Partizipative Schulwegkartierung, S. 186), damit ihre Bedarfe und Voraussetzungen angemessen Berücksichtigung finden und in die Planung einfließen können.

Informative Öffentlichkeitsbeteiligung
(Information)

Konsultative Öffentlichkeitsbeteiligung
(Stellungnahme)

Kooperative Öffentlichkeitsbeteiligung
(Mitbestimmung)

Intensitätsstufen der Öffentlichkeitsarbeit nach Bundeskanzleramt/Lebensministerium (2009)

Öffentlichkeitsarbeit und Beteiligung gliedert sich in drei Stufen: „Informative Öffentlichkeitsbeteiligung (Information)", „Konsultative Öffentlichkeitsbeteiligung (Stellungnahme)" und „Kooperative Öffentlichkeitsbeteiligung (Mitbestimmung)". Die Intensität der Beteiligung hängt dabei maßgeblich von den Rahmenbedingungen des jeweiligen Projekts ab. Dazu zählen Entscheidungsabläufe, rechtliche Vorgaben, Zeitbudgets und verfügbare finanzielle, personelle sowie technische Ressourcen.

Die niedrigste Beteiligungsstufe „Informative Öffentlichkeitsbeteiligung (Information)" zielt darauf ab, das Interesse der Zivilgesellschaft für Radverkehrsthemen zu fördern, die Bürger*innen niedrigschwellig zu einem nachhaltigen Mobilitätsverhalten zu motivieren sowie über aktuelle oder bereits abgeschlossene Projekte zum Radverkehr zu informieren. Hierzu werden Veranstaltungen, Flyer, Zeitungsartikel, Plakate, Aushänge, Beiträge in sozialen Medien oder kommuneneigene Websites genutzt.

Das NUDAFA-Reallabor hat mit dem Tag der Mobilität (→ S. 172) beispielsweise eine Informationsveranstaltung durchgeführt. Um möglichst viele Personen zu erreichen, ist der richtige Zeitpunkt für die Ankündigung einer Veranstaltung entscheidend: Wird zu früh informiert, besteht die Gefahr, dass die Veranstaltung in Vergessenheit gerät. Empfehlenswert ist eine Ankündigung mindestens vier Wochen vor Veranstaltungsbeginn. In Abhängigkeit von finanziellen und personellen Kapazitäten sollte die Aktion breit aufgestellt sein. Je mehr Akteur*innen zu verschiedenen Zeitpunkten eingebunden und vernetzt werden können, desto höher ist der Mehrwert für die Bürger*innen. Bei mehrtägigen Veranstaltungen empfiehlt sich eine Aufsplittung der Attraktionen, um über den gesamten Aktionszeitraum abwechslungsreiche Erlebnisse zu bieten.

Während die Ebene „Informative Öffentlichkeitsbeteiligung (Information)“ nur einseitig — von Planenden und Entscheidungsträger*innen hin zur Öffentlichkeit — verläuft, sind die folgenden Stufen „Konsultative Öffentlichkeitsbeteiligung (Stellungnahme)“ und „Kooperative Öffentlichkeitsbeteiligung (Mitbestimmung)“ von wechselseitiger Kommunikation bestimmt. Diese Beteiligungsformen sind zumeist projektbezogen, wie die im NUDAFA-Reallabor angestoßenen Vorhaben Modulares Fahrradparkhaus (→ S. 100) und Interkommunaler Radweg (→ S. 116) zeigen.

Ist der Austausch zwischen Öffentlichkeit und Entscheidungsträger*innen über einen längeren Zeitraum geplant, kann die Bildung einer projektbezogenen Arbeitsgruppe in Erwägung gezogen werden. So wurde im NUDAFA-Reallabor ein Ortskernbeirat (→ S. 158) zur Umgestaltung der Bahnhofstraße in Eichwalde eingerichtet. Besonders lohnend für die Planung von Radverkehrsprojekten ist das Zusammenwirken zivilgesellschaftlich organisierter Arbeitsgruppen und Institutionen (z. B. kommunale Verwaltung, Radverkehrsbeauftragte, Baulastträger, Verbände und Vereine, Eltern-, Jugend-, Behinderten- und Seniorenvertretungen, Freizeiteinrichtungen, Tourismus, Politik, Wissenschaft und Fachplanung). Diese Vernetzung ermöglicht es allen interessierten und relevanten Akteur*innen und Personengruppen, aktiv am Planungsprozess teilzuhaben, frühzeitig Wünsche und Anliegen einzubringen, ein Problembewusstsein zu entwickeln sowie Stellung zu Planungsentwürfen zu nehmen. Für betroffene Bürger*innen ist dieser partizipative Ansatz äußerst hilfreich. Workshops, Begehungen oder Ortsbefahrungen (→ S. 168) bieten hier einen geeigneten Rahmen, wobei alle betroffenen Akteur*innen bzw. relevanten Personengruppen eingeladen werden sollten.

Zur allgemeinen Öffentlichkeitsarbeit gehört stets die Werbung über Flyer und Plakate. Auch das direkte Ansprechen von potenziell interessierten und vulnerablen Personen und das Verteilen von Flyern an wichtigen Orten wie Schulen und am Bahnhof ist ratsam. Bei projektbezogener Öffentlichkeitsarbeit sollten formelle Wege, beispielsweise Einladungen per Brief oder die Bekanntgabe in politischen Gremien, bevorzugt werden. Eine separate, ggf. persönliche Information der Anwohnenden hat sich ebenfalls bewährt. Eine kommuneninterne Nachbereitung empfiehlt sich bei allen Formen der Öffentlichkeitsarbeit, um Rückschlüsse auf die Wirksamkeit der Maßnahmen ziehen zu können.

↘ Beteiligung in der Radwegeplanung wird auf unterschiedlichen Ebenen eingesetzt, um zum einen die Bedarfe und Wünsche der Radfahrenden festzuhalten, zum anderen die Bevölkerung adäquat zu informieren. Gerade der Radverkehr bietet für Kommunen viele flexible Möglichkeiten, gemeinsam mit den Menschen vor Ort die Verkehrswende attraktiv zu gestalten und aktiv zu entwickeln.

Schulisches Mobilitätsmanagement

Schulisches Mobilitätsmanagement (SMM) ist ein wichtiges Aufgabenfeld der kommunalen Radverkehrsförderung und sollte stets systematisch mitgedacht werden. Anliegen ist es, die Mobilität von Kindern und Jugendlichen durch gezielte Maßnahmen sicher und nachhaltig zu gestalten und sie dabei aktiv in Planungsprozesse einzubeziehen. Kommunen fördern somit frühzeitig die aktive Mobilität und gestalten die spätere Verkehrsmittelwahl mit. Der Erfolg des SMM hängt von der Zusammenarbeit zahlreicher Akteur*innen ab, die jeweils unterschiedliche Zuständigkeiten und Kompetenzen einbringen. Neben kommunalen Stellen wie Straßenverkehrsbehörden, Ordnungs-, Planungs- und Bauämtern sowie Schulträgern sind auch Schulen, Schulbehörden, Elternvertretungen, Vereine, Fachbüros oder die Polizei beteiligt. SMM lässt sich in drei Handlungsfelder gliedern: „Infrastruktur und Verkehrsregelung", „Organisation und Information" sowie „Verkehrserziehung und Mobilitätsbildung". Je nach Schwerpunkt übernehmen verschiedene Akteur*innen unterschiedliche Aufgaben.

Im Handlungsfeld „Infrastruktur und Verkehrsregelung" spielen Radverkehrsplanende die entscheidende Rolle bei der Umsetzung des SMM. Ihre zentrale Aufgabe liegt darin, Infrastrukturmaßnahmen entlang der Schulwege zu planen und zu realisieren. Dazu zählen die Schaffung sicherer Querungsstellen, die Einrichtung von Rad- und Fußwegen, die Anordnung verkehrsberuhigender Maßnahmen (z. B. Schulstraßen, Tempo 30) sowie die Installierung von Fahrradabstellanlagen an Schulen und Bahnhöfen. Diese Maßnahmen sind häufig bereits Teil der allgemeinen Radverkehrsplanung, sollten im Rahmen des SMM jedoch gezielt an den Bedürfnissen von Kindern und Jugendlichen ausgerichtet werden. Bei konkreten Planungen ist die Perspektive der Kinder und Jugendlichen aktiv einzubeziehen. Um die Sicherheit auf Schulwegen effektiv zu verbessern, ist es wichtig, die tatsächlichen Wege und subjektiv empfundenen Gefahrenstellen der Schüler*innen zu identifizieren — beispielsweise durch die im NUDAFA-Reallabor durchgeführte Partizipative Schulwegkartierung (→ S. 186).

Schulisches Mobilitätsmanagement

Handlungsfelder

Infrastruktur und Verkehrsregelung	Organisation und Information	Verkehrserziehung und Mobilitätsbildung

Akteur*innen

Kommunen und Kreise (kommunale Gebietskörperschaften)

- Straßenverkehrsbehörden
- Ordnungsämter
- Planungs- und Bauämter (Tiefbau/Stadtplanung, Verkehrsplanung etc.)
- ggf. entspr. Landesbehörden
- lokale Nahverkehrsgesellschaften der Kreise und Kommunen
- jeweilige Schulträger (Kreise/Städte)
- kommunale Kinderbetreuungseinrichtungen
- Einrichtungen der Kinder-und Jugendförderung

Land

- Bildungsministerien
- Schulbehörde

Schulen und Schulbehörden

- Schulleitungen und Lehrkräfte
- Eltern und Elternvertretungen
- Schüler*innen und ggf. Schüler*innenvertretung staatlicher Schulämter (ggf. deren Fachberatende für Verkehrserziehung und Mobilitätsbildung)
- Kindergärten
- Schulsozialarbeitende

Verbände und Institutionen

- Verkehrswacht
- Verkehrsclubs und Interessenverbände
- Unfallkassen
- Verkehrsunternehmen
- Fachbüros für Verkehrsplanung
- Forschungsinstitute/-gesellschaften

*Handlungsfelder und Akteur*innen im Schulischen Mobilitätsmanagement nach Blees et. al. (2018) und Kollert et al. (2024)*

Im Handlungsfeld „Organisation und Information" besteht die zentrale Aufgabe der Kommune darin, die Bedürfnisse von Kindern und Jugendlichen systematisch in Radverkehrs- oder Mobilitätskonzepte zu integrieren. Ergänzend sollten auf das schulische Umfeld zugeschnittene Konzepte wie Schulwegpläne entwickelt werden. Neben Befragungen von Kindern und Jugendlichen empfiehlt sich die Einbindung von Schulen in Arbeitskreise. Die Zusammenarbeit mit externen Fachplanungsbüros kann bei der Konzepterstellung und Durchführung von Workshops hilfreich sein. In der Verantwortung der Kommune liegt ferner die gezielte Weitergabe von Informationen zu Förderprogrammen, neuen Konzepten oder praxisnahen Leitfäden, wie etwa der aus dem NUDAFA-Reallabor hervorgegangene Leitfaden BikeBuddies zeigt. Unterstützend wirkt auch die Beratung von Schulen durch Radverkehrsplanende. So werden Schulen fachlich gestärkt und motiviert, eigene Projekte zur Radverkehrsförderung zu verwirklichen.

Den wesentlichen Beitrag zum Handlungsfeld „Verkehrserziehung und Mobilitätsbildung" liefern Schulen. Kommunen können diese Arbeit durch finanzielle Förderung begleiten. Das NUDAFA-Reallabor ermöglichte beispielsweise die Finanzierung des Projekts SCHULEXPRESS (→ S. 190) oder der BMX-Workshops im Rahmen der Projektwoche BikeBuddies (→ S. 180). Auch Öffentlichkeitsveranstaltungen wie der Tag der Mobilität (→ S. 172) bieten die Chance, Kinder mit niedrigschwelligen Angeboten für nachhaltige Mobilität zu begeistern.

↘ Kommunen können das SMM fördern, indem sie Maßnahmen zur aktiven Mobilität, insbesondere im Schulumfeld, systematisch planen und realisieren. Die Beteiligung von Kindern und Jugendlichen ist dabei entscheidend für den Erfolg. Als zentrale Koordinatoren stellen Kommunen Ressourcen bereit, vernetzen alle relevanten Akteur*innen und sorgen für eine strukturierte Umsetzung. Langfristig sollte SMM fest in der kommunalen Verwaltung verankert sein und durch die Landes- oder Kreisebene gefördert werden.

Grunderwerb

Die praktische Umsetzung von Planungen ist häufig ein komplexer und anspruchsvoller Prozess. Ein besonders sensibler Faktor in der Realisierung von Radverkehrsinfrastruktur ist der Grunderwerb. Der Zugang zu geeigneten Flächen bildet die Voraussetzung für die Errichtung neuer Radwege, ihre Erweiterung oder die Schaffung durchgängiger Netze und sicherer Abstellanlagen. Zugleich ist der Grunderwerb mit vielfältigen Herausforderungen verbunden, die die Handlungsspielräume von Kommunen erheblich beeinflussen. Hauptakteur*innen des kommunalen Grunderwerbs sind die Flächeneigentümer*innen und verwaltungsseitig die Bereiche Liegenschaften bzw. die Bauverwaltung in kleineren Kommunen sowie ggf. die Finanzverwaltung. Darüber hinaus bedarf es beim Kauf und Verkauf von Flächen häufig einen Beschluss durch die Gemeindevertretung.

Die Notwendigkeit des Grunderwerbs ergibt sich vor allem dann, wenn bestehende Straßenquerschnitte keine ausreichenden Flächenreserven für eine sichere und den aktuellen Standards entsprechende Radverkehrsführung bieten oder wenn außerörtliche Radwege parallel zu Straßen oder auf eigenständigen Trassen geplant werden. Hierbei konkurriert die Radverkehrsplanung mit anderen Nutzungen, sei es für Forst- und Landwirtschaft, Wohn- und Gewerbeflächen oder Naturschutzgebiete. Doch auch der Ausbau aller anderen Verkehrsformen, wie ÖPNV, MIV und Fußverkehr, verlangt nach zusätzlichen Flächen. Das führt vor allem in bereits stark verdichteten Räumen zu einer Verschärfung der Flächenkonkurrenz und zu steigenden Bodenpreisen. Kommunen sehen sich daher mit der Aufgabe konfrontiert, unterschiedliche Interessen sorgfältig abzuwägen und zugleich die verkehrs- und klimapolitischen Zielsetzungen zu erfüllen.

Der Grunderwerb bildet einen zentralen Schritt im planerisch-rechtlichen Prozess eines Radverkehrsprojekts. Er ist stark durch rechtliche Rahmenbedingungen geprägt und umfasst Verhandlungen mit privaten Eigentümer*innen, Abstimmungen mit öffentlichen Stellen wie dem Landkreis, Land, Bund und deren Eigenbetrieben. In Ausnahmefällen können auch Enteignungsverfahren notwendig werden, die jedoch das äußerste Mittel darstellen, da sie politisch und gesellschaftlich hochsensibel sind und aufwendige juristische Prozesse nach sich ziehen. Planende in Kommunen setzen daher bevorzugt auf einvernehmliche Lösungen, die zwar ebenfalls zeit- und abstimmungsintensiv, aber konfliktärmer und nachhaltiger sind. Der Grunderwerb ist folglich nicht allein als technischer Planungsschritt zu verstehen, vielmehr bildet er eine komplexe Schnittstelle zwischen Recht, Politik, Verwaltung und gesellschaftlichen Interessen.

Der Erwerb von Flächen für den Radwegebau erfordert nicht nur erhebliche Investitionen, sondern auch Fachkompetenz im Grundstücks- und Liegenschaftsmanagement. Kleinere Kommunen verfügen oftmals nicht über spezialisierte Fachkräfte. Hier bieten sich externe Beratungsleistungen oder interkommunale Kooperationen an, um Wissen und Kompetenz zu bündeln. Gleichzeitig bedarf es einer effektiven Nutzung der Fördermittel von Bund und Ländern, da diese häufig an spezifische Fristen und Nachweispflichten gebunden sind. Verzögerungen beim Grunderwerb können daher den gesamten Realisierungsprozess von Radverkehrsmaßnahmen gefährden.

Ein weiteres zentrales Problemfeld betrifft die soziale und politische Akzeptanz. Grundstückseigentümer*innen können den Verkauf von Flächen ablehnen oder nur zu sehr hohen Preisen anbieten. Insbesondere bei landwirtschaftlichen Nutzflächen bilden häufig wirtschaftliche Existenzen und traditionelle Eigentumsstrukturen den Hintergrund von Verhandlungen. Die Kommune muss in solchen Fällen zwischen den Gemeinwohlzielen, die sie selbst vertritt, und individuellen Interessen vermitteln. Transparente Kommunikation, frühzeitige Beteiligung und die Entwicklung fairer Ausgleichs- oder Entschädigungsmodelle sind hier entscheidende Elemente erfolgreicher Steuerung.

Bei der Umsetzung von Radverkehrsmaßnahmen sehen sich Kommunen auch mit ökologischen Herausforderungen konfrontiert. Radwege sollen einerseits naturschutzgerecht und landschaftsverträglich geplant werden, andererseits führen neue Inanspruchnahmen von Flächen zwangsläufig zu Eingriffen in Natur und Landschaft. Diese Zielkonflikte erfordern eine sorgfältige Abwägung im Planungsprozess, die den Grunderwerb oft verzögern und erschweren. Kommunen müssen daher integrierte Strategien entwickeln, um Flächen für den Radverkehr zu sichern, ohne ökologische Belastungen zu verschärfen.

Im NUDAFA-Reallabor wurde für das Modulare Fahrradparkhaus (→ S. 100) ein Grundstück auf Grundlage einer bahnaffinen Nutzung, beispielsweise durch Bike-and-Ride-Anlagen, von der DB erworben.

↘ Der Grunderwerb für Radwege stellt weit mehr als eine administrative Formalität dar: Er ist eine Schlüsselaufgabe kommunaler Radverkehrsplanung, deren Bewältigung maßgeblich über den Erfolg oder Misserfolg eines Projekts entscheidet. Die Herausforderungen reichen von rechtlich-institutionellen und finanziellen Fragen über Akzeptanzprobleme bis hin zu ökologischen Konfliktlagen. Damit steht der Grunderwerb exemplarisch für die Komplexität der Verkehrswende auf lokaler Ebene. Kommunen sind gefordert, innovative Lösungsansätze zu entwickeln, etwa durch frühzeitige Flächensicherung, kooperative Verfahren mit Eigentümer*innen, verstärkte Nutzung von Förderprogrammen oder interkommunale Zusammenarbeit. Nur durch eine aktive, strategisch ausgerichtete Steuerung dieser Prozesse können Radverkehrsnetze entstehen, die den Anforderungen einer nachhaltigen Mobilität gerecht werden.

Radverkehrskonzept als Grundlage der Radverkehrsförderung

Das Radverkehrskonzept

Nutzen

Um den Radverkehr in Kommunen zu stärken und Radverkehrsmaßnahmen umzusetzen, bedarf es finanzieller Mittel. In vielen Fällen ist für die Beantragung und den Erhalt von Fördermitteln die Vorlage eines Radverkehrskonzepts Voraussetzung. Mit einem Radverkehrskonzept schafft sich eine Kommune im Sinne eines informellen Planungskonzepts eine strategische Handlungs- und Entscheidungsgrundlage für Verwaltung und Politik, die eine selbstbindende, jedoch nicht baurechtlich verbindliche Wirkung hat. Es definiert die Ausrichtung des Radverkehrs der nächsten fünf bis zehn Jahre und unterstützt dabei, Prioritäten klar zu setzen — sei es bei der Bereitstellung von Personal, der Planung von Haushaltsmitteln und der frühzeitigen Abstimmung mit Baulastträgern.

Vorgehen

Da es sich bei Radverkehrskonzepten um informelle Planungsinstrumente handelt, mit denen Kommunen sich in der Regel selbst verpflichten, existieren keine allgemeingültigen Standards oder Anforderungen. Somit kann die Entwicklung eines Radverkehrskonzepts flexibel gestaltet werden: Entweder beauftragt die Kommune ein Planungsbüro oder übernimmt die Aufgabe selbst und bindet Akteur*innen aus der Zivilgesellschaft ein (→ Unterschiedliche Wege zum Radverkehrskonzept, S. 74). Die „Empfehlungen für Radverkehrsanlagen (ERA)" (FGSV, 2010) formulieren den Prozess zur Erstellung eines Radverkehrskonzepts, es gibt aber auch weitere Handreichungen, Leitfäden und Vorlagen, die den Entwurf unterstützen. In der Praxis unterscheiden sich daher der Umfang der Konzepte, die Tiefe der Analyse und der fachlichen Ausarbeitung, der Erstellungsprozess sowie der Detaillierungsgrad der Maßnahmen. Teilweise sind Vorgaben zum Radverkehr auch in Verkehrs- bzw. Mobilitäts-, Stadtentwicklungs- und Klimaschutzkonzepte integriert. Die nachfolgend erläuterten Schritte zur Ausarbeitung eines Radverkehrskonzepts sind somit als Empfehlung für kleine und mittlere Kommunen zu verstehen.

Zu Beginn sollte die Kommune einen Arbeitskreis mit Personen und Institutionen (z. B. kommunale Verwaltung, Radverkehrsbeauftragte, Baulastträger, Verbände und Vereine, Eltern-, Jugend-, Behinderten- und Seniorenvertretungen, Freizeiteinrichtungen, Tourismus, Politik, Wissenschaft und Fachplanung) bilden, die Zielsetzung, Zeitplanung, Aufbau sowie Beteiligungsformate festlegen. Parallel sollten vorhandene Planungsgrundlagen gesichtet (bspw. Radverkehrskonzepte des Landkreises, touristische Radrouten usw.) und aktuelle Daten zum Bestand und zum Verkehrsaufkommen zusammengetragen werden.

Um ein zielgerichtetes Vorgehen zu gewährleisten und den Erfolg von Maßnahmen evaluieren zu können, empfiehlt es sich, übergeordnete Ziele zu formulieren. Die allgemeinen Zielsetzungen fokussieren sich in der Regel auf die Veränderung des Modal Splits durch Steigerung der Fahrradnutzung und Reduktion des CO2-Ausstoßes sowie die Erhöhung der objektiven und subjektiven Verkehrssicherheit. Darüber hinaus existieren in jeder Kommune spezifische Zielsetzungen zur Förderung des Radverkehrs auf lokaler Ebene. Zu diesen zählen beispielsweise die Schaffung sicherer Schulwege, die Steigerung des (Fahrrad-)Tourismus oder die Optimierung der Radverkehrsführungen in Ortsdurchfahrten. Für kleine Kommunen mit begrenzten Ressourcen kann es ratsam sein, sich nur auf einen Ortsteil oder ein konkretes Thema (z. B. sichere Schulwege, Verbesserung des Fahrradparkens) zu konzentrieren. Bei größeren Kapazitäten ist darüber hinaus die Erstellung eines Mobilitätskonzepts in Betracht zu ziehen, bei dem der Radverkehr im Rahmen des Umweltverbundes gemeinsam mit Fußverkehr und öffentlichem Personennahverkehr beleuchtet wird.

Unabhängig davon, ob das Radverkehrskonzept durch ein externes Planungsbüro mittels einer Ausschreibung oder in Eigenregie erstellt wird, sollten die geplanten Inhalte und die zentralen Handlungsfelder im Vorfeld gemeinsam im Arbeitskreis abgestimmt werden. Im Folgenden werden die notwendigen und empfehlenswerten Handlungsfelder sowie deren fachliche Inhalte beschrieben.

Sofern das Anliegen eines Radverkehrskonzepts nicht ohnehin von politischer Seite initiiert wurde, empfiehlt es sich, zu Beginn eine politische Willenserklärung einzuholen. Auf diese Weise lässt sich die spätere Umsetzung und politische Beschlussfassung des Radverkehrskonzepts erleichtern. Um nach Fertigstellung des Konzepts die erforderlichen personellen und finanziellen Ressourcen — insbesondere Haushaltsmittel für die ersten Haushaltsjahre — sicherzustellen, ist ebenfalls ein politischer Beschluss unerlässlich. Dieser kann das finale Radverkehrskonzept oder die darin enthaltene Maßnahmentabelle betreffen.

Handlungsfelder

Ein Radverkehrskonzept verfolgt im Wesentlichen das Ziel, auf Grundlage von Bestandsanalysen, Richtwerten, Beteiligungen und Empfehlungen konkrete Maßnahmenvorschläge zur Verbesserung des Radverkehrs zu entwickeln. Diese Maßnahmen sollten in einer übersichtlichen Maßnahmenliste aufbereitet werden, die Prioritäten, Zeithorizont (kurz-, mittel-, langfristig), Kosten und Zuständigkeiten bzw. beteiligte Akteur*innen erfasst und Kommunen somit eine hinreichende Handlungs- und Entscheidungsgrundlage zur Förderung des Radverkehrs bietet. Zudem sind grundlegende Aspekte wie Ausgangslage und Vorgehen, Ziel des Radverkehrskonzepts und dessen Bedeutung für die Kommune zu beschreiben, die Auswertung von Verkehrszählungen und ggf. Ermittlung des Radverkehrsanteils am Gesamtverkehr einzubeziehen und bei Bedarf Anforderungen und Standards zu formulieren. Darüber hinaus sollten Kommunen innerhalb des Arbeitskreises die relevanten Handlungsfelder für ihr Radverkehrskonzept definieren. Folgend sind die notwendigen und optionalen Handlungsfelder aufgeführt. Je nach Zielsetzung und verfügbaren Ressourcen der Kommune kann so der Inhalt des Radverkehrskonzepts zusammengestellt werden.

Radverkehrsnetz
(notwendiges Handlungsfeld)

Der Kernbestandteil eines Radverkehrskonzepts ist die sorgfältige Planung eines Radverkehrsnetzes. Dieses gibt alle relevanten Radverkehrsverbindungen innerhalb der Kommune sowie die Routen zu den Nachbarkommunen auf einer Karte wieder. Sowohl gut genutzte als auch potenziell geeignete, ausbaufähige Straßen und Wege, die eine durchgängige, sichere und komfortable Radverkehrsführung gewährleisten können, sollten bei der Erstellung des Netzes Berücksichtigung finden. Die Grundlage für die Netzkonzeption bildet eine ausführliche Bestandsanalyse:

- Analyse vorhandener Netzkonzeptionen und Routenverläufe sowie bestehender Planungsvorhaben aus z. B. übergeordneten Radverkehrsnetzen des Landkreises, der Nachbarkommunen oder touristischer Routen
- Bestandsaufnahme relevanter Quellen (Ortsteile, Wohngebiete) und Ziele, sog. Points of Interest (Bildungs-, Gesundheits-, Freizeiteinrichtungen, Kindergarten, Hort, öffentliche, soziale, kulturelle, kirchliche Einrichtungen, Nahversorgungszentren, Arbeitgebende, Bahnhöfe, Haltestellen)
- Bestandsaufnahme der vorhandenen Radnetzrouten der Bevölkerung durch öffentliche Beteiligung und/oder dem Arbeitskreis in z. B. Lenkungskreissitzungen
- Erstellung eines Luftliniennetzes, in dem relevante Points of Interest als Knotenpunkte festgelegt und direkte Verbindungen als Luftlinien eingezeichnet und mit dem bestehenden Radnetz abgeglichen werden, um Lücken zu erkennen und das Zielnetz abzuleiten
- Plausibilitätsprüfung zur Sicherstellung eines durchgängigen, realisierbaren und ressourcengerechten Radverkehrsnetzes in fachlicher Abstimmung

Bei mittleren und größeren Kommunen ist es empfehlenswert, das Radverkehrsnetz in Haupt- und Nebenrouten zu untergliedern. Die Hauptrouten verbinden die wichtigsten Zielorte und dienen als direkte, durchgängige und leistungsfähige Achsen. Die Nebenrouten ergänzen dieses Netz, erschließen Wohngebiete und Freizeitziele und sorgen so für eine flächendeckende Radverkehrsführung.

Maßnahmenvorschläge Radverkehrsnetz
(notwendiges Handlungsfeld)

Auf Basis des erarbeiteten Radverkehrsnetzes wird die bestehende Radverkehrsinfrastruktur in der Bestandsanalyse durch Ortsbefahrungen oder mithilfe von Datenquellen und Tools (→ S. 76) systematisch aufgenommen und der Ist-Zustand erfasst. Dabei werden Informationen und Bildmaterial zu relevanter Infrastruktur (Wege- und Straßenbreiten, Führungsformen, Belagsqualität, Beschilderung usw.) gesammelt und wichtige Verkehrsdaten wie DTV-Werte und Geschwindigkeiten eingeholt. Im nächsten Schritt erfolgt ein Abgleich des Ist-Zustands mit den aktuell geltenden Regelwerken, um Defizite und Handlungsbedarfe zu erkennen. Als Orientierung dienen die von der Forschungsgesellschaft für Straßen- und Verkehrswesen e. V. (FGSV) veröffentlichten „Empfehlungen für Radverkehrsanlagen (ERA)" (FGSV, 2010) und „Richtlinien für die Anlage von Stadtstraßen (RASt)" (FGSV, 2006), darüber hinaus die Straßenverkehrsordnung (StVO) sowie Leitfäden der Länder, Verbände und Kommunen.

Weitere Problemstellen werden sowohl durch objektive Unfallanalysen unter Einbeziehung der Unfallzahlen und Analyse nach Regelwerken wie dem „Merkblatt zur Örtlichen Unfalluntersuchung in Unfallkommissionen (M Uko)" (FGSV, 2012c) als auch durch subjektive Gefahrenstellen, die beispielsweise aus dem Arbeitskreis oder öffentlichen Beteiligungen resultieren, identifiziert.

Auf dieser Grundlage werden Maßnahmenvorschläge in übersichtlicher tabellarischer Form entwickelt — mit dem Anliegen, sichere, komfortable und direkte Radverkehrsführungen zu allen relevanten Quellen und Zielen in der Kommune zu gewährleisten. Zu den klassischen Maßnahmenvorschlägen zählen beispielsweise:

- Verbreiterung oder Neuanlage eines Radweges (→ Interkommunaler Radweg, S. 116)
- Einrichtung einer Fahrradstraße
- Bau einer sicheren Querungsanlage
- Verbesserung der Beschilderung und Wegweisung
- Öffnung von Einbahnstraßen und Sackgassen
- Ausbesserung von Belagsschäden bzw. Abschleifen von Kopfsteinpflaster (→ Komfortables Kopfsteinpflaster, S. 126)
- Verbesserung der Beleuchtungen
- Einrichtung von Tempo 30 (→ Tempo-30-Zone mit innenliegender Tempo-20-Zone, S. 134)

Jeder Maßnahmenvorschlag wird kurz beschrieben und beinhaltet eine Priorisierung, eine Kostenschätzung, Zuständigkeiten sowie einen Umsetzungszeitraum (kurz-, mittel- und langfristig). Kurzfristige Maßnahmen zielen auf schnell realisierbare Verbesserungen, die mit den vorhandenen Haushaltsmitteln zu verwirklichen sind.

Die Zuständigkeiten für Radverkehrsmaßnahmen sind gemeinhin auf unterschiedlichen Ebenen angesiedelt. So ist beispielsweise der Alltagsverkehr Aufgabe der Gemeinde, des Landkreises und ggf. des Landes, während der Tourismus in der Verantwortung der Gemeinde, des Landkreises und ggf. des Tourismusverbandes liegt. Um die Umsetzung zügig und für Radfahrende sichtbar zu gestalten sowie die Akquisition von Fördermitteln sinnvoll zu bündeln, empfiehlt es sich, eine Person mit koordinierender Funktion in der Verwaltung zu bestimmen.

Fahrradparken und Bike and Ride
(optionales Handlungsfeld)

Die Bestandsanalyse und Maßnahmenvorschläge für Fahrradabstellanlagen können ein optionaler Bestandteil eines Radverkehrskonzepts sein. Ziel ist es, sichere, witterungsgeschützte und komfortable Abstellmöglichkeiten zu schaffen, die dem Bedarf und den Bedürfnissen verschiedener Nutzungsgruppen gerecht werden.

Die Bestandsanalyse sollte an zentralen Points of Interest erfolgen. Besonders an Bike-and-Ride-Standorten spielt das Fahrradparken eine entscheidende Rolle für die Förderung umweltfreundlicher, intermodaler Mobilität. Im Zuge der Bedarfsermittlung sind quantitative und qualitative Defizite (z. B. zu geringe Anzahl an Abstellanlagen, unzureichende Sicherheit oder fehlender Wetterschutz) zu erfassen. Diese Erhebung kann durch Zählungen im Rahmen des Arbeitskreises oder durch öffentliche Beteiligung geschehen. Unter Berücksichtigung der Regelwerke (z. B. „Empfehlungen für Verkehrserhebungen (EVE)" (FGSV, 2012a) und „Hinweise zum Fahrradparken" (FGSV, 2012b)) sollte der tatsächliche Bedarf sowie die Ausstattung festgelegt werden. Daraus lassen sich Maßnahmenvorschläge ableiten:

- Austausch unsicherer Vorderradhalter gegen sichere und bedarfsgerechte Abstellanlagen
- Neubau zusätzlicher Abstellanlagen bei Mehrbedarf
- Errichtung überdachter oder abschließbarer Abstellmöglichkeiten an Standorten mit längerer Abstelldauer (z. B. Schulen, Bahnhöfe, Bushaltestellen). An größeren Verknüpfungspunkten sollten abschließbare Abstellmöglichkeiten, wie ein Fahrradparkhaus (→ Modulares Fahrradparkhaus, S. 100), errichtet werden. Die Ausstattung ist an unterschiedliche Nutzungsgruppen anzupassen (z. B. Lasten- und Kinderräder).

Öffentlichkeitsarbeit und Kommunikation
(optionales Handlungsfeld)

Eine gezielte Öffentlichkeitsarbeit und Kommunikation begleiten die Erstellung und Umsetzung des Radverkehrskonzepts und tragen wesentlich zur Wahrnehmung und Akzeptanz der Maßnahmen und aktiven Nutzung der verbesserten Radverkehrsinfrastruktur bei. Um die Wirkung zu erhöhen, sollten bestehende und empfohlene Aktionen, Veranstaltungen und Kommunikationskanäle der Kommune systematisch gesammelt werden. Daraus lassen sich Maßnahmenvorschläge für eine verstärkte Öffentlichkeitsarbeit und Kommunikation ableiten, beispielsweise:

- Bekanntmachungen zum Vorhaben, zum Beschluss und zum Endbericht des Radverkehrskonzeptes sowie zu neuen Radverkehrsmaßnahmen
- Einladung zu Workshops, Radtouren oder Beteiligungsformaten (→ Beteiligungstools, S. 162)
- Teilnahme an Kampagnen (→ STADTRADELN, S. 176) und regelmäßige Aktionstage (→ Tag der Mobilität, S. 172)
- Einbindung von Kindern und Jugendlichen (→ Projektwoche BikeBuddies, S. 180)

Für die Kommunikation sollten vor allem bereits etablierte Plattformen, z. B. Website, Zeitungen, soziale Medien wie Instagram usw., genutzt werden. Weitere Informationen zu Aufgaben der Öffentlichkeitsarbeit sind im Kapitel „Öffentlichkeitsarbeit und Beteiligung" (→ S. 63) zu finden.

Service- und Dienstleistungsangebote
(optionales Handlungsfeld)

Um die Fahrradfreundlichkeit einer Kommune zu steigern, bietet es sich an, Service- und Dienstleistungsangebote zu fördern und diese im Rahmen des Radverkehrskonzepts zu evaluieren, um daraus Empfehlungen abzuleiten. Zunächst sollte der aktuelle und ggf. der frühere Bestand an Service- und Dienstleistungen in der Gemeinde analysiert werden. Die Bedarfsermittlung kann im Rahmen der Beteiligung des Arbeitskreises oder einer öffentlichen Beteiligung der Bürger*innen geschehen. Folgende Maßnahmenvorschläge sind zu empfehlen:

- Service- und Reparatursäulen (→ S. 142) oder öffentliche Fahrradwerkstätten
- Lastenradverleih (→ Lastenräder für die Bevölkerung, S. 148)
- Fahrradverleih
- Aktionen zur Fahrradcodierung durch die Polizei
- Anpassung von Beschilderungen (z. B. Freigabe von Einbahnstraßen und bestehenden Radwegen in Gegenrichtung für den Radweg, Aufhebung der Benutzungspflicht von Radwegen)
- Einrichtung einer telefonischen Meldestelle von Infrastrukturproblemen oder Nutzung von Online-Mängelmeldern (z. B. Maerker Brandenburg, Mängelmelder Hessen)

Neben den benannten Kerninhalten können auch weitere Handlungsfelder als optionale Bestandteile in ein Radverkehrskonzept aufgenommen werden, beispielsweise die Analyse möglicher Förderprogramme, das Betriebliche und Schulische Mobilitätsmanagement (→ S. 65), Unfallanalysen, Verkehrszählungen (→ S. 60) sowie Aspekte des Radtourismus und des Freizeitverkehrs. Welche Inhalte vertieft behandelt werden, hängt vom jeweiligen Bedarf und den Zielen der Kommune ab.

Das Radverkehrskonzept legt die Maßnahmenvorschläge zur Förderung des Radverkehrs für die kommenden fünf bis zehn Jahre fest. Diese basieren auf einer umfassenden Bestandsanalyse und werden nach Priorität, Kosten und Zuständigkeiten der beteiligten Akteur*innen gegliedert. Die Erstellung des Radverkehrskonzepts ist ein sorgfältiger Prozess, der je nach Handlungsfeldern und Beteiligung ca. ein Jahr in Anspruch nehmen kann.

Beteiligung

Wie bereits in der Vorstellung der jeweiligen Handlungsfelder erläutert, gründen die Bestandsanalysen und Maßnahmenvorschläge maßgeblich auf der Beteiligung verschiedener Akteur*innen. Diese Mitwirkung ist entscheidend für die Qualität des Radverkehrsnetzes, die Tragfähigkeit der Maßnahmenvorschläge sowie zur Akzeptanz der späteren Umsetzung. Im Rahmen der Beteiligung können nicht nur die relevanten Radnetzrouten und Gefahrenstellen mithilfe von lokalem Fachwissen und Erfahrungswerten identifiziert, sondern auch Wünsche zur Verbesserung der Infrastruktur, des Fahrradparkens, der Öffentlichkeitsarbeit sowie der Service- und Dienstleistungsangebote erfasst werden.

Grundsätzlich wird zwischen der Beteiligung des Arbeitskreises und der Öffentlichkeitsbeteiligung der Bevölkerung unterschieden. Die konkrete Beteiligungsstrategie sollte vor Beginn der Konzepterstellung festgelegt werden.

Arbeitskreis

Bei sehr guter Ortskenntnis der im Arbeitskreis eingebundenen Akteur*innen kann deren Beteiligung am Radverkehrskonzept ausreichend sein. Im (selten erreichbaren) Idealfall spiegelt der Arbeitskreis die Bevölkerung durch stellvertretende Akteur*innen wider, z. B. Mitarbeitende aus kommunaler Verwaltung, Radverkehrsbeauftragte, Baulastträger, Mitglieder aus Verbänden bzw. Vereinen, Eltern-, Jugend-, Behinderten- und Senior*innenvertretungen sowie Akteur*innen aus Freizeiteinrichtungen, Tourismus, Politik, Wissenschaft und Fachplanung. Um eine nachhaltige und breite Beteiligung sicherzustellen, empfehlen sich mehrere Sitzungen des Lenkungskreises im Verlauf der Erarbeitung.

Öffentlichkeitsbeteiligung

Eine aktive Beteiligung der Bevölkerung ist entscheidend, um die Perspektiven und Erfahrungen der Menschen einzubeziehen, die täglich die (Rad-)Infrastruktur in Anspruch nehmen und sich in der Kommune bewegen (→ Öffentlichkeitsarbeit und Beteiligung, S. 63). Sie ermöglicht die Erfassung genutzter Radrouten, subjektiver Gefahrenstellen und wertvoller Hinweise zur Verbesserung des Radverkehrs in der Kommune. Dabei bieten sich verschiedene Formate der öffentlichen Beteiligung an:

- Workshops
- Online-Beteiligung bzw. analoge Fragebögen
- öffentliche Radtour bzw. Stadtspaziergang (→ Ortsbefahrung, S. 168)
- Öffentlichkeitsveranstaltungen (→ Tag der Mobilität, S. 172) inkl. verschiedene Beteiligungstools (→ Beteiligungsteppich, S. 164; Stimmungsbarometer, S. 166)
- zielgruppenspezifische Formate, z. B. zur Beteiligung von Kindern und Jugendlichen (→ Partizipative Schulwegkartierung, S. 186)

→ Weiterführende Literatur

- Niedersächsische Landesbehörde für Straßenbau und Verkehr (2024a): Handreichung Radverkehrskonzepte. Handbuch zur Erstellung kommunaler Radverkehrskonzepte.
- AGFS NRW (2025): Leitfaden Sofortmaßnahmen. Hinweise zu schnell umsetzbaren Maßnahmen für den Fuß- und Radverkehr.
- AGFK-BW et al. (2016): Gemeinsam für mehr Fahrrad- und Nahmobilitätsfreundlichkeit. Erfahrungsaustausch von AGFK Baden-Württemberg, AGFK Bayern und AGFS Nordrhein-Westfalen zur Entwicklung einer Kommunikationsstrategie.

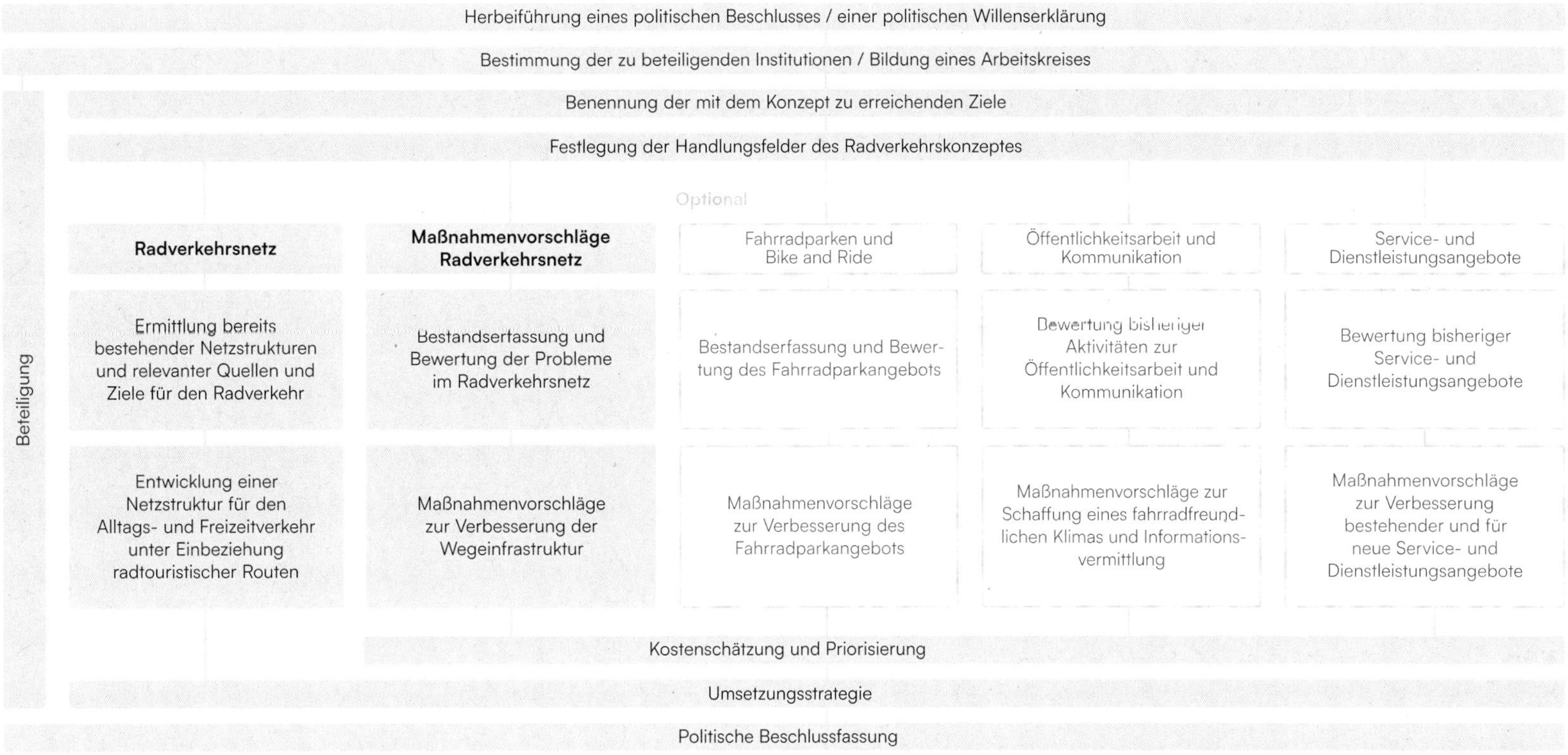

Übersicht der Schritte zur Erstellung eines Radverkehrskonzepts nach Niedersächsische Landesbehörde für Straßenbau und Verkehr (2024a)

Unterschiedliche Wege zum Radverkehrskonzept

Für kleine und mittlere Kommunen gibt es zwei bewährte Wege zur Erarbeitung eines Radverkehrskonzepts: die Erstellung mit einem Planungsbüro oder die Erstellung in Eigenregie durch die Kommune. In beiden Fällen folgt das Vorgehen einem klaren Ablauf: Zunächst wird eine politische Willenserklärung eingeholt, anschließend ein Arbeitskreis gebildet, Ziele definiert, Inhalte und Handlungsfelder festgelegt und geeignete Beteiligungsformate ausgewählt.

Die Entscheidung für eines der beiden Vorgehen hängt vom konkreten Aufwand, der Finanzierung und den vorhandenen personellen Ressourcen und Fachkompetenzen ab. Bei beiden Varianten ist mit der Erarbeitungszeit von ca. einem Jahr zu rechnen.

Die Finanzierung eines Radverkehrskonzepts erfolgt in den meisten Fällen aus kommunalen Mitteln. Für innovative Ideen und Umsetzungen können auch Bundes- und Landesförderprogramme beantragt werden.

Erstellung mit einem Planungsbüro

Die Erstellung des Radverkehrskonzepts kann durch ein beauftragtes Planungsbüro erfolgen. Je nach Kommune, Bundesland und Konzeptumfang bieten sich unterschiedliche Ausschreibungsverfahren an. Bei Beauftragung der notwendigen Handlungsfelder (→ Radverkehrsnetz, S. 69; → Maßnahmenvorschläge Radverkehrsnetz, S. 70) ist mit Kosten von rund 20.000 € bis 50.000 € (zzgl. Umsatzsteuer) zu rechnen. Dafür sind die beschränkte Ausschreibung oder die Verhandlungsvergabe mit bzw. ohne Teilnahmewettbewerb ratsam.

Neben den allgemeinen Vergabeunterlagen ist ein detaillierter Ausschreibungstext unerlässlich. Dieser sollte folgende wesentliche Aspekte umfassen:

- Ausgangslage (inkl. relevanter Zahlen, Daten und Fakten) und Zielklärung
- Leistungsbeschreibung mit Arbeitspaketen, abgestimmten Inhalten und Handlungsfeldern
- geplante Beteiligungsformate
- Dokumentation und Präsentation von (Zwischen-)Ergebnissen
- Zeitplan inkl. Abstimmungstermine (ca. ein Jahr)

Beispiele für die Erstellung eines Radverkehrskonzepts durch ein Planungsbüro aus den NUDAFA-Kommunen (→ S. 18):

- Radverkehrskonzept Gemeinde Zeuthen (Schmidt et al., 2022)
- Konzept für sichere Schul-, Fuß- und Radwege in der Gemeinde Schulzendorf (Mobilitätswerk GmbH, 2022)
- Radverkehrskonzept 2030 für den Landkreis Dahme-Spreewald (IGS Ingenieurgesellschaft STOLZ GmbH, 2021)

→ Weiterführende Literatur

- Niedersächsische Landesbehörde für Straßenbau und Verkehr (2024b): Handreichung Radverkehrskonzepte. Hinweise und Muster für Ausschreibungstexte für kommunale Radverkehrskonzepte.
- ADFC Brandenburg (2021): ADFC-Leitfaden für die Erstellung von Ausschreibungstexten für kommunale Radverkehrskonzepte im Land Brandenburg.

Erstellung in Eigenregie

Ein Radverkehrskonzept lässt sich grundsätzlich auch in Eigenregie ohne die Beauftragung eines Planungsbüros erstellen. Dies kann durch die Verwaltung selbst oder durch Ehrenamtliche erfolgen. Besonders effektiv ist die Entwicklung in einem größeren Arbeitskreis (→ S. 72). Für die reibungslose Koordination und fachliche Ausarbeitung empfiehlt sich darüber hinaus die Bildung eines Kernteams (z. B. Radverkehrsbeauftragte der Kommune). Dieses Team übernimmt die Projektleitung, bündelt alle relevanten Informationen und verantwortet die fachliche Entwicklung des Konzepts.

Das Radverkehrskonzept wird in mehreren Lenkungskreissitzungen, ergänzt durch fachliche Vor- und Nachbereitungen des Kernteams, erarbeitet. Zu Beginn stehen das gegenseitige Kennenlernen, die Festlegung von Zeitplan und Zielen sowie erste Ideen für das Radverkehrsnetz im Fokus. Anschließend wird das Wunschnetz auf Basis dieser Vorarbeiten und fachlicher Ergänzungen vorgestellt, diskutiert, angepasst, Problemstellen verortet und mögliche Maßnahmen abgeleitet. Die Erarbeitung kann durch eine Öffentlichkeitsbeteiligung (→ S. 72) abgerundet werden. Optionale Handlungsfelder und zusätzliche Maßnahmen werden abgestimmt, bevor das Konzept unter Einbindung der politischen Vertretung präsentiert und zur Beschlussfassung vorgelegt wird. Eine professionelle Moderation sorgt während des gesamten Prozesses für eine strukturierte und ausgewogene Arbeitsweise.

Die eigenständige Entwicklung eines Radverkehrskonzepts stellt insbesondere kleine Kommunen vor Herausforderungen, da ihnen oft die fachplanerischen Kenntnisse und die ausreichenden zeitlichen Ressourcen fehlen. Zudem kann die politische Akzeptanz höher sein, wenn ein externes Planungsbüro das Radverkehrskonzept erarbeitet. In einigen Fällen bietet es sich an, dass die Kommunen gemeinsam mit Entscheidungsträgern (z. B. Landkreis, Politik, Landesbetrieb Straßenwesen) eine Liste für schnell umsetzbare Maßnahmen aufbereiten, die sich auf ein übergeordnetes Radverkehrskonzept etwa des Landkreises beziehen. Diese Maßnahmen können dann direkt beschlossen werden, wie das Beispiel der AG Radverkehr Wildau zeigt.

Um die eigenständige Fertigung des Radverkehrskonzepts zu erleichtern, stehen kleinen und mittleren Kommunen verschiedene Arbeitspapiere, Vorlagen und KI-Tools zur Verfügung:

- Arbeitspapier „Erstellung eines Radverkehrskonzepts in Eigenregie" inkl. Vorlagen für kleine Kommunen (RAD.SH, 2021)
- „Werkzeugkasten für Rad- und Nahmobilitätskonzepte" inkl. Vorlagen sowie dem KI-Assistent KONRAD, der Schritt für Schritt durch die Erstellung und Verschriftlichung des Konzepts führt (AGFK-MV, 2025)
- Handreichung „Radverkehrskonzepte für kleine Kommunen" inkl. Handbuch, Maßnahmenübersicht, Vorlagen sowie eines „Generator für kommunale Radverkehrskonzepte", der ein Muster-Radverkehrskonzept mit Textbausteinen enthält (Niedersächsische Landesbehörde für Straßenbau und Verkehr, 2024c)

Beispiele aus der Erstellung in Eigenregie aus dem NUDAFA-Reallabor:

- NUDAFA-Radverkehrsatlas (→ S. 80)
- AG Rad Wildau: Entwicklung und Abstimmung von Maßnahmen, Umsetzung durch Baulastträger
- Radnetz ZES+: Entwurfsentwicklung eines Radverkehrsnetzes

→ Weiterführende Literatur

- RAD.SH (2021): Erstellung eines Radverkehrskonzepts in Eigenregie. Arbeitspapier.
- RAD.SH (2022): Entwicklungsplan Radverkehr. Langfassung.
- Niedersächsische Landesbehörde für Straßenbau und Verkehr (2024c): Handreichung Radverkehrskonzepte. Generator für kommunale Radverkehrskonzepte.
- AGFK-MV (2025): Werkzeugkasten für Rad- und Mobilitätskonzepte.
- AGFK Niedersachsen/Bremen (2024): Maßnahmenkatalog zur Förderung des kommunalen Radverkehrs.

Hilfreiche Datenquellen und Tools

Zur Erarbeitung des Radverkehrsnetzes, dem Kernstück des Radverkehrskonzepts, eignen sich verschiedene Datenquellen und Tools, die bei der Erhebung, Sammlung und Visualisierung von Daten unterstützen können. Im Folgenden werden einige ausgewählte Datenquellen und Tools vorgestellt, die im NUDAFA-Reallabor eingesetzt wurden. Die Übersicht erhebt keinen Anspruch auf Vollständigkeit.

Datenquellen

Die fundierte Planung eines Radverkehrsnetzes basiert auf verlässlichen und aktuellen Bestandsdaten zu Führungsform, Fahrbahnbreite, Geschwindigkeit oder Belagsqualität usw. Häufig werden diese Daten durch Befahrung, z. B. seitens eines Planungsbüros, erhoben. Die folgend aufgeführten Datenquellen liefern die wichtigsten Informationen zur Radverkehrsinfrastruktur und zu Unfalldaten.

Geoportale

Die Länder und teilweise auch einzelne Kommunen oder Landkreise bieten offene Geoportale an, z. B. das Geoportal Brandenburg und das Geoportal des Landkreises Dahme-Spreewald, die umfangreiche Geodaten zur Rad- und Verkehrsinfrastruktur erfassen. Diese offiziellen Datenquellen ermöglichen es, lokal differenzierte Informationen in die Radverkehrsnetzplanung einzubeziehen und mit weiteren Datenquellen zu kombinieren.

OpenStreetMap

Neben offiziellen Geoportalen können auch frei verfügbare Datendienste wie OpenStreetMap (OSM) genutzt werden, um den Bestand der (Radverkehrs-) Infrastruktur zu ermitteln und daraus das Radverkehrsnetz oder Maßnahmenvorschläge abzuleiten. OSM eignet sich besonders für kleine Kommunen als Datengrundlage zur Erarbeitung eines Radverkehrsnetzes, da die Daten kostenfrei nutzbar, offen zugänglich und mit hoher Detailtiefe verfügbar sind. Die Plattform enthält zahlreiche für den Radverkehr relevante Informationen, etwa zu Wegtypen, Oberflächen oder Einbahnregelungen. Die Rohdaten lassen sich über verschiedene Dienste wie GeoFabrik, BBBike, HOT Exports oder Overpass Turbo herunterladen und in gängige Geoinformationssysteme (GIS) integrieren. Die Informationen werden von ehrenamtlichen Kartierenden über Anwendungen wie StreetComplete eingepflegt, weshalb die Datenqualität regional variieren kann. Gleichzeitig bietet dies die Chance, lokale Initiativen oder Beteiligungsaktionen zu starten, bei denen Bürger*innen gezielt zur Ergänzung und Aktualisierung der Radverkehrsdaten eingeladen werden.

Mapillary

Mapillary ist eine frei zugängliche Plattform für Straßen- und Wegeaufnahmen, die von Bürger*innen und Institutionen erstellt werden. Die visuelle Datengrundlage ermöglicht eine detaillierte Bestandserfassung der (Radverkehrs-)Infrastruktur. Durch Objekterkennung, z. B. von Verkehrszeichen oder Markierungen, unterstützt Mapillary die Analyse und Planung eines Radverkehrsnetzes. Über Schnittstellen und GIS-Plugins lassen sich die Daten einfach in kommunale Planungssysteme integrieren.

Unfallatlas

Der Unfallatlas ist ein interaktives Online-Portal des Statistischen Bundesamtes, das detaillierte Informationen zu Verkehrsunfällen in Deutschland bereitstellt. Über die Plattform (unfallatlas.statistikportal.de) können Unfallzahlen nach Straßenarten, Unfallarten, beteiligten Verkehrsmitteln oder Altersgruppen für bestimmte Zeiträume ausgewertet und visualisiert werden. Sofern keine kommunalen polizeilichen Unfalldaten vorliegen, bietet der Unfallatlas eine wertvolle Datengrundlage. Diese Informationen sind essenziell, um Unfallschwerpunkte im Radverkehr zu identifizieren und die Sicherheit auf bestehenden und geplanten Radverbindungen zu bewerten.

Tools

Für die Beteiligung, Erarbeitung und Visualisierung eines Radverkehrsnetzes sowie den daraus abzuleitenden Maßnahmen gibt es verschiedene kostenfreie und kostenpflichtige Tools.

uMap

uMap ist ein frei zugängliches Online-Tool, mit dem sich schnell und unkompliziert eigene Karten erstellen, speichern und gemeinsam bearbeiten lassen. Mithilfe unterschiedlicher Farben, Linienformen, Marker und Flächen können beispielsweise bestehende oder geplante Radverbindungen, Problemstellen sowie relevante Points of Interest anschaulich dargestellt werden. Dank dieser Werkzeuge eignet sich uMap sowohl für die interne Abstimmung im Planungsprozess als auch zur Einbindung der Öffentlichkeit, etwa durch die Veröffentlichung der interaktiven Karten auf der kommunalen Website.

Neben uMap lassen sich weitere Tools wie Leaflet, OpenLayers, Mapbox, CARTO sowie GIS-Anwendungen (z. B. QGIS, ArcGIS) zur digitalen Visualisierung von Radverkehrsnetzen nutzen. Je nach Anwendungszweck und Fachwissen bieten sie unterschiedliche Funktionen und Detailtiefen. Auch die manuelle Erstellung eines Radverkehrsnetzes auf analogen Stadtplänen bzw. Landkarten ist möglich, jedoch erleichtern digitale Lösungen die Aktualisierung und gemeinsame Bearbeitung erheblich.

Beispiele für die Erarbeitung von Radverkehrsnetzen mit uMap:

- Radinitiative Michendorf
- Radnetz Brandenburg
- Radnetz Berlin

NUDAFA-Radverkehrsatlas und TILDA Radverkehr

Der im NUDAFA-Reallabor entwickelte Prototyp NUDAFA-Radverkehrsatlas (→ S. 80) und das von FixMyCity daraus weiterentwickelte Tool TILDA Radverkehr (→ S. 88) werden auf den folgenden Seiten detailliert in Bezug auf ihr Ziel, ihren Nutzen und ihr Konzept vorgestellt.

→ Weiterführende Literatur

- ADFC (2020): Der ADFC-Mapathon. Handbuch der ADFC-Akademie zur zivilgesellschaftlichen Erarbeitung eines Radnetzes für Alle.

Mit OpenStreetMap den Radverkehr voranbringen

Interview mit Stefan Klatt, ehrenamtlicher Kartierer in der OpenStreetMap-Community

Zivilgesellschaft

Wie und warum engagieren Sie sich in Ihrer Freizeit in der OpenStreetMap-Community und was treibt Sie an, die OpenStreetMap-Daten (OSM-Daten) flächendeckend zu erfassen bzw. regelmäßig zu aktualisieren?

Da viele Kartensysteme (z. B. Komoot und Strava) auf OSM basieren und Freunde von mir sowie meine Wenigkeit vorwiegend Komoot für die Planung unserer Routen verwenden, ist es vor allem der Eigennutz, aktuelle Karten zu haben. Dass sich vermehrt auch Gemeinden und Institutionen entschlossen haben, diese OSM-Daten zu nutzen, um Verbesserungen für die Bevölkerung herbeizuführen, freut mich umso mehr.

Was sind aus Ihrer Sicht derzeit die zentralen Herausforderungen bei der Pflege von gemeinfreien Geodaten in Form von OSM-Daten? Welche Chancen sehen Sie bei OSM-Daten insbesondere hinsichtlich der Verwendung durch Kommunen und der Förderung des Radverkehrs?

In einer Großstadt wie Berlin sind zig aktive User dabei, alles ziemlich zeitnah auf dem Stand zu halten. Dies ändert sich schlagartig, sobald man in Randbezirken von Berlin oder gar im Brandenburger Land wohnhaft bzw. unterwegs ist. Es gibt zwar Tools wie StreetComplete (nur für Android), womit man unterwegs auch Änderungen hinterlegen kann, aber z. B. möchte ein Radfahrer fahren und nicht die ganze Zeit auf dem mobilen Gerät die Bearbeitungen durchführen. Zudem ist eine detaillierte Bearbeitung und Pflege von OSM-Daten zeitintensiv, was gerade mit der Familie in Einklang gebracht werden muss. Im Grunde müssten hierfür Planstellen geschaffen werden, damit Änderungen direkt durch die verantwortlichen Behörden nach Realisierung von Projekten hinterlegt werden.

„Dass sich vermehrt auch Gemeinden und Institutionen entschlossen haben, diese OSM-Daten zu nutzen, um Verbesserungen für die Bevölkerung herbeizuführen, freut mich umso mehr."

Welche Themen und Aufgabenbereiche müssten künftig noch vertiefter untersucht werden, um die Radverkehrsförderung in kleinen Kommunen und im ländlichen Raum durch die Verwendung von OSM-Daten voranzutreiben?

Das fängt bei Kleinigkeiten wie Beschilderungen bereits an, z. B. ist laut Beschilderung oft offiziell Radfahren verboten, wird aber zu Recht von vielen umgangen. Da FixMyCity beim Thema Verkehrswende aktiv ist, sollte durch das Team auch der passende Partner für solche Themen da sein.

Bisheriges Fazit: Mit dem NUDAFA-Reallabor haben sich mehrere Gemeinden zusammengeschlossen, um nicht nur den Radverkehr sicherer zu machen, sondern am Ende für alle Verkehrsteilnehmer (Zufußgehende, Autofahrende, Personenbeförderung usw.) das Miteinander zu verbessern. Dass es Befragungen der Anwohnenden gab, ist löblich. Hier können sich andere Gemeinden gerne etwas abschauen.

Rapha.

NUDAFA-Radverkehrsatlas und TILDA Radverkehr

Ziel

Zur digitalen Unterstützung der Radnetzplanung in den NUDAFA-Kommunen (→ S. 18) wurde der Prototyp einer digitalen Plattform auf der Basis von OpenStreetMap (OSM) entwickelt: der NUDAFA-Radverkehrsatlas.

Mit diesem Prototypen konnte bewiesen werden, dass es möglich ist …

- die Radnetzplanung durch automatisierte Datenverarbeitung und Visualisierung der Schritte des Planungsprozesses zu beschleunigen,
- dank Einbindung der Zivilgesellschaft eine rasche Analyse der Ist-Situation und eine effiziente Datenerfassung zu gewährleisten,
- Kommunen in der interkommunalen Zusammenarbeit mithilfe digitaler Tools zu stärken,
- Radverkehrsplanung verständlich darzustellen, auch für eine breite Öffentlichkeit zugänglich zu machen und die Zivilgesellschaft aktiv an Planungsprozessen zu beteiligen,
- Teile des Planungsprozesses vollständig in die Hände der Zivilgesellschaft zu legen, z. B. die Erstellung eines Mängelkatalogs oder eines Wunsch-Radnetzes — ein wertvoller Beitrag insbesondere für kleine Kommunen.

Die Realisierung des NUDAFA-Radverkehrsatlas erfolgte zwischen 2020 und 2024 in Zusammenarbeit des NUDAFA-Reallabors mit der FixMyCity GmbH, die als Forschungs- und Entwicklungspartner die technische Umsetzung verantwortet. Der Prototyp des NUDAFA-Radverkehrsatlas demonstriert exemplarisch die Potenziale derartiger Planungstools und führt aus, wie der Planungsprozess beschleunigt werden kann. Basierend auf den im NUDAFA-Reallabor erarbeiteten Themenkarten und den gewonnenen Erkenntnissen hat FixMyCity den NUDAFA-Radverkehrsatlas zu einer Datenplattform unter dem Namen TILDA weiterentwickelt, die deutschlandweit kostenpflichtig angeboten wird. Im Folgenden werden auf die Entstehung des NUDAFA-Radverkehrsatlas sowie die daraus resultierenden Themenkarten und Maßnahmen näher erläutert.

Konzept

Die Ursprungsidee des NUDAFA-Radverkehrsatlas war es, eine automatisiert verarbeitete Datenbasis für Radnetzkonzeptionen zu generieren, um insbesondere kleineren Kommunen die selbstständige und kostengünstige Entwicklung von Radnetzen zu ermöglichen. Ziel war es, eine Plattform zu schaffen, die Fachplanende wirkungsvoll unterstützt, gleichzeitig für Bürger*innen leicht verständlich ist und in Beteiligungsprozessen genutzt werden kann.

Daraus entstand die digitale interaktive Karte (→ S. 88) — der NUDAFA-Radverkehrsatlas —, die unter tilda-geo.de/regionen/nudafa zu finden ist.

Im NUDAFA-Reallabor wurde dazu das Konzept der Themenkarten entwickelt, in denen Datensätze aus unterschiedlichen Datenquellen themenbezogen und leicht verständlich dargestellt werden. Unter dem Modul „Zum Radnetz" (→ S. 82) sind die klar strukturierten Themenkarten aufgeführt. Diese stellen verschiedene Aspekte des komplexen Prozesses der Radnetzplanung zusammen, indem sie relevante Daten zu Schwerpunkten wie Sicherheit oder Oberflächenbeschaffenheit bündeln. Dabei orientieren sich die Karten bewusst an den ersten vier Prozessschritten, die die „Empfehlungen für Radverkehrsanlagen (ERA)" der FGSV e. V. (2010) vorgeben und navigieren so die Nutzenden systematisch durch den Planungsprozess. Die anschaulich aufbereiteten Themenkarten dienen als Grundlage sowohl für eine transparente Kommunikation innerhalb der Verwaltung als auch für den Dialog mit der Bevölkerung. In Summe visualisieren die Themenkarten die Rahmenbedingungen und Details der Radverkehrssituation in den Kommunen und veranschaulichen die interkommunalen Abstimmungsanforderungen.

Das anschließende Modul „Zu den Maßnahmen" (→ S. 87) entspricht dem fünften Prozessschritt „Handlungskonzept" der ERA (FGSV, 2010) und zeigt die konkreten Radverkehrsmaßnahmen und deren Fortschritt innerhalb der NUDAFA-Region auf.

Datengrundlage

Das OSM-Projekt bildet die Hauptdatenquelle für den NUDAFA-Radverkehrsatlas. OSM stellt eine Open-Source-Weltkarte, die zahlreiche Infrastrukturelemente wie Radwege, Straßen oder Häuser sowie Flüsse, Wälder und vieles mehr abbildet. Die lokale Erfassung der Daten erfolgt ehrenamtlich. Dass die Infrastrukturdaten gemeinsam mit Bürger*innen z. B. in sogenannten „Mapathons" eingepflegt werden können, ist besonders für kleine Kommunen ein großer Gewinn. Ein solches Vorgehen hält Kosten und Aufwand für die Kommune gering und ermöglicht die Schaffung einer flächendeckenden und kommunenübergreifenden Kartengrundlage. Diese erleichtert die Abstimmung und Zusammenarbeit zwischen Gemeinden, Landkreisen und Ländern und dient als Basis für die Entwicklung eines Radverkehrsnetzes und die daraus abzuleitenden Maßnahmen zur Radverkehrsförderung. Die Nutzung von OSM-Daten ist sehr vorteilhaft, da zahlreiche Infrastrukturdaten einerseits bereits flächendeckend vorliegen und andererseits durch die Bevölkerung erhoben bzw. vervollständigt werden können (→ OpenStreetMap, S. 76).

Im Laufe des Projekts erwies es sich als sinnvoll, zusätzlich auch statische Daten wie subjektive Gefahrenstellen aus Umfragen, die manuell in die Plattform eingepflegt werden, auf den Themenkarten zu berücksichtigen.

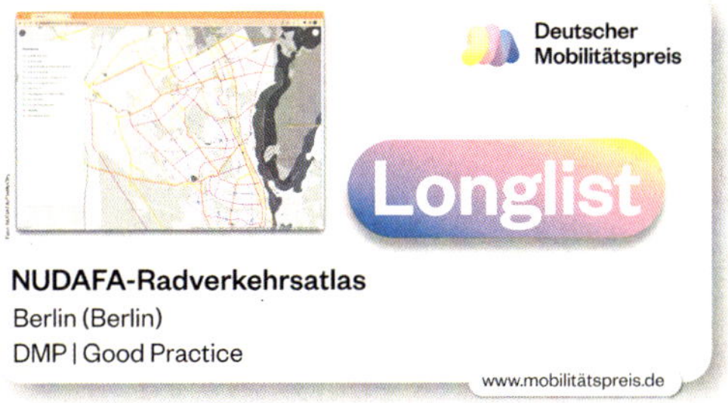

ERA (2010)	**Themenkarten**
1. Vorüberlegungen	Kontext
2. Netzanforderungen	Quellen und Ziele
3. Bestandsanalyse	Bestand Komfort Straßentyp Sicherheit Bedarfe
4. Netzkonzept	Luftliniennetz Zielnetz Maßnahmen

Themenkarten – Modul „Zum Radnetz“

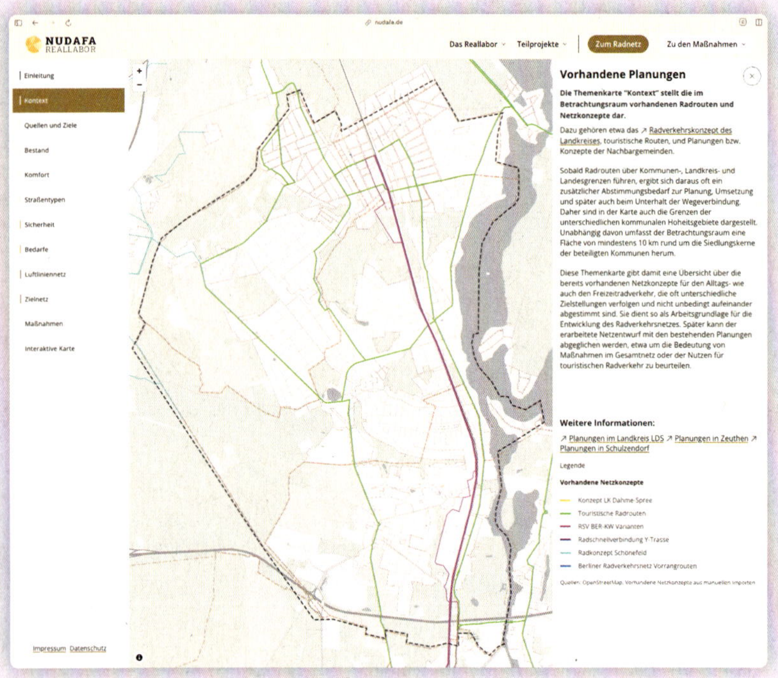

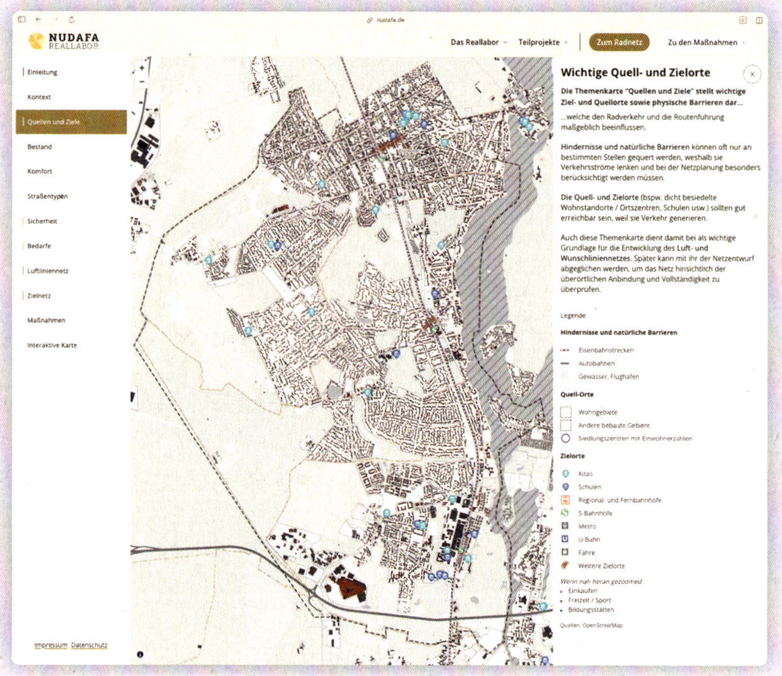

Die **Themenkarte „Kontext“** zeigt die im Betrachtungsraum vorhandenen Radrouten und Netzkonzepte.

Oftmals liegen bereits übergeordnete Planungen oder gar ein Radnetz vor. Einzelne Maßnahmen können daher häufig schon vor Abschluss der Radnetzentwicklung oder ohne ein eigenes kommunales Radverkehrskonzept begonnen werden. Zudem bietet sich an, für die Beantragung von Fördermitteln auf das Konzept des Landes oder des Landkreises zurückzugreifen.

Die **Themenkarte „Quellen und Ziele“** veranschaulicht wichtige Ziel- und Quellorte sowie physische Barrieren, die den Radverkehr und die Routenführung maßgeblich beeinflussen.

Um die Bedarfe der Radnutzenden zu erkennen, empfiehlt es sich, die Bevölkerung aktiv in die Erfassung der Quellen und Ziele einzubeziehen. Darüber hinaus ist es wichtig, eine Übersicht über Barrieren zu erarbeiten. Solche Barrieren — etwa Bahnübergänge oder Brücken — führen oftmals zu Engstellen oder Zwangspunkten im Radwegenetz. Diese sollten bei der Netzplanung gezielt berücksichtigt werden, um reibungslose und sichere Verbindungen zu gewährleisten.

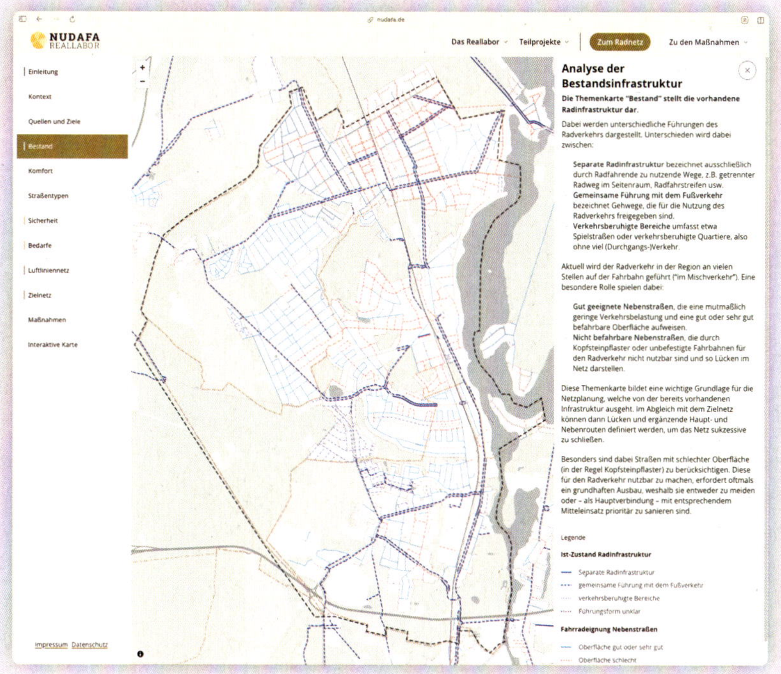

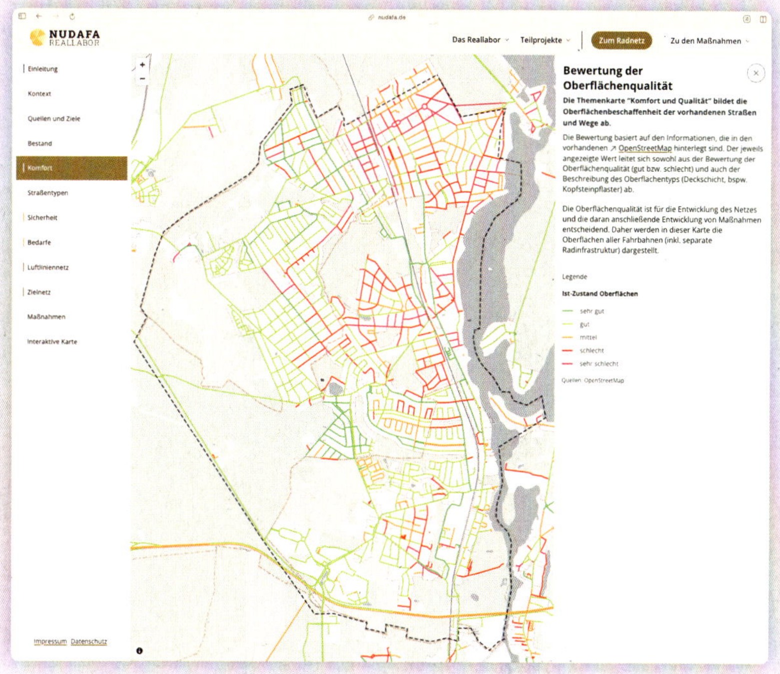

Die **Themenkarte „Bestand“** visualisiert die vorhandene Fahrradinfrastruktur und unterscheidet dabei anschaulich die verschiedenen Führungsformen.

Hervorgehoben werden beispielsweise Nebenstraßen mit gut für die Radnutzung geeigneter Oberfläche, ebenso finden sich nicht geeignete Nebenstraßen in der Themenkarte. Nebenstraßen, die für die Radfahrende leicht nutzbar sind, spielen eine maßgebliche Rolle für die Radnetzerstellung und den Alltagsradverkehr. Wenn auf diesen Straßen keine übergeordneten Routen verlaufen und das Verkehrsaufkommen gering ist, kann der Radverkehr sicher im Mischverkehr geführt werden. Vornehmlich in ländlichen Regionen — und bei niedrigem Verkehrsaufkommen — bieten wiederum Gehwege mit Freigabe für Radfahrende eine wertvolle Möglichkeit, den Radverkehr zu fördern. Obgleich diese Wege nicht als zeitgemäße und erstrebenswerte Radverkehrsinfrastruktur gelten, sind sie ein wichtiger Baustein für eine bessere Vernetzung.

Die **Themenkarte „Komfort und Qualität“** zeigt die Oberflächenbeschaffenheit der Verkehrswege im Planungsbereich.

Insbesondere bei Hauptroutennetzen ist eine erstklassige Oberflächenqualität entscheidend. Die Übersicht ermöglicht den Planenden, Oberflächenverbesserungsmaßnahmen anzuordnen und Lücken zu schließen, um ein durchgängiges und sicheres Radwegenetz zu gewährleisten. Abseits von regionalen Hauptverkehrsachsen und Durchgangsstraßen reicht eine gute Oberflächenqualität oft bereits aus, um den Alltagsradverkehr zuverlässig aufzunehmen. Hier empfiehlt es sich, gezielt Lücken zu beseitigen und durchgehend befahrbare Routen zu schaffen, die wichtige Ziele wie Ortskerne, Bahnhöfe, Schulen oder Freizeiteinrichtungen miteinander verbinden.

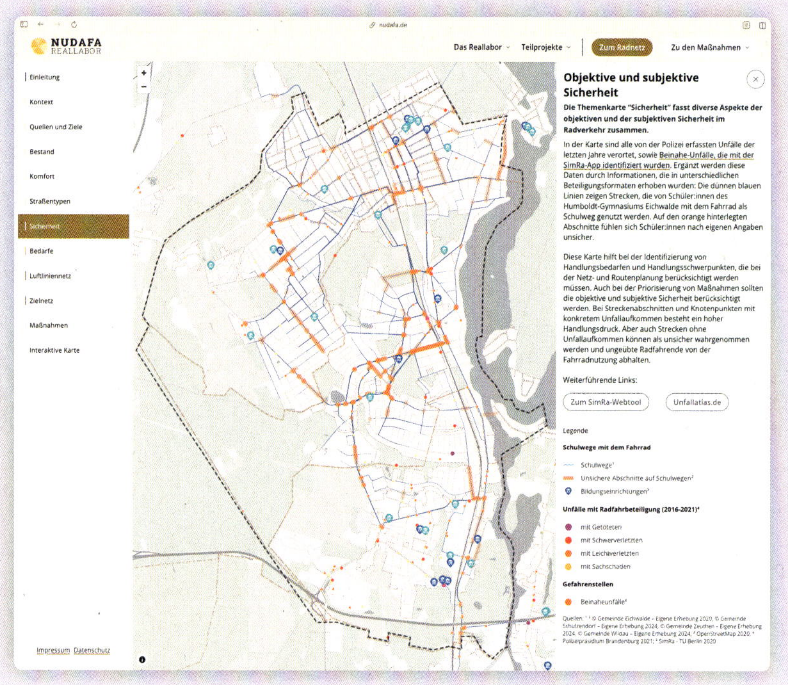

Die **Themenkarte „Straßentypen“** bietet eine übersichtliche Darstellung der verschiedenen Straßenkategorien im Bestandsnetz.

Die Kategorisierung strukturiert das bestehende Verkehrsnetz und legt Qualitätsstandards für unterschiedliche Straßentypen fest. Für den Einstieg in die Radverkehrsförderung empfiehlt es sich, zunächst überörtliche Verbindungen zu priorisieren. An Haupt- und Sammelstraßen sind oftmals straßenbegleitende Radwege unerlässlich. Bei Landes- und Kreisstraßen sollte frühzeitig eine Kooperation mit dem zuständigen Baulastträger angestrebt werden. In Wohnstraßen kann bereits eine gut befahrbare Oberfläche die Radnutzung fördern. Ist die Kommune selbst Baulastträger, lässt sich der Netzausbau beschleunigen. Für frei geführte Wege außerhalb geschlossener Ortschaften eignen sich freigegebene Wirtschafts- und Forstwege.

Die **Themenkarte „Sicherheit“** fasst Aspekte der objektiven und der subjektiven Sicherheit im Radverkehr zusammen.

Die Bündelung wichtiger Informationen zu Unfällen und Bereichen, in denen sich Radfahrende gefährdet fühlen, ist hilfreich, um Handlungsbedarfe zu identifizieren. Knotenpunkte, die als besonders unsicher gelten, sollten priorisiert betrachtet werden. Hier empfiehlt sich eine gemeinsame Verkehrsschau mit dem Landkreis und der Polizei, um ggf. direkt erste Maßnahmen einzuleiten. Darüber hinaus befördert die Karte zum Thema „Sicherheit“ den politischen Dialog und dient als Grundlage, um Unterstützung für notwendige Maßnahmen zu gewinnen.

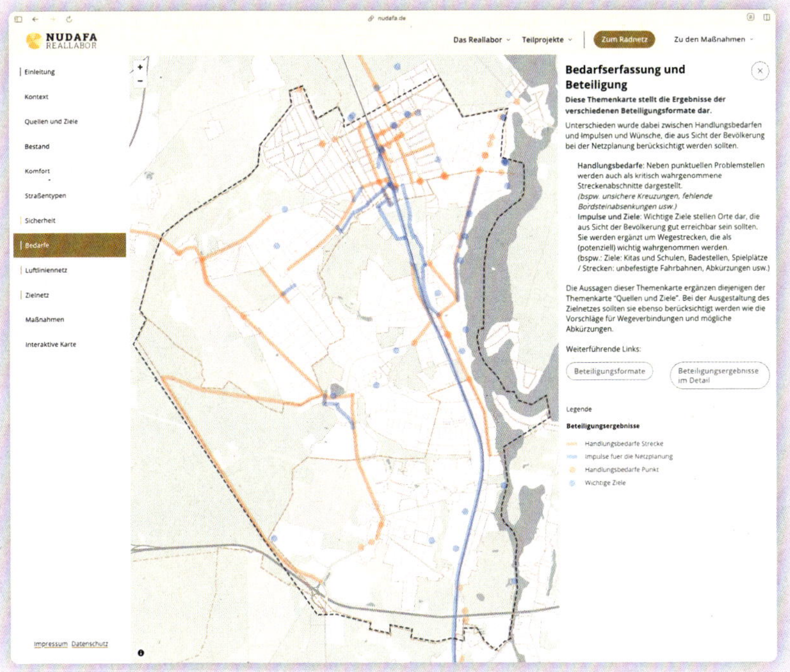

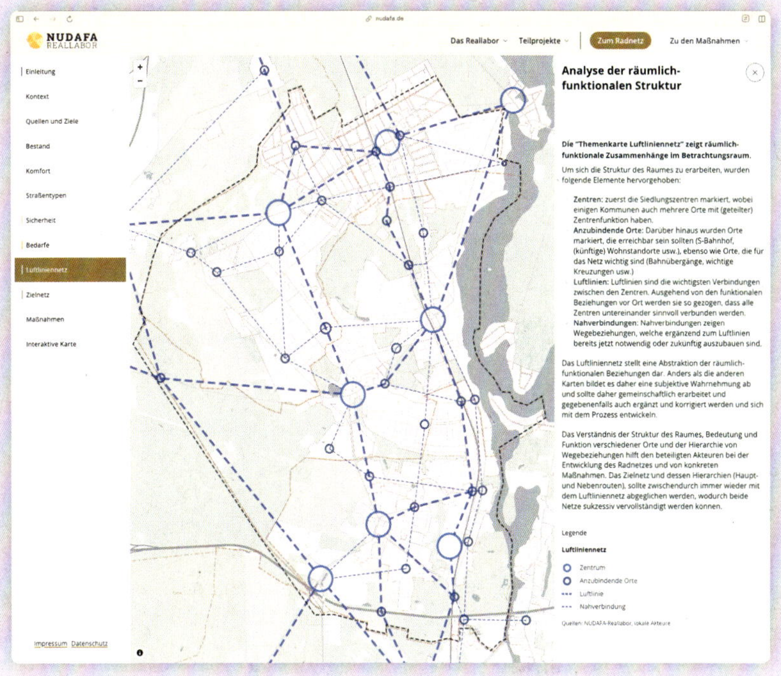

Die **Themenkarte „Bedarfe“** stellt die Ergebnisse der verschiedenen Beteiligungsformate dar.

Diese Themenkarte versammelt die Eingaben der Bürger*innen aus Beteiligungsformaten. Visualisiert werden „Handlungsbedarfe“ und „Impulse für die Netzplanung“, die sich auf Streckenabschnitte beziehen und linienförmig angezeigt sind. „Handlungsbedarfe Punkt“ veranschaulichen punktuelle Problemstellen, „Wichtige Ziele“ bezeichnen für die Bevölkerung relevante Orte. Mithilfe der Karte lassen sich Maßnahmen ableiten und priorisieren. Es sind unterschiedlichste Beteiligungsformate möglich: vom Präsenz-Workshop über Aufrufe zu schriftlichen Rückmeldungen bis hin zu hybriden Veranstaltungen. Empfehlenswert ist es, auf bereits etablierte Formate zu setzen, die Beteiligung an bestehende Veranstaltungen anzubinden (→ Tag der Mobilität, S. 172) und gezielt spezifische Zielgruppen einzubeziehen (→ Partizipative Schulwegkartierung, S. 186).

Die **Themenkarte „Luftliniennetz“** zeigt räumlich-funktionale Zusammenhänge im Betrachtungsraum.

Ein abstraktes Luftliniennetz, das die identifizierten Points of Interest verbindet, dient als wichtige Grundlage für die Entwicklung des Radnetzes. So lässt sich festlegen, welche Orte sinnvoll miteinander verknüpft werden können. Dabei werden zentrale Orte, relevante Knotenpunkte und sogenannte „Zwangspunkte“ wie Brücken oder Bahnübergänge berücksichtigt. Das Ergebnis ist ein übersichtliches Netz, in dem Verbindungen gebündelt dargestellt werden. Die Visualisierung hilft, die Raum- und Netzstruktur verständlich vorzubereiten und zu vermitteln. Es lohnt sich, das Luftliniennetz fortlaufend mit dem Zielnetz bzw. dessen Entwurf abzugleichen und beide bei Bedarf gemeinsam weiterzuentwickeln.

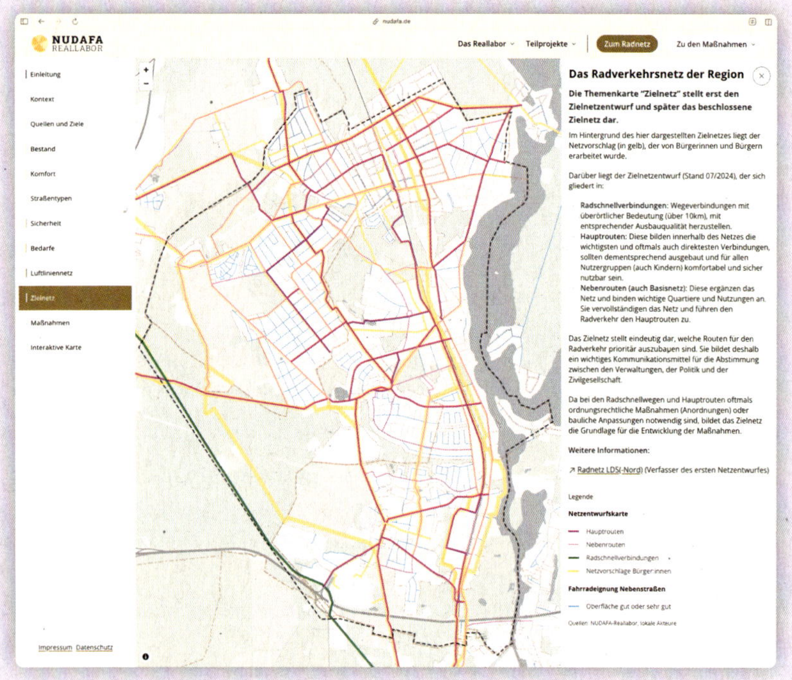

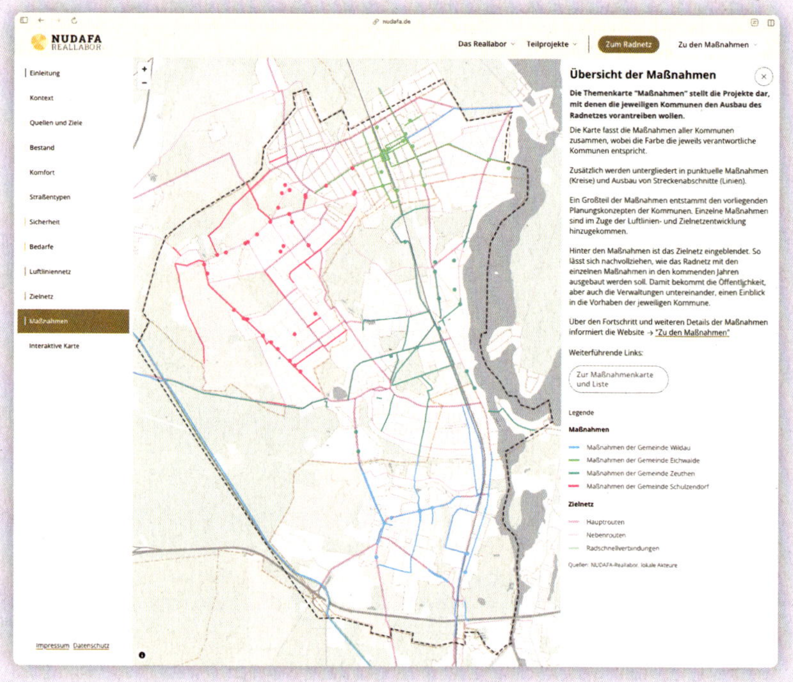

Die **Themenkarte „Zielnetz“** stellt den Zielnetzentwurf und das beschlossene Zielnetz dar.

Um die Diskussion und Abstimmung des Zielnetzes zu erleichtern, sollte zwischen Haupt- und Nebenrouten unterschieden werden. Die Hauptrouten zeichnen sich durch eine besondere überörtliche Verbindungsfunktion und/oder eine hohe Priorität aus. Zur besseren Beurteilung des beschlossenen Zielnetzes wurde im Hintergrund der von den Bürger*innen erarbeitete Netzentwurf eingeblendet. Zusätzlich weist die Karte gut befahrbare Nebenstraßen aus, da diese Bereiche bereits durchlässig sind und oftmals keine weiteren Maßnahmen benötigen.

Die **Themenkarte „Maßnahmen“** fasst die aus den identifizierten Handlungsbedarfen abgeleiteten Maßnahmen zum Ausbau des Zielnetzes zusammen.

Die geplanten und bereits umgesetzten Schritte werden in punktuelle — kreisförmig dargestellte — Maßnahmen und in linienförmig ausgewiesene Streckenabschnitte unterschieden. Mithilfe verschiedenfarbiger Markierungen ist die Zuständigkeit der jeweiligen Kommunen abzulesen. Über „Zur Maßnahmenkarte und Liste“ wird das Modul „Zu den Maßnahmen“ (→ S. 87) aufgerufen, das im Folgenden näher beschrieben wird.

Maßnahmenliste – Modul „Zu den Maßnahmen“

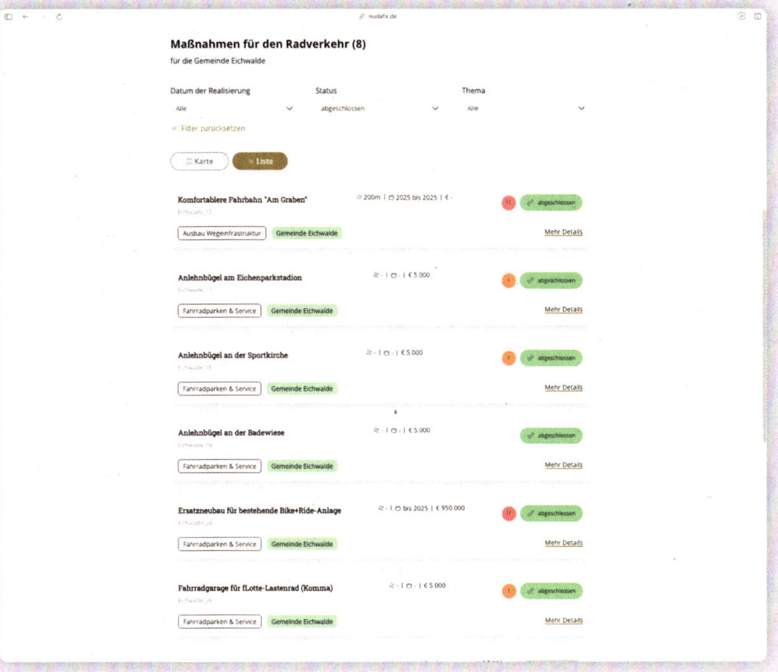

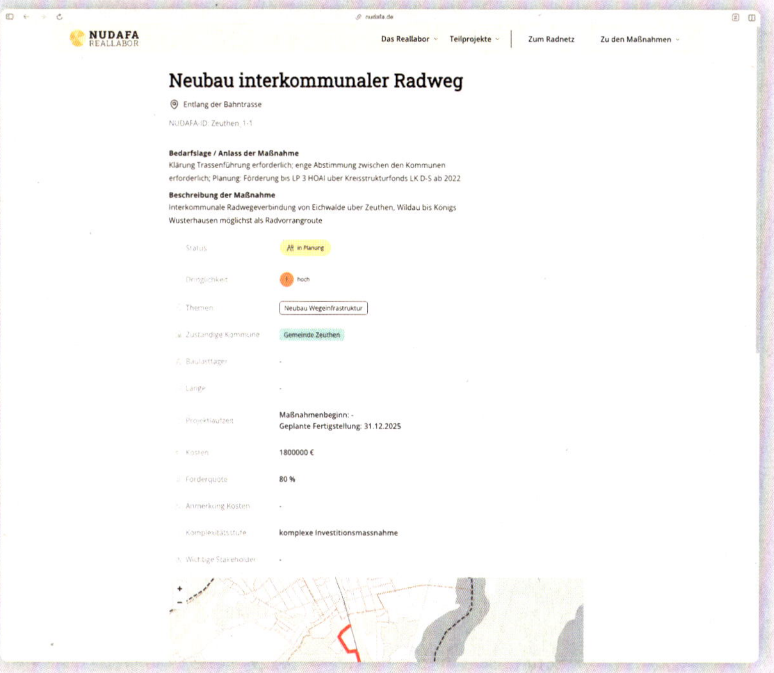

Im Modul „Zu den Maßnahmen“ lassen sich die Radverkehrsmaßnahmen im Einzelnen nachvollziehen. Der Status der Umsetzung kann abgerufen und nach Themen gegliedert werden. Ergänzend zu der Darstellung der Maßnahmen in der Karte finden sich zudem Listen, die sämtliche Maßnahmen erfassen. Unter dem Link „Mehr Details“ sind weiterführende Informationen zu der jeweiligen Maßnahme hinterlegt, die fortlaufend aktualisiert werden. Diese anschaulichen Steckbriefe zu jedem Projekt erleichtern die Abstimmung innerhalb der Verwaltung und mit der Politik und bieten eine hilfreiche Grundlage für die Öffentlichkeitsarbeit und den Einbezug der Bevölkerung.

Zur Beurteilung bzw. Priorisierung von Maßnahmen empfiehlt es sich, die Maßnahmen in Komplexitätsstufen einzuordnen:

- **kurzfristig umsetzbar** (bspw. in wenigen Monaten realisierbar, als Unterhaltungsmaßnahme finanzierbar)
- **mit Eigenmitteln umsetzbar** (keine Verzögerung durch Fördermittelakquise oder andere nicht-kommunale Baulastträger zu erwarten)
- **Untersuchung und Planung erforderlich** (Einstellung von Planungsmitteln in den Haushalt bzw. Einleitung von Planungsprozessen nötig)
- **komplexe Investitionsmaßnahme** (Einleiten von Fördermittelakquise, ggf. Prüfung, ob Umsetzungskapazitäten vorhanden sind, bei Bedarf Schaffung von Kapazitäten)
- **abhängig von anderen Akteur*innen** (Realisierbarkeit prüfen, ggf. zurückstellen oder Abstimmung einleiten)

Interaktive Karte – Plattform TILDA Radverkehr

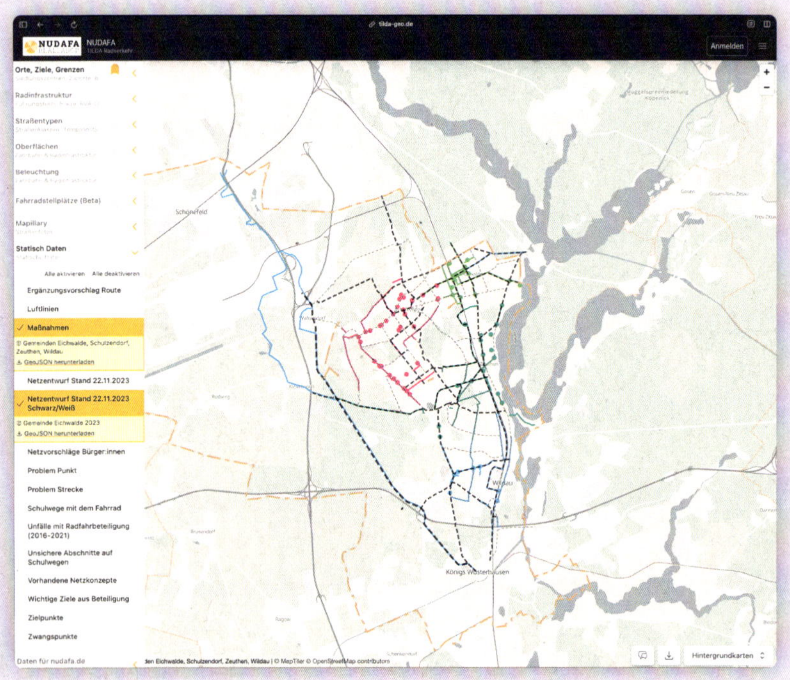

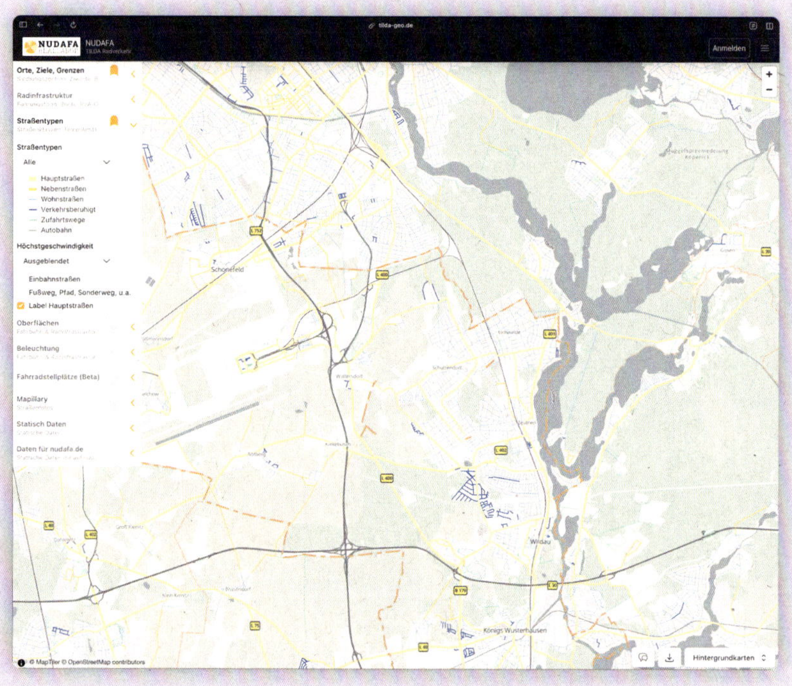

Auf der interaktiven Karte des NUDAFA-Radverkehrsatlas, die auf der Plattform TILDA Radverkehr unter tilda-geo.de zu finden ist, werden alle genannten Daten zusammengeführt, verarbeitet und abgebildet. Diese stellen die Datengrundlage der Themenkarten dar. Im unteren Bereich der Navigationsleiste ist angezeigt, welche Datenebenen ergänzend zu den OSM-Daten hinzugefügt wurden. Auf diese Weise können Nutzende den exakten Stand der Datenbasis erfassen und den Fortschritt der Projekte im Detail nachvollziehen.

Mit dem deutschlandweiten Tool TILDA Radverkehr können Kommunen nun diese interaktive Karte kostenpflichtig für ihre kommunale oder interkommunale Radnetzplanung nutzen.

TILDA Radverkehr

tilda-geo.de ist eine Plattform, die u. a. aus dem NUDAFA-Reallabor hervorgegangen ist und eine deutschlandweite Lösung zur Radnetzplanung bereithält. Die FixMyCity GmbH bietet mit dieser Cloudanwendung Kommunen maßgeschneiderte Unterstützung bei der Verkehrsplanung. Ein Beispiel hierfür ist die Erarbeitung des „Radnetzes Brandenburg“, das im Rahmen der „Kampagne Radinfrastruktur Brandenburg“ mit TILDA Radverkehr unter tilda-geo.de/regionen/bb-kampagne erstellt wurde.

Digitales Werkzeug für die Radverkehrsplanung

Interview mit Heiko Rintelen, Geschäftsführer bei FixMyCity GmbH, Entwicklung des NUDAFA-Radverkehrsatlas

Dienstleistung

Wie und warum setzen Sie sich beruflich für die Förderung des Radverkehrs im Rahmen vom NUDAFA-Reallabor ein?

Radverkehr ist insbesondere in vorstädtischen Siedlungsräumen eine ideale Mobilitätsform, um ÖPNV-Angebote zu ergänzen und lokale Wege zu erledigen — dafür braucht es ausreichend gute Infrastruktur.

Im NUDAFA-Reallabor haben wir das Konzept und die ersten Versionen des Radverkehrsatlas entwickelt. Die Idee war von Anfang an, Kommunen systematische und aktualisierbare Daten für die Radverkehrsplanung zur Verfügung zu stellen. Mit TILDA-Geo hat sich daraus eine professionelle Datenplattform entwickelt, die wir deutschlandweit anbieten. Radverkehr kann damit schneller und günstiger geplant werden. Mit radinfra.de bieten wir eine kostenlose deutschlandweite Version für die Zivilgesellschaft und Forschung an.

In welcher Rolle sehen Sie diesbezüglich das NUDAFA-Reallabor und welchen Beitrag konnte das Reallabor zu diesen Themen aus Ihrer Sicht leisten?

Durch die Entwicklung des Radverkehrsatlas hat das NUDAFA-Reallabor einen großen Beitrag geleistet, insbesondere durch den langen Projektzeitraum und die progressiven Partnerkommunen konnten wir mehrere Iterationszyklen durchlaufen und das Produkt immer weiter verbessern.

Welche Chancen sehen Sie diesbezüglich bei kleinen Kommunen?

Besonders bei kleineren Kommunen gibt es in der Regel keine Ressourcen für die Erhebung von GIS-Daten. Unser Angebot schließt diese Lücke, da TILDA als browserbasierte Web-App keine IT-Kenntnisse benötigt und die Datenpflege selbstständig möglich sowie sehr kostensparend ist.

„Im NUDAFA-Reallabor haben wir das Konzept und die ersten Versionen des Radverkehrsatlas entwickelt. Die Idee war von Anfang an, Kommunen systematische und aktualisierbare Daten für die Radverkehrsplanung zur Verfügung zu stellen."

Was sind aus Ihrer Sicht derzeit die zentralen Herausforderungen bei der Erarbeitung des Radverkehrsatlas für kleine und mittlere Kommunen?

Eine Herausforderung für kleine Kommunen ist häufig, Budget für Software-Lizenzen im Haushalt einzuplanen, da dies in der herkömmlichen Beschaffungslogik meistens nicht vorgesehen ist. Hier findet aber mittlerweile auch ein Umdenken statt. Zudem sehen wir unsere Herausforderung in der Übertragbarkeit und Verbreitung der Lösung TILDA.

Welche Themen und Aufgabenbereiche müssten künftig noch vertiefter untersucht werden, um bei der Radverkehrsförderung in kleinen Kommunen schneller voranzukommen?

Viele. Die auf die Radnetzplanung folgenden Schritte zu Umsetzungssteuerung sind oft sehr langsam, das liegt an vielen Faktoren, wie z. B. fehlendem Projektmanagement, langen Abstimmungsprozessen, politischen Prioritäten, unzureichenden Finanzierungsstrategien etc. Auch hier arbeiten wir an Lösungen z. B. mit dem Trassenscout.

Besonderheiten der interkommunalen Zusammenarbeit

Das interkommunale Radverkehrsmanagement (IRVM)

Im Rahmen des NUDAFA-Reallabors wurde eine vom Bundesministerium für Forschung, Technologie und Raumfahrt (BMFTR) finanzierte Vollzeitstelle in Eichwalde eingerichtet, um das interkommunale Radverkehrsmanagement (IRVM) explorativ zu erproben. Diese in der Gemeindeverwaltung Eichwalde angesiedelte Organisationseinheit bildete das Zentrum des NUDAFA-Reallabors und koordinierte den Verbund der beteiligten Kommunen. Das Ziel des IRVM-Ansatzes ist es, zusätzliche Ressourcen für eine flächendeckende Radverkehrsförderung bereitzustellen und die Radverkehrsfördernden in den Kommunen gezielt zu unterstützen. Eine wesentliche Aufgabe lag in der Koordination der Aktivitäten und Akteur*innen in der Region, um Synergieeffekte zu nutzen und die Zusammenarbeit effizient zu gestalten.

Die explorative Erprobung des IRVM innerhalb des NUDAFA-Reallabors ermöglichte eine praxisnahe Evaluation der Vor- und Nachteile im Vergleich zu anderen Ansätzen, wobei insbesondere die kontinuierliche Reflexion und Anpassung der Methoden im Mittelpunkt standen. Das Reallabor erwies sich als geeigneter Rahmen, um neue Verfahren und verwaltungsbezogene Ansätze zur Radverkehrsförderung zu erproben und zu erschließen. Die NUDAFA-Kommunen (→ S. 18) mit den Gemeinden Eichwalde, Zeuthen, Schulzendorf, Schönefeld und den Städten Wildau und Königs Wusterhausen diente als Testraum, in dem unter realen Bedingungen Erfahrungen mit innovativen Methoden, Tools, Maßnahmen, Kooperationsformen und Regulierungen gesammelt werden konnten. In den Fokus rückten folgende Fragen: Wie gelingt es dem IRVM, die interkommunale Zusammenarbeit durch die Erprobung innovativer Verfahrensweisen zu stärken? Inwiefern sind die im Forschungsprojekt entwickelten Ansätze auf andere Kommunen übertragbar? Die Beantwortung dieser Fragen umfasste neben der Erprobung innovativer Wege auch das Ausloten der Potenziale und Herausforderungen des IRVM, deren Dokumentation und damit die Herstellung von Übertragbarkeit.

Erfahrungen im NUDAFA-Reallabor

Die Etablierung des IRVM innerhalb der NUDAFA-Region kann in drei Phasen untergliedert werden, die im Folgenden vorgestellt werden.

Phase I: Einarbeitung und Vernetzung (bis 12 Monate)

Zu Beginn standen die Einarbeitung in die Region und die Initiierung der Kooperation in den beteiligten Kommunen im Vordergrund. Bei Besuchen in den Partnerkommunen wurden aktuelle Entwicklungsschwerpunkte und Herausforderungen im Radverkehr erfasst und der Unterstützungsbedarf abgeglichen. Es war wichtig, frühzeitig die Besonderheiten der einzelnen Kommunen zu erkennen und ein gemeinsames Verständnis für die Probleme zu erlangen. Die Vernetzung der Partnergemeinden baute auf vorhandenem Wissen, Erfahrungen und Strukturen auf — bestehende Netzwerke wurden identifiziert und genutzt (→ Strukturen und Akteur*innen im NUDAFA-Reallabor, S. 38). Die räumliche Nähe sowie der formelle und informelle Austausch mit Mitarbeitenden der Verwaltungen erleichterten das Erkennen gemeinsamer Herausforderungen und die Entwicklung von Projektideen. So bildete sich eine solide Grundlage für spätere Kooperationen.

Phase II: Profilbildung durch Projektarbeit (ab 9 Monaten)

In dieser Phase lag das zentrale Augenmerk auf konkreter Projektarbeit (→ Übersicht, S. 99), um die Glaubwürdigkeit und das Vertrauen in das IRVM zu stärken. Das erworbene Wissen über die lokalen Gegebenheiten und die kommunalen Verwaltungsstrukturen erwies sich als hilfreich, um interkommunale Projekte effizient umzusetzen und die Gemeinden in der Realisierung kommunaler Vorhaben zu unterstützen. Die Aufgaben des IRVM reichten von der Öffentlichkeitsarbeit für Veranstaltungen über Projektmanagement bis hin zur Begleitung konkreter Maßnahmen. Dieses weite Spektrum an Tätigkeiten trug zur Professionalisierung und zum Aufbau operativer Kompetenzen in gemeindeübergreifenden Kooperationsprozessen bei. Interkommunale Zusammenarbeit erfordert neben fachlicher Expertise zum Radverkehr auch

Kenntnisse der jeweiligen kommunalen Verfahrensweisen und administrativen Abläufe. Mit diesem Wissen lassen sich administrative Hürden überwinden und unterschiedliche Standards bewältigen, was insbesondere bei großen Verwaltungen mit vielen Abteilungen eine Herausforderung darstellte. Der kontinuierliche Erfahrungsaustausch und Wissenstransfer, auch über den Untersuchungsraum hinaus, begünstigte die Entwicklung gemeinsamer Perspektiven für die Radverkehrsförderung.

Phase III: Entwicklung eines eigenen Selbstverständnisses (ab 18 Monaten)

Mit zunehmender Komplexität der initiierten Projekte steuerte das IVRM die Maßnahmen aktiv und strukturierte sie vor. Es nutzte eigene Budgets und externe Dienstleistungen, etwa Rechtsberatung oder Verkehrserhebungen, um Maßnahmen anzustoßen und zu beschleunigen. Um interkommunale Projekte umzusetzen, war es besonders wichtig, die Autonomie jeder Gemeinde zu wahren und die Abstimmung mit unterschiedlichen Gremien und Entscheidungsstrukturen konsequent im Blick zu halten. Das neu eingerichtete IRVM musste sich als Gemeinschaftsaufgabe verstehen, in der sich breit gefächerte Kompetenzen bündeln.

Bei gemeindeübergreifenden Projekten mit mehr als zwei beteiligten Kommunen zeigte sich im Verlauf, dass eine klare Vorstrukturierung die Abstimmungen beschleunigte und eine Verlagerung vom Gesamtprojektteam auf bilaterale Bearbeitung den Erfolg des Projekts förderte. Da das IRVM schnell Kapazitätsgrenzen durch die Fülle und Vielfalt an Aufgaben erreichte, empfahl es sich, konkrete Fachaufgaben an die jeweiligen kommunalen Fachverwaltungen oder externe Büros zu übertragen. Gerade die Nutzung einer temporären Struktur wie dem Reallabor und die flexible Anpassung von Kooperationsprozessen vermochten die Effektivität zu steigern. Die große Anzahl an realisierten Projekten und der Netzwerkcharakter verdeutlichen, dass die Handlungskapazität nicht nur beim IRVM lag, sondern eine ebenen- und organisationsübergreifende Zusammenarbeit notwendig war. Das interkommunale Radverkehrsmanagement unterstützte und moderierte vielmehr das Netzwerk auf interkommunaler Ebene und konnte gezielt als Initiator auftreten.

↘ Die Erprobung des IRVM zeigt, dass interkommunale Zusammenarbeit große Chancen eröffnet, aber auch eine steigende koordinative und operative Komplexität mit sich bringt. Die Erfahrung der einzelnen Phasen belegt, dass der Aufbau neuer und die Nutzung bereits vorhandener Netzwerke sowie deren kontinuierliche Weiterentwicklung viele Ressourcen bündeln, aber langfristig zum Erfolg führen können. Auch kontinuierlicher Wissenstransfer und flexible Anpassungen der Kooperationsstrukturen sind essenziell für erfolgreiche Radverkehrsförderung. Herausforderungen ergeben sich aus unterschiedlichen Verwaltungsabläufen in den Kommunen, der gemeindeübergreifenden Zusammenarbeit bei gleichzeitiger Wahrung kommunaler Eigenständigkeit und den komplexen Abstimmungsprozessen bei umfangreichen Projekten. Zu empfehlen ist der frühzeitige Aufbau von Netzwerken, das aktive Vorstrukturieren von Maßnahmen und der bewusste Umgang mit Ressourcen und Kompetenzen.

Weiterführende Informationen zu Kooperationsformen und Aufgabenfelder innerhalb der interkommunalen Zusammenarbeit sind den Fachbeiträgen (→ S. 198) zum interkommunalen Radverkehrsmanagement zu entnehmen.

Der interkommunale Radverkehrsmanager berichtet

Interview mit Tim Zander, interkommunaler Radverkehrsmanager im NUDAFA-Reallabor, Gemeinde Eichwalde

Verwaltung

Wie und warum setzen Sie sich im Berufsalltag für die Förderung des Radverkehrs ein?

In meiner bisherigen beruflichen Laufbahn waren stets verkehrliche Themen entscheidend für die Realisierung von Großprojekten. Um hierbei einen bedeutenden Beitrag zu leisten, meine eigenen Kenntnisse zu erweitern und nicht zuletzt meinen persönlichen Interessen zu folgen, habe ich mich auf den Themenkomplex „Radverkehr" spezialisiert.

Welche Rolle haben Sie als interkommunaler Radverkehrsmanager im NUDAFA-Reallabor?

Mit meinem Verwaltungsbackground sehe ich mich als Vernetzungsstelle zwischen den eher starren Strukturen einer Verwaltung und den idealisierten Werten der Forschung. Wir planen den Radverkehr nicht im luftleeren Raum, daher liegt meine Aufgabe in der Vermittlung. Ziel ist es, den höchstmöglichen, realisierbaren Standard bei der Umsetzung von Projekten zu erreichen.

Welche Chancen sehen Sie im interkommunalen Radverkehrsmanagement speziell bei kleinen Kommunen?

Kleine Kommunen haben häufig personelle Probleme, da wenige Mitarbeitende für alle Querschnittsaufgaben in der Verwaltung zur Verfügung stehen und Themen wie die Radverkehrsförderung daher nachrangig behandelt werden. Aus diesem Grund sind insbesondere interkommunale Strukturen zur Ressourcenbündelung eine wichtige Chance für kleine Kommunen.

„Kleine Kommunen haben häufig personelle Probleme […]. Aus diesem Grund sind insbesondere interkommunale Strukturen zur Ressourcenbündelung eine wichtige Chance für kleine Kommunen."

Was sind aus Ihrer Sicht die zentralen Herausforderungen als interkommunaler Radverkehrsmanager?

In kommunalen wie auch interkommunalen Projekten ist das Zusammenwirken von verschiedenen Verwaltungen bzw. Verwaltungsteilen und externen Akteuren essenziell, um dem gemeinsamen Ziel näherzukommen. Einen Konsens herzustellen, ist die zentrale Aufgabe im Verwaltungskontext. Daher ist die kommunenübergreifende Vernetzung in meinem Arbeitsalltag mein wichtigstes Hilfsmittel bei der Realisierung von Projekten.

Welche Themen und Aufgabenbereiche müssten künftig noch vertiefter untersucht werden, um bei der Radverkehrsförderung in kleinen Kommunen schneller voranzukommen?

Wiederkehrende Themen sind die Vergabe von Aufträgen sowie die Akquise von Fördermitteln. Es ist stets ein Abwägen zwischen rechtlichen Vorgaben und schnellem Handeln in der Kommune. Die Anhebung der festgesetzten Schwellenwerte zur Vergabe von Bauleistungen im Land Brandenburg ist ein sehr guter Aspekt, der die Handlungsfähigkeit von Kommunen erhöht. Das Generieren von Fördermitteln ist zum aktuellen Stand hingegen weiterhin umständlich und mit langen Wartefristen von bis zu einem Jahr belegt. Diese Fördermittel sind allerdings für die Realisierung eines Projektes, insbesondere für kleine Kommunen, unabdingbar.

über 20 Projekte mehr a
ca. 4,3 Mio € Förder-/Fir
100 % Engagement

s 200 Akteur*innen
anzmittel

Projektsteckbriefe

Ziel

Im Rahmen des NUDAFA-Reallabors wurde eine Vielzahl von Projekten erprobt und umgesetzt. Diese erstrecken sich von kleinen, niedrigschwelligen Maßnahmen bis hin zu großen investiven und interkommunalen Vorhaben. Alle im Folgenden vorgestellten Projekte wurden im Kontext des Forschungsprojektes initiiert und realisiert. Um die gewonnenen Erkenntnisse und Erfahrungen praxisnah zu vermitteln, sind sie in Form von Projektsteckbriefen dokumentiert. Diese Steckbriefe verstehen sich als Rezepte für die kommunale Verkehrswende. Die Projekte können Verantwortlichen der Radverkehrsplanung in kleinen und mittleren Kommunen als Inspiration und Orientierung dienen und liefern konkrete Hilfestellungen für eigene Vorhaben. Da das Feld der kommunalen Radverkehrsförderung umfassender ist als die hier präsentierten Projekte, erhebt das Kapitel keinen Anspruch auf vollständige Darlegung aller zu erwartenden Aufgaben. Vielmehr sollen die dargestellten Projekte allen Radverkehrsfördernden helfen, das Spektrum, den Umfang und den Aufwand von Projekten abschätzen zu können.

Aufbau

Die Steckbriefe sind einheitlich gestaltet, um einen schnellen Überblick zu ermöglichen und einen Vergleich zwischen den Projekten zu erleichtern. Sie gliedern sich in folgende Kategorien: Infrastruktur, Service, Beteiligung, Öffentlichkeitsarbeit, Schulisches Mobilitätsmanagement und Organisation.

Jeder Projektsteckbrief besteht aus einem allgemeinen Teil und einem umfassenden Erfahrungsbericht inkl. einer Zeitleiste. Der allgemeine Teil gibt eine kompakte Übersicht über das Projekt. Er ordnet den Nutzen für die Radverkehrsförderung, die Ausgangslage und Zielsetzung innerhalb des NUDAFA-Reallabors sowie das Projektergebnis ein. Ergänzt wird dieser Teil durch zentrale Rahmeninformationen, die sich auf die konkrete Umsetzung der Projekte im NUDAFA-Reallabor beziehen. Hierzu zählen Laufzeit, Kosten, Komplexität, Förder- und Finanzmittel sowie Akteur*innen.

Der Erfahrungsbericht schildert detailliert die konkrete Umsetzung der Projekte. Die umfangreichen, investiven Projekte sind in Anlehnung an Spang (2022) in die Phasen „Idee“, „Planung“, „Vergabe“, „Umsetzung“ und „Nutzung“ gegliedert. Die weiteren Projekte teilen sich in die Phasen „Vorbereitung“, „Durchführung“ und „Nachbereitung“. Zu jeder Phase bietet der Erfahrungsbericht Einblicke in zentrale Erkenntnisse und Herausforderungen aus dem NUDAFA-Reallabor. Eine begleitende Zeitleiste veranschaulicht die wichtigsten Projektphasen und den Ablaufplan. Kleinere, schnell und kostengünstig realisierbare Projekte (Quick Wins der Radverkehrsinfrastruktur, Beteiligungstools) werden gebündelt vorgestellt, aufgrund ihrer raschen Umsetzbarkeit wurde auf eine Zeitleiste verzichtet. Ergänzend enthalten die Steckbriefe praxisnahe Hinweise und „Lessons Learned“, die bei der Umsetzung vergleichbarer Projekte unterstützen können.

Laufzeit

●○○ **kurzfristig** → *4 Wochen bis 12 Monate (max. 1 Jahr)*
●●○ **mittelfristig** → *12 bis 24 Monate (max. 2 Jahre)*
●●● **langfristig** → *über 2 Jahre*

Kosten

●○○ **gering** → *unter 10.000 €*
●●○ **mittel** → *10.000 bis 100.000 €*
●●● **hoch** → *über 100.000 €*

Komplexität

●○○ **gering**
→ *Grundlagenwissen genügt*
→ *geringer Planungs- und Abstimmungsaufwand*
→ *kleines Team*

●●○ **mittel**
→ *Fachkenntnisse notwendig*
→ *punktuelle Abstimmung mit einzelnen kommunalen oder externen Akteur*innen*
→ *Koordination notwendig*

●●● **hoch**
→ *komplexes Fachwissen notwendig*
→ *mehrere kommunale und externe Akteur*innen involviert*
→ *Fachplanung oder Expert*innen unabdingbar*
→ *hoher Abstimmungs- und Steuerungsaufwand*
→ *hohe strategische Relevanz*

Übersicht

Kategorien/Projekte	Laufzeit	Kosten	Komplexität	Seite
Infrastruktur				
Modulares Fahrradparkhaus	●●●	●●●	●●●	100
Interkommunaler Radweg	●●●	●●●	●●●	116
Komfortables Kopfsteinpflaster	●○○	●●●	●○○	126
Tempo-30-Zone mit innenliegender Tempo-20-Zone	●●●	●●○	●○○	134
Service				
Quick Wins der Radverkehrsinfrastruktur (3 kleine Projekte)	●○○	●○○	●○○	138
Lastenräder für die Bevölkerung	●●○	●○○	●○○	148
Beteiligung				
Das NUDAFAmobil — der mobile Informationsstand	●●○	●●○	●○○	154
Ortskernbeirat	●○○	●●○	●○○	158
Beteiligungstools (4 kleine Projekte)	●○○	●○○	●○○	162
Öffentlichkeitsarbeit				
Tag der Mobilität	●○○	●●○	●○○	172
STADTRADELN	●○○	●○○	●●○	176
Schulisches Mobilitätsmanagement				
Projektwoche BikeBuddies	●○○	●○○	●○○	180
Partizipative Schulwegkartierung	●○○	●○○	●●○	186
SCHULEXPRESS	●○○	●○○	●○○	190
Organisation				
Dienstradleasing	●●●	●●○	●●●	194

Laufzeit

langfristig
Aug. 2020 — Okt. 2025

Kosten

hoch
ca. 2,1 Mio. €

Förder-/Finanzmittel

Fördermittel des Landes Brandenburg *(RiLi ÖPNV-Invest)*

Fördermittel Bundesministerium für Verkehr *(BMV)*

Eigenmittel der Gemeinde Eichwalde

Komplexität

hoch

Akteur*innen

19 Akteur*innen
→ siehe Zeitleiste S. 106

Infrastruktur

Modulares Fahrradparkhaus

Errichtung einer Fahrradabstellanlage mit 340 teilweise gesicherten Stellplätzen als Service-Infrastruktur am S-Bahnhof Eichwalde

Einordnung und Nutzen

Das Themenfeld „Fahrradparken" spielt eine zentrale Rolle bei der Radverkehrsförderung. Ziel ist es, an Quell- und Zielpunkten des Radverkehrs geeignete Stellplätze zu gewährleisten, die leicht und schnell erreichbar, überdacht und sicher sind. Besonders an Bahnhöfen kommt den Abstellmöglichkeiten eine hohe Bedeutung zu, da hier der Umstieg vom Fahrrad auf Bus, Bahn oder S-Bahn erfolgt. Bahnhöfe fungieren als intermodale Knotenpunkte, die den Umweltverbund (Fuß-, Rad- und öffentlicher Verkehr) stärken. Attraktive Radabstellplätze fördern die Abkehr vom MIV und unterstützen so die nachhaltige Mobilität. Dabei ist zu unterscheiden zwischen frei zugänglichen, kostenlos nutzbaren Anlagen und gesicherten Anlagen, die einen Zugangsschutz bieten, kostenpflichtig sind und daher eine Bewirtschaftung benötigen.

Oftmals übernehmen die Kommunen die Umsetzung von Radabstellanlagen. Insbesondere für Anlagen an Bahnhöfen gibt es auf Landes- und Bundesebene entsprechende Förderprogramme. Auch die Deutsche Bahn (DB) und viele Verkehrsverbünde stehen Kommunen mit spezifischen Programmen zur Seite, teilweise wird der Betrieb der Abstellanlagen an Verkehrsverbünde oder spezialisierte Gesellschaften ausgelagert. Im Rahmen des Betrieblichen Mobilitätsmanagements tragen mitunter große Unternehmen mit zahlreichen Beschäftigten die Verantwortung für die Errichtung von Abstellanlagen.

Ausgangslage und Zielsetzung

Das Projekt im NUDAFA-Reallabor, das sich die Errichtung eines modularen Fahrradparkhauses zum Ziel gesetzt hatte, reagierte auf den hohen Bedarf an sicheren Abstellmöglichkeiten für Fahrräder in der Region. Abgesehen von Schulzendorf verfügen alle im NUDAFA-Reallabor zusammengeschlossenen Kommunen über einen direkten S-Bahn-Anschluss, weshalb viele Pendler*innen das Rad als praktisches Verkehrsmittel für die kurze Strecke zum Bahnhof nutzen. Da die meisten Wohngebiete weniger als fünf Kilometer von den Bahnhöfen entfernt liegen, eignet sich das Fahrrad ideal als Zubringer.

Die Zählung der abgestellten Fahrräder (→ Verkehrszählung, S. 60) und Erstellung von Prognosen zum Stellplatzbedarf ergaben, dass die bestehenden 230 Fahrradabstellplätze des S-Bahnhofs Eichwalde nicht ausreichen. Die in der Region üblichen Anlehnbügel gelangten ab einer Auslastung von 75 Prozent erfahrungsgemäß an ihre Kapazitätsgrenze, was zu verstärktem „Wildparken" führte und die effiziente Nutzung der Stellplätze nicht gewährleistete.

Information

RadPark Eichwalde
4
5

Da der S-Bahnhof Eichwalde und die beiden Vorplätze ohnehin umgebaut wurden, bot sich die Gelegenheit, die Abstellanlagen zu erweitern und aufzuwerten. Der Bedarf von jeweils über 300 Stellplätzen an der Ost- und Westseite des S-Bahnhofs konnte nicht mit Standardmodulen gedeckt werden, wie sie etwa die DB Bike+Ride-Offensive über Rahmenverträge den Kommunen anbietet. Daher wurde die Errichtung eines Fahrradparkhauses an der Ostseite beschlossen. Parallel entwickelten der Verkehrsverbund Berlin-Brandenburg (VBB) und das Brandenburgische Ministerium für Infrastruktur und Landesplanung (MIL) 2020 das Baukastensystem für Abstellanlagen „RadPark", um Kommunen eine raschere und gebündelte Umsetzung zu ermöglichen. Das NUDAFA-Reallabor nutzte dieses System und realisierte in Eichwalde das erste von insgesamt 14 Projekten als ein Pilotprojekt, das als Vorbild für andere Städte und Gemeinden dienen soll.

ⓘ Der modulare Charakter des Fahrradparkhauses ergibt sich daraus, dass die Anlage aus kombinierbaren offenen und abschließbaren Modulen besteht, die je nach Bedarf der Kommune flexibel zusammengestellt und mehrfach erweitert werden können. Durch die Nutzung des bestehenden Rahmenvertrags kann somit ein Großteil des sonst erforderlichen Planungsaufwands eingespart werden.

Projektergebnis

Nach erfolgreicher Einwerbung von Fördermitteln durch das NUDAFA-Reallabor wurde das „Modulare Fahrradparkhaus" mit 340 Stellplätzen auf der Ostseite des S-Bahnhofs gebaut: Seit September 2025 stehen in sogenannten Sammelschließanlagen 132 gesicherte Plätze zur Verfügung, die als Doppelstockparker ausgeführt sind und gegen eine geringe Gebühr gebucht werden können. Die kostenfreien Stellplätze sind ebenfalls überwiegend als Doppelstockparker ausgeführt und werden durch Anlehnbügeln ergänzt, die insbesondere für Sonderfahrräder wie Lastenfahrräder oder Fahrräder mit Anhängern vorgesehen sind. Das Parkhaus ist zudem mit einer Photovoltaikanlage und einem naturnahen Regenwasserversickerungsbecken ausgestattet. Eine vor Ort installierte Service- und Reparatursäule (→ S. 142), d. h. eine Werkzeugsäule mit Luftpumpe und Radhalterung, unterstützt die Nutzenden bei der Wartung und Reparatur ihrer Fahrräder. Im Eingangsbereich ist eine Packstation integriert, über die der lokale Einzelhandel nach Ladenschluss Waren an Pendler*innen aushändigen kann.

3
Türöffnung
am Bereich 2

Pilotprojekt in Eichwalde innerhalb der Initiative des MIL und VBB

Der Bau des Fahrradparkhauses in Eichwalde ist Teil einer umfassenden Initiative des MIL sowie des VBB, die den Ausbau von Bike-and-Ride-Anlagen im Land Brandenburg beschleunigen soll. Gemeinsam mit einem Planungsbüro entwickelte der VBB ein modulares Baukastensystem für Fahrradabstellanlagen und ein Konzept für die gebündelte Realisierung von 14 Fahrradparkhäusern in insgesamt 13 Kommunen. Das Land Brandenburg und der Bund unterstützten das Vorhaben mit Zuschüssen von bis zu 90 Prozent der förderfähigen Baukosten und übernahmen einen Großteil der Planungskosten.

Die Gemeinde Eichwalde verantwortete stellvertretend für die beteiligten Kommunen das Vergabeverfahren für den vom MIL und VBB konzipierten Rahmenvertrag, der die Hochbauleistungen aller Standorte bündelte. So war es den anderen Kommunen möglich, die Leistungen unkompliziert abzurufen. Grundlage dieser Zusammenarbeit bildete eine Kooperationsvereinbarung zwischen den beteiligten Gemeinden. Als erstes von 14 Fahrradparkhäusern diente das Projekt in Eichwalde dazu, im Verlauf der Planung und der Errichtung wichtige Erkenntnisse zu sammeln und Anpassungen vorzunehmen. Diese Erfahrungen flossen in die Bauprojekte an den weiteren Standorten ein. Somit stellt das Pilotprojekt in Eichwalde eine sehr spezifische Form interkommunaler Zusammenarbeit dar.

Das Projekt zeichnet sich durch eine hohe Komplexität aus, weshalb sich im Folgenden der Fokus auf den Planungs- und Umsetzungsprozess und die typischen Aufgaben beim Bau eines Fahrradparkhauses richtet.

→ Weiterführende Informationen

- FGSV (2012b): Hinweise zum Fahrradparken.
- FGSV (2018): Hinweise zu Park+Ride (P+R) und Bike+Ride (B+R).
- Hochschule Mainz (2023): Umgang mit Schrotträdern und zurückgelassenen Fahrrädern.
- Infostelle Fahrradparken (2025b): Planungstool Radparken. Bedarfs- und Kostenrechner (XLSX).
- Infostelle Fahrradparken (2025a): Whitepaper Fahrradparken 2. Anlagentypen und Nutzende.
- Infostelle Fahrradparken (2024): Whitepaper Fahrradparken 1. Standortwahl und Flächenklärung.
- Infostelle Fahrradparken am Bahnhof (2023): Bahn.Rad.Parken. Potenzial vernetzter Mobilität. Leitfaden für die Planung und den Bau von Fahrradparkhäusern.
- Ministerium für Verkehr Baden-Württemberg (2019): Leitfaden Bike+Ride. Für eine erfolgreiche Verknüpfung von Öffentlichem Verkehr und Fahrrad.
- team red Deutschland GmbH (2017): Leitfaden Betreiberkonzepte für Fahrradstationen, Sammelschließanlagen und Fahrradboxen.
- Vernetzungsstelle Bike and Ride im Land Brandenburg des VBB: unternehmen.vbb.de/vbb-themen/bahnhofsgebaeude-umfeld/bike-and-ride-anlagen

1)

2)

3)

1) Entwurfsvisualisierung des „Modularen Fahrradparkhauses“ von dem Planungsbüro BahnStadt
2) Eingang und Buchungssystem der in Betrieb genommenen, kostenpflichtigen Sammelschließanlage des „Modularen Fahrradparkhauses“
3) erstes gebautes Entwurfsmodul von der Terhalle Holzbau GmbH

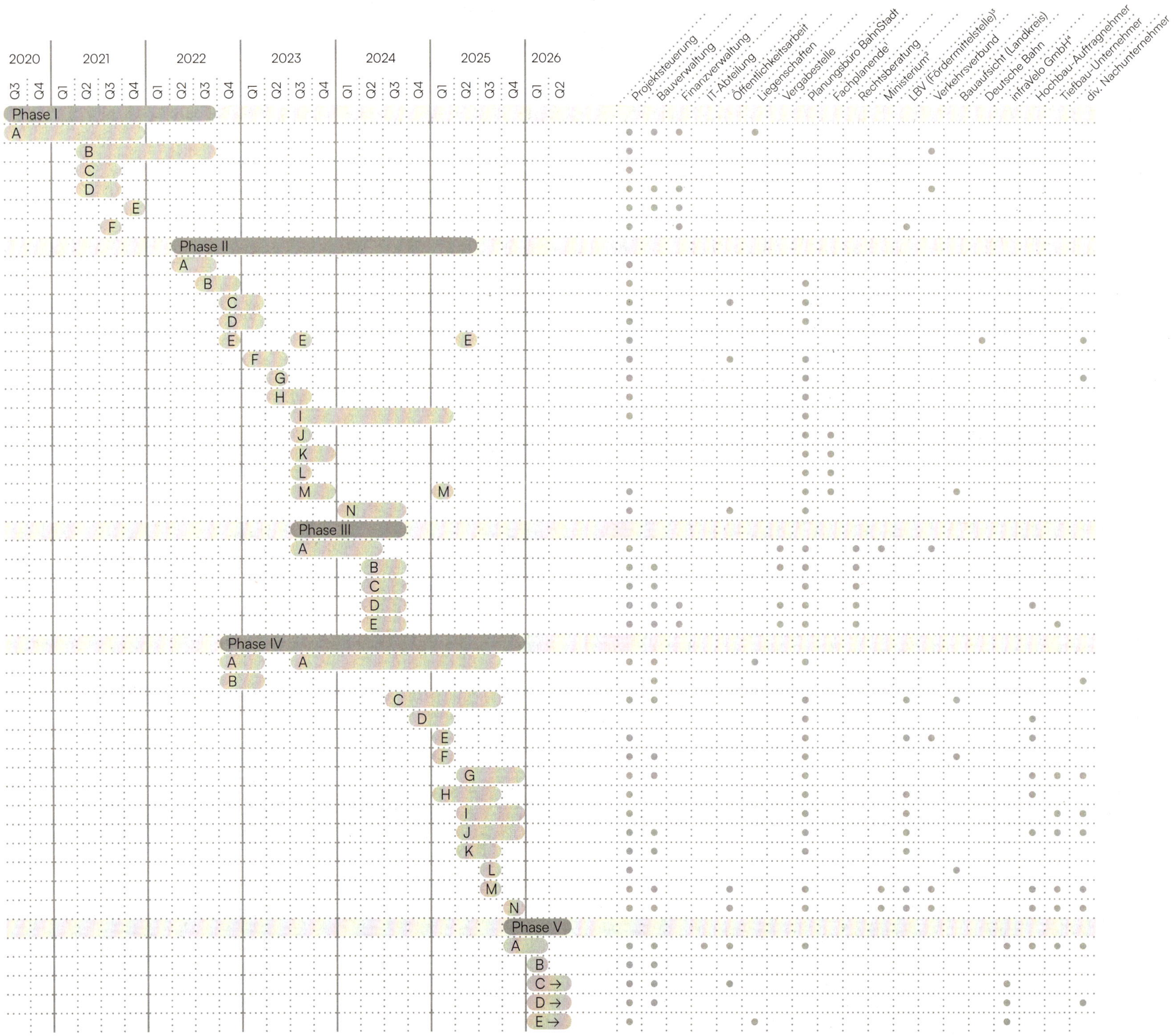
2020
2021
2022
2023
2024
2025
2026
Q3 Q4 Q1 Q2 Q3 Q4 Q1 Q2 Q3 Q4 Q1 Q2 Q3 Q4 Q1 Q2 Q3 Q4 Q1 Q2 Q3 Q4 Q1 Q2
Phase I
A
B
C
D
E
F
Phase II
A
B
C
D
E E E
F
G
H
I
J
K
L
M M
N
Phase III
A
B
C
D
E
Phase IV
A A
B
C
D
E
F
G
H
I
J
K
L
M
N
Phase V
A
B
C →
D →
E →
Projektsteuerung
Bauverwaltung
Finanzverwaltung
IT-Abteilung
Öffentlichkeitsarbeit
Liegenschaften
Vergabestelle
Planungsbüro BahnStadt
Fachplanende[1]
Rechtsberatung
Ministerium[2]
LBV (Fördermittelstelle)[3]
Verkehrsverbund
Bauaufsicht (Landkreis)
Deutsche Bahn
infraVelo GmbH[4]
Hochbau-Auftragnehmer
Tiefbau-Unternehmer
div. Nachunternehmer

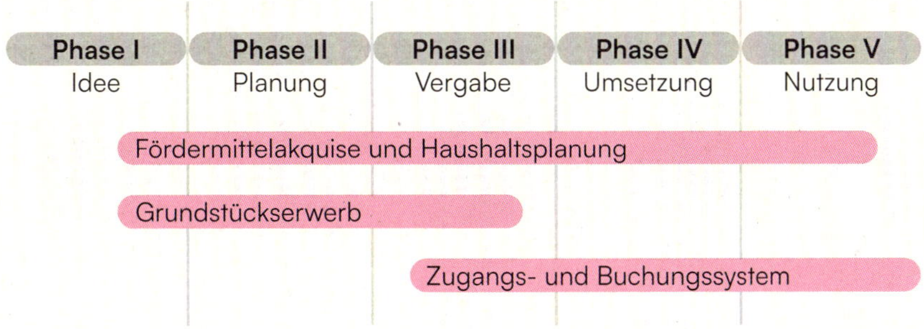

Die Gliederung des Projektablaufs orientiert sich an den in Spang (2022) definierten Phasen von Bauprojekten, wobei neben der „Idee", „Planung", „Vergabe", „Umsetzung" und „Nutzung" auch die „Fördermittelakquise und Haushaltsplanung" (→ S. 57), der „Grunderwerb" (→ S. 66) und das Einrichten des „Zugangs- und Buchungssystems" als parallel ablaufende, kontinuierliche Prozesse betrachtet werden.

[1] z. B. Brandschutz, Statik
[2] Ministerium für Infrastruktur und Landesplanung
[3] Landesamt für Bauen und Verkehr
[4] Buchungsplattform

Phasen

Phase I: Idee (Bedarfserfassung und Vorbereitung)

- A Ideenfindung
- B Bedarfserfassung, -abschätzung, -bestätigung
- C Prüfkonzept und Vorstudie Bike+Ride-Offensive (verworfen)
- D Kostenschätzung mit dem Planungstool der Infostelle Fahrradparken
- E erste Haushaltsplanung, Variantenuntersuchung
- F Vormeldung der Fördermittel

Erfahrungsbericht

Zu Beginn des Projekts stand lediglich fest, dass die bestehenden Abstellanlagen erneuert werden mussten. Unklar war jedoch, welche Kapazitäten erforderlich sein würden und wie sich die Finanzierung gestalten sollte. In der Maßnahmenvorbereitung wurden daher Verkehrszählungen durchgeführt, um den Bedarf abzuschätzen. Dabei wurde zwischen optimalen Stellplätzen (unüberdacht und max. 20 m vom Bahnhofsausgang entfernt / überdacht und max. 50 m entfernt / abschließbar und bis zu 100 m entfernt), suboptimalen Anlagen sowie „wild" abgestellten Fahrrädern differenziert. Als geeignete Zeitpunkte für Zählungen gelten gemäß der EVE (FGSV, 2012a) die Wochentage Dienstag bis Donnerstag in den Monaten April bis Juni sowie September und Oktober. Durch die Kombination dieser Daten mit den Prognosen des Stellplatzbedarfs der Verkehrsverbünde und unter Einbeziehung einer Ausbaureserve von etwa 40 Prozent lassen sich mittel- und langfristige Bedarfe ableiten. Die Infostelle Fahrradparken hält hierfür inzwischen auch ein entsprechendes Tool bereit (Infostelle Fahrradparken, 2025b). Für Fördermittelanträge ist es ggf. erforderlich, dass der Verkehrsverbund den Bedarf bestätigt.

Auf Grundlage der Bedarfsermittlung wurden anschließend verschiedene Optionen für den Neubau geprüft. Dazu gehörte u. a. die Erwägung der Errichtung von Standardmodulen im Rahmen der DB Bike+Ride-Offensive. Die Varianten wurden im Hinblick auf ihre Vor- und Nachteile, etwa die Folge- und Betriebskosten, verglichen. Parallel erfolgten Gespräche mit der Bau- und Finanzverwaltung sowie erste Abstimmungen mit dem Land als zentralem Fördermittelgebenden. Im Zuge dieser Sondierungen wurden auch die infrage kommenden Förderprogramme auf Landes- und Bundesebene gegenübergestellt und Haushaltsmittel für die Planungsleistungen gesichert.

Fördermittelakquise und Haushaltsplanung

- A Vormeldung und Anmeldung der Fördermittel
- B Antragstellung und Bewilligung
- C Grundsatzbeschluss und Haushaltsplanung
- D Änderungsanträge (Mittelübertrag und Mehrkosten)
- E Mittelabrufe
- F Abschluss: Verwendungsnachweis

Nach der Klärung der grundlegenden Rahmenbedingungen, des Standorts und der Bauform begann die konkrete Maßnahmenvorbereitung. Auf Basis einer Kostenschätzung mit dem Planungstool der Infostelle Fahrradparken wurde der Förderantrag in der Richtlinie zur Förderung von Investitionen für den Öffentlichen Personennahverkehr (Rili ÖPNV-Invest) im zweistufigen Verfahren zunächst mit einer Projektskizze und einem überschlägigen Kostenrahmen beim Landesamt für Bauen und Verkehr (LBV) vorangemeldet. Parallel dazu wurden die Planungsleistungen für die Leistungsphasen (LPH) 1—4 (Grundlagenermittlung, Vor- und Entwurfsplanung, Genehmigungsplanung) beauftragt, um frühzeitig belastbare Planungen an den Fördermittelgebenden übermitteln zu können. Zu diesem Zeitpunkt lag noch kein rechtskräftiger Bewilligungsbescheid vom LBV vor. Da die Planungskosten gemäß der Förderrichtlinie über Pauschalen abgerechnet werden, kann die Planung mit Zustimmung des Fördermittelgebendes bereits vor Bewilligung beginnen, indem die Kommune in Vorleistung geht. Dadurch wird der Planungsprozess deutlich beschleunigt. Dabei sollte jedoch geprüft werden, ob dies mit Nebenbestimmungen des Fördermittelgebenden vereinbar ist. Im vorliegenden Fall konnte der ausführliche Fördermittelantrag erst nach Abschluss der LPH 3 eingereicht werden, da dann die Kostenberechnung nach DIN 276 sowie weitere geforderte Nachweise vorlagen.

Eine besondere Herausforderung solcher Projekte besteht in der zeitlichen Abstimmung zwischen der Einreichung von Fördermittelanträgen, deren Prüfung und Bewilligung sowie der kommunalen Haushaltsplanung. Denn die Kommunen müssen die Mittel bereits im Vorjahr einplanen, um den erforderlichen Eigenanteil bei der Antragstellung nachweisen zu können. Der Zuwendungsbescheid wurde daher zunächst vorbehaltlich des Nachweises der Eigenmittel ausgestellt. Dieser Nachweis erfolgte durch einen Grundsatzbeschluss der Gemeindevertretung und wurde schließlich mit der Verabschiedung der neuen Haushaltssatzung zum Jahreswechsel erbracht.

Grundstückserwerb

- A Kontaktaufnahme und Abstimmung mit der DB
- B zweistufige Freigabe
- C Verhandlung und Unterzeichnung des Kaufvertrags
- D Vermessung
- E Identitätsklärung, Auflassung, Grenzvermessung
- F Abschluss der Gestattungsverträge Baulast
- G Eintragung der Baulasten

Da sich das Grundstück für das geplante Fahrradparkhaus nicht im kommunalen Besitz befand, wurden frühzeitig Verhandlungen mit der DB aufgenommen. Dabei zeigte sich, dass die Regellaufzeiten der Gestattungsverträge der DB nicht mit den Zweckbindungsfristen der Förderrichtlinien übereinstimmten. Daher wurde der Erwerb des Grundstücks als Fläche mit „bahn-affiner Nutzung“ unumgänglich. Nach einem zweistufigen Freigabeverfahren begannen die Kaufverhandlungen, die Vermessung sowie die Wertermittlung des Grundstücks.

*Da die DB eine baurechtliche Prüfung der Maßnahme und eine Koordination mit den beteiligten Akteur*innen im Vorfeld ablehnte, konnten die erforderlichen Abstandsflächen erst nach Abschluss des Kaufvertrags, der Auflassung und parallel zur Grundbucheintragung in einem ergänzenden Verfahren gesichert werden. Infolgedessen zog sich der Grundstückserwerb mit allen vorbereitenden und nachbereitenden Schritten von 2020 bis kurz vor dem Spatenstich im Jahr 2025. Dies führte zu einer Verzögerung der Erteilung der Baugenehmigung um rund ein Jahr.*

Die notwendigen Abstimmungen mit der DB stellten somit ein erhebliches Umsetzungs- und Genehmigungshindernis dar und erforderten kontinuierlichen Personaleinsatz. Aus den Erfahrungen lässt sich ableiten, dass Fahrradparkhäuser — sofern möglich — auf kommunalen Flächen errichtet werden sollten, um langjährige Verzögerungen zu vermeiden.

Phase II: Planung

- A Vorbereitung Planungsleistungen (Leistungsverzeichnis und Beauftragung)
- B LPH 1: Grundlagenermittlung
- C LPH 2: Vorplanung
- D Baumgutachten
- E Vermessungen für Planungsprozess
- F LPH 3: Entwurfsplanung
- G Baugrunduntersuchung
- H LPH 4: Genehmigungsplanung
- I Abstimmung mit Trägern öffentlicher Belange (insb. Deutsche Bahn)
- J Statik- und Standsicherheitsnachweis inkl. Prüfbericht
- K Brandschutzgutachten
- L wasserrechtliche Genehmigung
- M Einreichung und Bearbeitung der BaugenehmigungBaugenehmigung
- N LPH 5: Ausführungsplanung

*Mit der Beauftragung des Planungsbüros erweiterte sich das Projektteam erheblich. Neben der Abstimmung mit den Fachplaner*innen für Statik, Elektro und weitere Bereiche wurden verschiedene Gutachten eingeholt, darunter Vermessung, Baumgutachten, Baugrunduntersuchung, Kampfmittelprüfung und Brandschutz. Der Planungsprozess folgte den Vorgaben der HOAI und umfasste die Leistungsphasen (LPH) 1—4: von der Grundlagenermittlung (LPH 1) über die Vor- und Entwurfsplanung (LPH 2 und 3) bis zur Genehmigungsplanung (LPH 4) mit Einreichung des Bauantrags.*

Wichtige Entscheidungen stimmte das Projektteam eng mit den kommunalen Gremien ab und verknüpfte sie mit der Fördermittelakquise, Haushaltsplanung sowie parallel laufenden Umgestaltungen im Bahnhofsumfeld. Die Beantragung der Baugenehmigung erforderte Abstimmungen mit verschiedenen Trägern öffentlicher Belange sowie die Erstellung eines Prüfberichts durch einen Prüfstatiker. Bereits zu diesem Zeitpunkt wurden Vegetationsschnitte eingeleitet, um diese vor Beginn der Schonfrist abschließen zu können und lange Verzögerungen zu vermeiden.

*Ein Großteil der Planungsleistungen wurde vom Generalplaner übernommen. Seitens der Kommune war eine aktive Projektsteuerung notwendig, die von der Koordination mit den Planungsbüros und der Abstimmung mit internen Verwaltungsbereichen über die Begleitung von Grunderwerb (→ S. 66), Förderantrag und Baugenehmigung bis hin zur Organisation begleitender Öffentlichkeitsarbeit (→ S. 63) reichte. Eingebunden waren zahlreiche Akteur*innen — von Finanzverwaltung, Tiefbau, DB, Fördermittelgebende und Gutachter*innen bis zu Genehmigungsbehörden und politischen Gremien.*

Phase III: Vergabe

- A Entwurf des Rahmenvertrags und Abschluss der Kooperationsvereinbarung
- B LPH 6: Vorbereitung der Vergabe
- C LPH 7: Mitwirkung bei der Vergabe
- D Ausschreibung der Hochbau-Leistungen
- E Ausschreibung der Tiefbau-Leistungen

*Nach Vollendung der Ausführungsplanung (LPH 5) folgte die Ausschreibung bzw. Vergabe (LPH 6 und 7) (→ Projektanbahnung und Vergabe, S. 59) der Bauleistungen. Dieser Schritt wird üblicherweise von der Vergabestelle und den Fachplaner*innen betreut. Weil für das Projekt nicht nur die Hochbauleistungen in Eichwalde, sondern der Rahmenvertrag für die Hochbauleistungen in allen Kommunen ausgeschrieben wurde, war zusätzlich der Abschluss einer Kooperationsvereinbarung zwischen allen beteiligten Kommunen des Projektes des MIL und VBB notwendig. Zusammen mit den Fachplaner*innen und einem Vergaberechtsanwalt übernahm die gemeinsame zentrale Vergabestelle für die Gemeinden Zeuthen, Eichwalde und Schulzendorf in der Folge die Ausschreibung des Rahmenvertrags für die Hochbauleistung, inklusive der Beantwortung von Bieterfragen. Zeitgleich erfolgte die Ausschreibung der Tiefbauleistungen. Nach Auswertung der Angebote und Erteilung des Zuschlags wurde ein Änderungsantrag an das LBV eingereicht, um die Zuwendungshöhe an die tatsächlichen Kosten anzupassen. In manchen Kommunen muss der Zuschlag durch die Kommunalvertreter*innen bzw. den Rat bestätigt werden, sodass dies entsprechend vorzubereiten und in den Zeitplänen zu berücksichtigen ist.*

Phase IV: Umsetzung

- A Abstimmung zur angrenzenden Baumaßnahme der DB
- B Beschnitt der Bäume
- C bauzeitliche (temporäre) Abstellanlagen als Ersatz
- D Werkplanung durch Bau-Auftragnehmer
- E Realisierung und Abnahme des Baumusters
- F Übergabe der Baugenehmigung und Baufreigabe
- G LPH 8: Objektüberwachung
- H Tiefbauarbeiten (inkl. Rückbau)
- I Hochbauarbeiten
- J Nachtragsmanagement
- K Anschluss an Kommunikationsnetze, Anmeldung Strom und Photovoltaik
- L Anzeige der Inbetriebnahme
- M Endabnahme und feierliche Inbetriebnahme
- N Abschluss der Nachbesserungen

Die Umsetzungsphase (LPH 8) begann mit der Aufstellung temporärer Anlehnbügel zur Überbrückung der Bauzeit, gefolgt vom Rückbau der alten Radabstellanlagen. Nach dem offiziellen Spatenstich starteten die Tiefbauarbeiten. Parallel dazu wurden an einem Baumuster die letzten Details für Werkplanung und Produktion des Hochbaus festgelegt. Anschließend erfolgten die Errichtung der Fundamente sowie im Wechsel Hoch- und Tiefbauarbeiten. Im Vorfeld klärte die Kommune die Anbindung des Gebäudes an Strom- und Kommunikationsnetze, sodass die Leitungen rechtzeitig verlegt werden konnten.

Während der Bauphase fanden regelmäßige Bauberatungen statt, bei denen Tief- und Hochbauunternehmen mit der Gemeinde als Bauherrin Abstimmungen vornahmen. Für die Kommune spielte zudem das Fördermittelmanagement eine zentrale Rolle: Es galt, Nachträge zu bearbeiten, Abschlagsrechnungen zu begleichen, Fördermittelabrufe zu stellen und Änderungsanträge für gestiegene Kosten einzureichen.

Obgleich das Planungsbüro die örtliche Bauüberwachung verantwortete, war eine intensive kommunale Projektbetreuung nötig. Dazu gehörten die Steuerung des Umsetzungsprozesses, die Kosten- und Terminüberwachung, die Einbindung aller Verwaltungsbereiche und die Koordination der verschiedenen Projektebenen. Die feierliche Inbetriebnahme markierte den Abschluss der Bauphase, die sich jedoch mit der Nutzungsphase überschnitt, da der Betrieb bereits vor der offiziellen Eröffnung gesichert sein musste.

Zugangs- und Buchungssystem

- A Konzeption des Buchungssystems
- B Abschluss div. Vereinbarungen
- C Veröffentlichung der Allgemeinen Geschäftsbedingungen
- D Einrichtung der Buchungsplattform
- E Finanzplanung und Abrechnung
- F Öffentlichkeitsarbeit und Werbung

Für den Betrieb von Sammelschließanlagen stehen im Wesentlichen vier Modelle zur Verfügung: 1. eigenständige Verwaltung durch die Kommune (z. B. Schlüsselausgabe, eigene Buchungsplattform), 2. externer Betrieb durch einen Dienstleistenden, Betreibenden oder eine kommunale Gesellschaft, 3. kommunaler Betrieb mit Unterstützung durch externe Dienstleistende, 4. Betrieb durch die DB oder einen Verkehrsverbund.

*In Eichwalde hat sich die Gemeinde entschieden, Betreiberin der Anlage zu bleiben und diese zugleich an die länderübergreifende Buchungsplattform „ParkYourBike“ für Berlin und Brandenburg anzuschließen. Die Plattform wurde im Auftrag des VBB und mithilfe von Fördermitteln der Senatsverwaltung umgesetzt und baut auf einem in Berlin bereits bestehenden System auf. Den Betrieb der Buchungsplattform übernimmt infraVelo, ein Berliner kommunaler Eigenbetrieb, im Auftrag der Gemeinde. Für die Kommune entfällt dadurch ein Großteil der Aufgaben rund um Buchung und Abrechnung. Gegen eine Servicegebühr sorgt die Betreibergesellschaft für Einrichtung, Betrieb sowie laufende Aktualisierung des Systems. Über die Plattform „ParkYourBike“ werden die Buchungsvorgänge abgewickelt; Vertragspartner*innen sind Nutzende sowie die Gemeinde. Die Entgelte werden jährlich an die Kommune ausgeschüttet. Die Gebühren orientieren sich an den Empfehlungen des VBB (1 € / Tag, 4 € / Woche, 10 € / Monat, 40 € / Halbjahr, 70 € / Jahr). Für Stellplätze von Lastenrädern gelten etwas höhere Preise. In den ersten acht Wochen waren Tagesbuchungen für das Abstellen des Fahrrads kostenlos. Der Zugang zur Anlage erfolgt per QR-Code oder registrierter Chipkarte. Das Störfallmanagement ist so ausgerichtet, dass Meldungen zunächst durch einen KI-Chatbot automatisch geprüft werden. Nur in den Fällen, in denen ein physischer Eingriff nötig ist, leitet das System die Meldung an die Gemeinde oder einen Sicherheitsdienst weiter.*

Phase V: Nutzung (Inbetriebnahme und Abschluss der Maßnahme)

- A LPH 9: Objektbetreuung
- B Übergabe an Bauverwaltung
- C Sammelschließanlage: Bewirtschaftung der Buchung, Monitoring
- D Sammelschließanlage: Störfallmanagement
- E Betreuung der Liegenschaft, Reinigung, Instandhaltung

Die Vorbereitung der Inbetriebnahme der Anlage (LPH 9) begann bereits während der Planungsphase des Projekts, sollte jedoch idealerweise von Beginn an mitgedacht werden. Da das Fahrradparkhaus unterjährig in Betrieb ging, mussten Kostenpositionen frühzeitig in die Haushaltsplanung aufgenommen werden. Nach Abschluss der Vertragsverhandlungen waren die tatsächlichen Unterhaltskosten in die Folgehaushalte einzurechnen. Die Vorbereitung und der anschließende Betrieb gliedern sich in mehrere Bereiche:

(a) Betrieb, Reinigung und Instandhaltung der Liegenschaft (inkl. Winterdienst, Schrottradbeseitigung, Graffitientfernung; vorgenommen von Bauverwaltung und Bauhof)
(b) Anschluss an Versorgungsnetze sowie Betrieb und Abrechnung der Photovoltaikanlage (Bau- und Liegenschaftsverwaltung)
(c) Einrichtung, Betrieb und Abrechnung des Zugangs- und Buchungssystems sowie Werbung, Monitoring und die jährliche Abrechnung (Finanzverwaltung, Öffentlichkeitsarbeit, Klimaschutzmanagement)
(d) Störfallmanagement (Bauhof, Bauverwaltung, externer Sicherheitsdienst)
(e) sonstige Aufgaben wie Paketstation, Baumpflege, Versickerungsbecken (zuständigkeitsabhängig)

Für die genannten Bereiche sind im Vorfeld Vertragswerke notwendig, beispielsweise Haus- und Nutzungsordnung, Datenschutzerklärung (Videoüberwachung, Buchungssystem) sowie Service- und Wartungsverträge.

Im Vergleich zur klassischen Radverkehrsinfrastruktur umfasst der Betrieb eines Fahrradparkhauses deutlich mehr Aufgaben und erfordert feste Personalkapazitäten. Optimal ist es, die Anlage in bestehende Strukturen zu integrieren, etwa indem Öffentlichkeitsarbeit in das Klimaschutzmanagement und die Abrechnung in das Parkraummanagement eingebunden werden.

*Spatenstich für das „Modulare Fahrradparkhaus" in der Gemeinde Eichwalde mit Vertreter*innen der beteiligten Institutionen (von links nach rechts: NUDAFA-Reallabor, BMV, VBB, infraVelo, MIL, LBV, Gemeinde Eichwalde)*

↘ Lessons Learned

- Als Standorte sollten kommunale Flächen bevorzugt werden, um langwierige Abstimmungen mit der DB zu vermeiden.
- Zur Bedarfserfassung kann es sinnvoll sein, zunächst temporäre Anlehnbügel aufzustellen. Diese lassen sich später während der Bauzeit als Ersatz nutzen. Zudem zeigt die Erfahrung, dass die Nachfrage häufig mit dem Angebot wächst — erst wenn genügend Stellplätze vorhanden sind, kann der tatsächliche Bedarf verlässlich eingeschätzt werden.
- Bei der Planung sollten Ausbaureserven für Nachrüstungen vorgesehen werden.
- Für die Zählung der abgestellten Fahrräder eignen sich sogenannte Click-Counter-Apps oder die spezialisierte App CounterPoint.
- Frühzeitiger Austausch und guter Kontakt zu Fördermittelgebenden bzw. Projektträger sind hilfreich, um unweigerlich auftretende offene Punkte rasch zu klären.
- Bei Maßnahmen auf DB-Flächen ist mit einer hohen Zahl an einzubindenden Abteilungen zu rechnen, was den Planungsprozess erheblich verzögern kann. Daher sind frühzeitige Absprachen und eine sorgfältige Koordination unerlässlich.
- Überschneidungen mit anderen Baumaßnahmen können die Planungen erheblich erschweren, weshalb klare Abgrenzungen empfehlenswert sind.
- Für kleinere Maßnahmen, etwa an einfachen Haltepunkten im ländlichen Raum, eignen sich standardisierte Überdachungen und Sammelschließanlagen, die im Rahmen der Bike+Ride-Offensive der DB angeboten werden. Kommunen profitieren hier nicht nur von günstigeren Konditionen, sondern auch von Überlassungsverträgen und fachlicher Unterstützung bei der Umsetzung.
- Für die Vorbereitung, Planung und Durchführung sind die Informationen der Infostelle Fahrradparken, der AGFK sowie der persönliche Austausch mit anderen Städten und Gemeinden hilfreich.
- Aufgrund der großen Reichweite moderner E-Bikes sind Ladestationen an Bahnhöfen nicht notwendig.

Beteiligung

- Bedarfserfassung durch regelmäßige Verkehrszählungen (→ S. 60) waren Di/Mi/Do in April, Mai, Juni, September oder Oktober
- Befragung der Nutzenden zur Zufriedenheit mit den vorhandenen Abstellanlagen

€ Finanzierungs- und Fördermöglichkeiten

- Fördermittel des Bundes oder der Länder zur Förderung nachhaltiger Mobilität bzw. des Radverkehrs
- Richtlinie zur Förderung von Investitionen für den Öffentlichen Personennahverkehr (Rili ÖPNV-Invest)
- Kommunalrichtlinie der Nationalen Klimaschutzinitiative (ggf. in Verbindung mit Bike+Ride-Offensive der DB)

Mit attraktivem Fahrradparken den Umstieg erleichtern

Interview mit Stephan Wilhelm, Inhaber und Geschäftsführer des Planungsbüros BahnStadt, Planung des „Modularen Fahrradparkhauses" in Eichwalde

Dienstleistung

Wie und warum setzen Sie sich im Berufsalltag für die Förderung des Radverkehrs ein?

Als Inhaber und Geschäftsführer des Planungsbüros BahnStadt beschäftige ich mich mit der Gestaltung von Bahnhofsumfeldern. Ein Schwerpunkt liegt dabei auf der Integration attraktiver Radabstellanlagen, um die Kombination von Fahrrad und Bahn möglichst komfortabel und selbstverständlich zu gestalten. So leisten wir einen konkreten Beitrag zur nachhaltigen Mobilität. Eines unserer Projekte ist der Bau des „Modularen Fahrradparkhauses" in Eichwalde.

In welcher Rolle sehen Sie das NUDAFA-Reallabor und welchen Beitrag konnte es zur Förderung des Radverkehrs leisten?

Das für das Land Brandenburg im Auftrag des VBB entwickelte Baukastensystem „RadPark" kann flexibel an jeden Bahnhofsstandort angepasst werden, setzt ökologische Baukonzepte (Holzbauweise, Photovoltaik, Gründach) um und enthält innovative Komponenten (digitales Buchungs- und Zugangssystem). Bis 2026 entstehen in Brandenburg 14 Anlagen, wobei Eichwalde das Pilotprojekt ist. Das NUDAFA-Reallabor hat dieses Pilotprojekt fachlich und personell sehr gut unterstützt, insbesondere bei der internen Kommunikation innerhalb der Gemeindeverwaltung sowie im Austausch mit externen Partnern. Solche Projekte profitieren enorm von einer kompetenten Begleitung, die unterschiedliche Akteure zusammenbringt und fachlich fundierte Impulse gibt.

Welche Chancen sehen Sie beim Ausbau von Abstellanlagen an Bahnhöfen bei kleinen Kommunen?

Kleine Kommunen bringen durch ihre überschaubaren Strukturen oft schnelle Entscheidungsprozesse und können unbürokratischer verlaufen. Gleichzeitig besteht das Risiko, dass einzelne Personen oder Meinungen einen überproportional großen Einfluss auf die Entwicklung nehmen. Umso wichtiger ist es, auch in kleinen Kommunen ein breites Verständnis für die Bedeutung des Radverkehrs zu schaffen.

Was sind aus Ihrer Sicht derzeit die zentralen Herausforderungen beim Ausbau von Abstellanlagen an Bahnhöfen?

Ein wesentlicher Erfolgsfaktor ist die politische Unterstützung auf allen Ebenen — vom Bund über die Länder bis hin zu den Kommunen. Nur mit einem gemeinsamen Bekenntnis zum Bau und Betrieb von Radabstellanlagen lassen sich effiziente Lösungen umsetzen. Hinzu kommen die Bereitstellung ausreichender finanzieller Mittel sowie langfristig angelegte Förderprogramme, die Planungssicherheit schaffen. Darüber hinaus ist eine Vereinfachung der derzeit oft langwierigen und komplizierten Genehmigungsverfahren erforderlich. Zudem braucht es ein gut qualifiziertes Projektmanagement, Behördenvertretende sowie Planende, die die Anforderungen moderner Mobilitätsinfrastruktur verstehen und umsetzen können.

Welche Themen und Aufgabenbereiche müssten Ihrer Meinung nach künftig noch verbessert werden, um die Radverkehrsförderung in kleinen Kommunen zu beschleunigen?

Ein großes Potenzial sehe ich in der stärkeren Vernetzung zwischen den Gemeinden. Der Austausch über Best-Practice-Beispiele ermöglicht es, voneinander zu lernen und bewährte Ansätze zu adaptieren. Hier besteht noch viel Luft nach oben — insbesondere mit Blick auf kleine Kommunen, die oft ähnliche Herausforderungen teilen.

Laufzeit

langfristig
Apr. 2020 — Okt. 2025

Kosten

hoch
ca. 233.000 € (bis LPH 3)

Förder-/Finanzmittel

Fördermittel des Landkreises zur Planungsförderung
(Kreisstrukturfond LDS)

Haushaltsmittel der Gemeinden Eichwalde, Zeuthen, Wildau und Königs Wusterhausen

Komplexität

hoch

Akteur*innen

15 Akteur*innen
→ siehe Zeitleiste S. 120

Interkommunaler Radweg

Gemeinsame Planung eines Radweges von Eichwalde nach Königs Wusterhausen

Einordnung und Nutzen

Gerade in ländlichen Kommunen sind durchgängige Radverbindungen in die Nachbarorte für die Alltagsmobilität von großer Bedeutung. Verlaufen Radwege jedoch über Gemeindegrenzen hinweg, stellt sich häufig die Frage, wer Planung und Bau federführend übernimmt. Zuständig sind in der Regel Länder oder Landkreise. Aufgrund ihrer umfangreichen Straßennetze können sie an jenen Stellen straßenbegleitende Radwege allerdings meist nur schrittweise und gemäß abgestimmter Prioritätenlisten umsetzen. Daher ergreifen Kommunen oftmals selbst die Initiative, um überörtliche Verbindungen entweder entlang von Landes- bzw. Kreisstraßen oder Nebenstraßen sowie auf land- und forstwirtschaftlichen Wegen zu realisieren. Gerade Verbindungen über Nebenstraßen bieten den Vorteil, dass Abstimmungsprozesse mit Land oder Landkreis entfallen. Planung und Umsetzung lassen sich dadurch deutlich beschleunigen. Auch wenn Kommunen den Bau oder die Baulast solcher Wege verantworten, kann die überörtliche Bedeutung Voraussetzung für eine finanzielle Beteiligung des Landes oder Landkreises sein. Bei längeren Radwegen zwischen kleinen Gemeinden ist jedoch in der Regel eine Zusammenarbeit zwischen zwei oder mehreren Kommunen erforderlich. Das nachfolgend vorgestellte Projekt bietet ein Beispiel für die Planung einer interkommunalen Radvorrangroute durch vier Kommunen.

Ausgangslage und Zielsetzung

Im Zuge der Erstellung des Radverkehrskonzeptes (→ S. 68) des Landkreises und der Abstimmungen zwischen den NUDAFA-Kommunen (→ S. 18) entstand im Jahr 2020 die Idee, entlang der Bahnstrecke von Eichwalde bis Königs Wusterhausen eine durchgehende Route für den Alltags- und Schulverkehr zu entwickeln. Gleichzeitig erweiterte der Landkreis Dahme-Spreewald (LDS) den Kreisstrukturfonds um den Förderbereich Radverkehrsinfrastruktur, wodurch bauliche und planerische Maßnahmen mit bis zu 80 Prozent gefördert werden können.

Auf Grundlage eines Beschlusses im Regionalausschuss (→ S. 43) der Gemeinden Zeuthen, Eichwalde, Schulzendorf sowie der Stadt Wildau prüfte das NUDAFA-Reallabor im Jahr 2020 die Machbarkeit eines Radweges parallel zur S-Bahn, der sich von Eichwalde über Zeuthen und Wildau bis nach Königs Wusterhausen erstrecken sollte. Basierend auf der Machbarkeitsstudie stellten die beteiligten Kommunen im Jahr 2021 einen gemeinsamen Förderantrag für die Planungskosten (Leistungsphasen (LPH) 1—3 nach HOAI) beim Kreisstrukturfonds. Die Steuerung des Planungsprozesses übernahm das interkommunale Radverkehrsmanagement (IRVM) (→ S. 92) — mit dem Ziel, eine durchgehende Entwurfsplanung zu erarbeiten und Erfahrungen in der Umsetzung interkommunaler Planungsprozesse zu sammeln.

Ausgebreiteter Beteiligungsteppich im Rahmen der Ortsbefahrung des „Interkommunalen Radweges"

Projektergebnis

Im Zuge des Projekts konnten erfolgreich Fördermittel für die Planung eingeworben und eine Kooperationsvereinbarung der vier beteiligten Kommunen abgeschlossen werden. Beide Schritte ermöglichten die Erstellung der Entwurfsplanung (LPH 3) für die rund zehn km lange Strecke zwischen dem S-Bahnhof Eichwalde und dem Regionalbahnhof Königs Wusterhausen. Das NUDAFA-Reallabor koordinierte den gesamten Planungsprozess in den vier beteiligten Kommunen, holte erforderliche Fachgutachten ein und organisierte verschiedene Beteiligungsformate. Die erarbeitete Planung bildete die Grundlage für weitere Förderanträge, die das NUDAFA-Reallabor für die vertiefende Planung sowie die abschnittsweise bauliche Umsetzung stellte, unter anderem beim Kreisstrukturfonds des LDS und im Rahmen der Kommunalrichtlinie des Bundesministeriums für Wirtschaft und Klimaschutz. Das Projekt befindet sich aktuell (2026) in Eichwalde in der Umsetzung, weshalb der folgende Erfahrungsbericht nur bis zum Beginn der LPH 4 erläutert wird.

Umsetzung im NUDAFA-Reallabor

Das NUDAFA-Reallabor konzentrierte sich im Wesentlichen auf die beiden ersten Phasen sowie die Fördermittelakquise, wobei jedoch einzelne Aspekte der weiteren Phasen vorbereitet wurden. Im Projektverlauf zeigte sich, dass eine Kooperation zwischen vier Kommunen zwar für die frühen Planungsschritte hilfreich war, für die weitere Umsetzung allerdings eher hemmend wirkte. Mit Abschluss der Entwurfsplanung entschieden sich die Kommunen daher für eine abschnittsweise Realisierung in eigener Verantwortung oder in maximal bilateraler Kooperation: Für abschnittsübergreifende Strecken übernimmt seitdem jeweils die Kommune mit dem längsten Anteil die Federführung. Dabei erweist es sich als praktikabel, kurze Abschnitte in der Nachbarkommune bis zum nächsten sinnvollen Übergabepunkt mitzuprojektieren bzw. mitzuerstellen.

→ Weiterführende Informationen

- FGSV (2010): Empfehlungen für Radverkehrsanlagen.
- FGSV (2006): Richtlinien für die Anlage von Stadtstraßen (RASt).

3)

1)

2)

1) Informationsveranstaltung und erste Diskussion des Streckenverlaufs
2) Erklärung des Streckenverlaufs im Rahmen der Ortsbefahrung
3) Streckenverlauf des „Interkommunalen Radweges" von Eichwalde bis Königs Wusterhausen (Stand: Januar 2026)

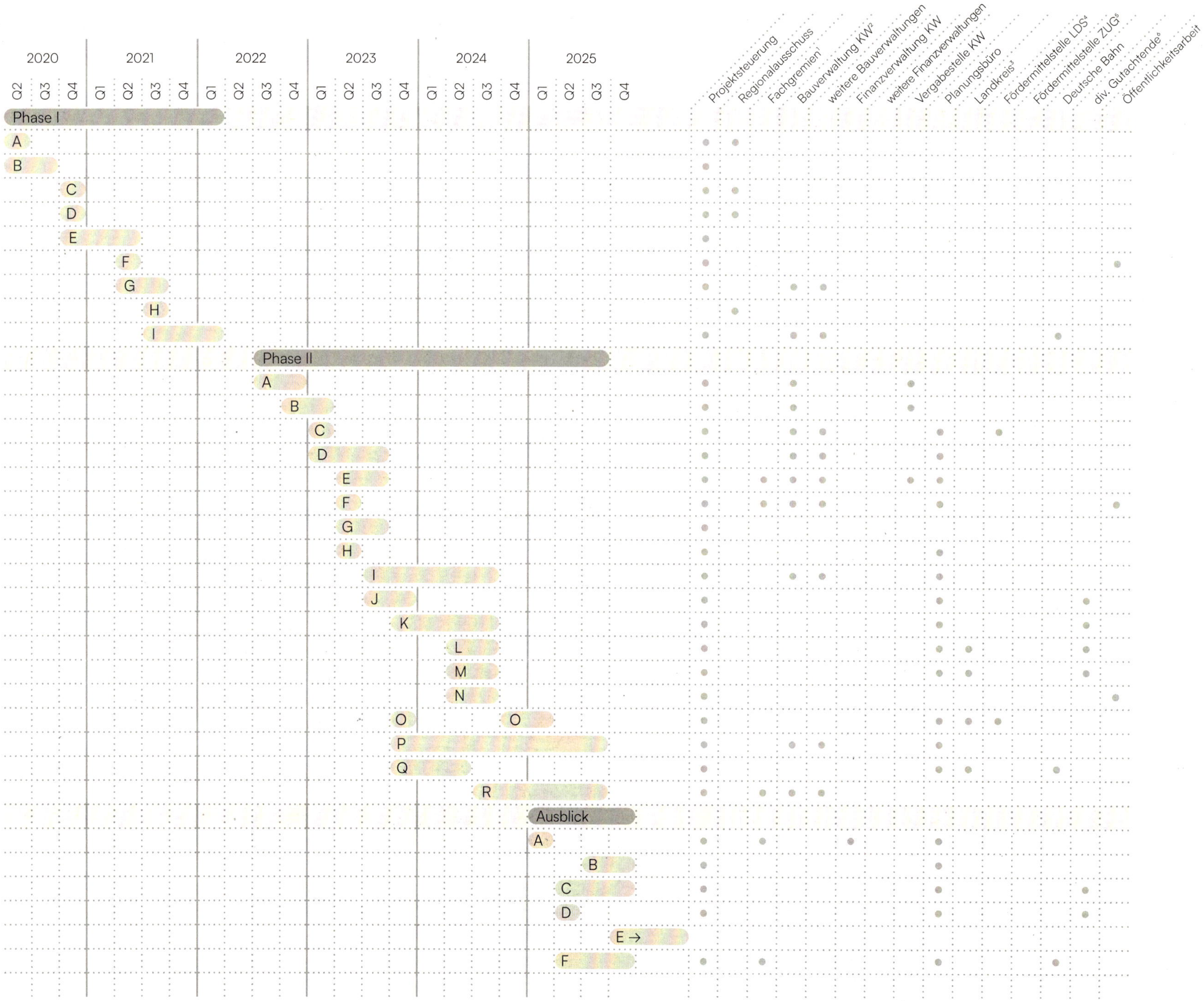
2020
2021
2022
2023
2024
2025
Q2
Q3
Q4
Q1
Phase I
A
B
C
D
E
F
G
H
I
Phase II
J
K
L
M
N
O
P
Q
R
Ausblick
E →
Projektsteuerung
Regionalausschuss
Fachgremien¹
Bauverwaltung KW²
weitere Bauverwaltungen
Finanzverwaltung KW
weitere Finanzverwaltungen
Vergabestelle KW
Planungsbüro
Landkreis³
Fördermittelstelle LDS⁴
Fördermittelstelle ZUG⁵
Deutsche Bahn
div. Gutachtende⁶
Öffentlichkeitsarbeit

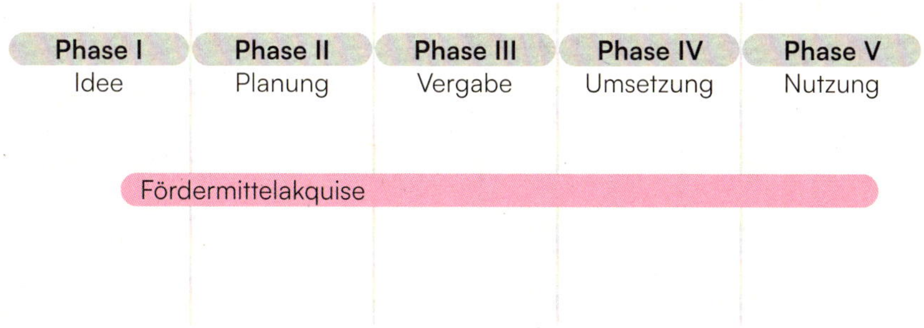

Die Gliederung des Projektablaufs orientiert sich an den in Spang (2022) definierten Phasen von Bauprojekten wobei neben der „Idee", „Planung", „Vergabe", „Umsetzung" und „Nutzung" auch die „Fördermittelakquise" (→ S. 57) als parallel ablaufender, kontinuierlicher Prozess betrachtet wird.

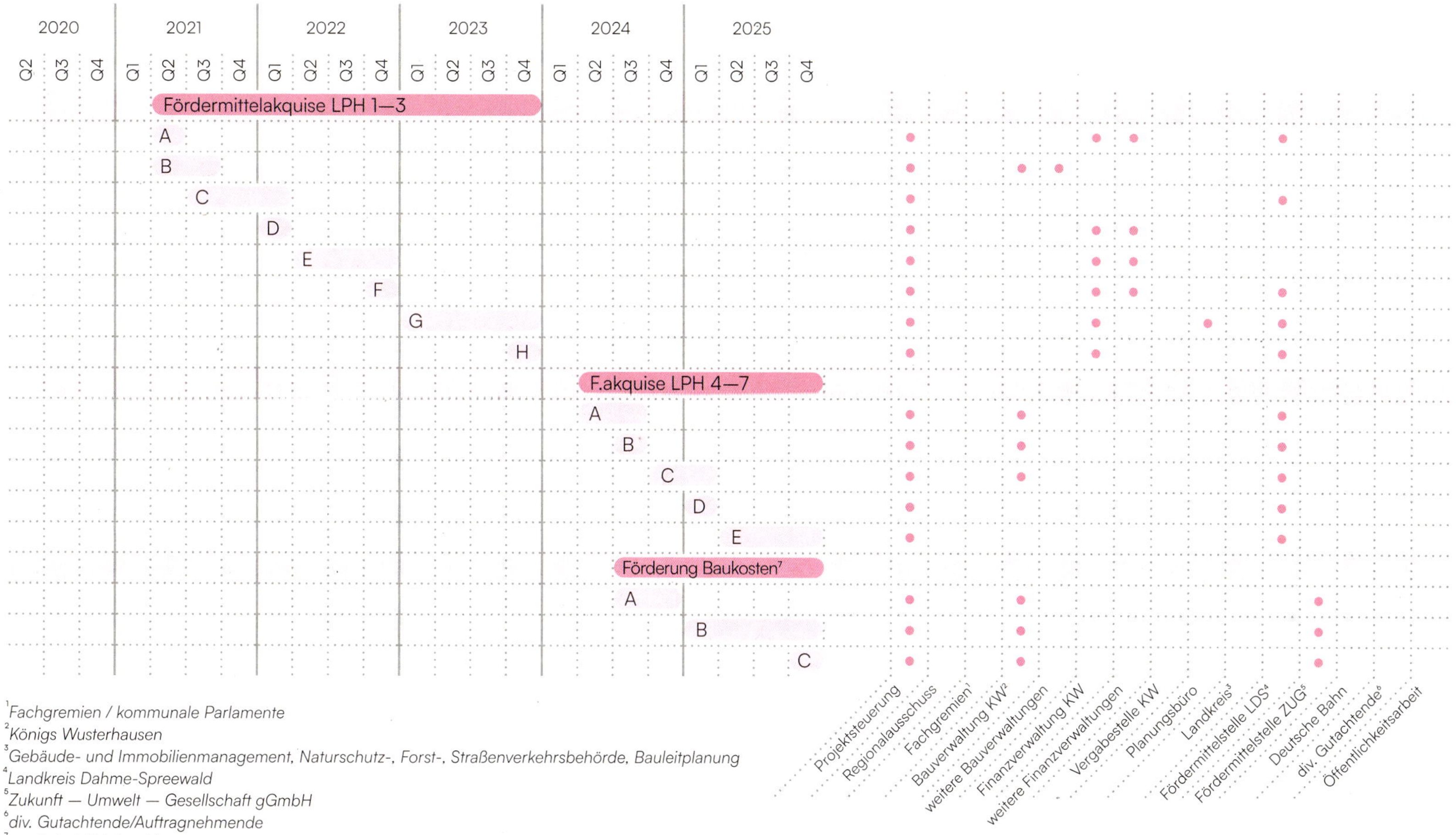

[1] Fachgremien / kommunale Parlamente
[2] Königs Wusterhausen
[3] Gebäude- und Immobilienmanagement, Naturschutz-, Forst-, Straßenverkehrsbehörde, Bauleitplanung
[4] Landkreis Dahme-Spreewald
[5] Zukunft — Umwelt — Gesellschaft gGmbH
[6] div. Gutachtende/Auftragnehmende
[7] am Beispiel Eichwalde

Phasen

Phase I: Idee (Bedarfserfassung und Vorbereitung)

- A gemeinsame Stellungnahme der Kommunen
- B Erarbeitung der Projektskizze für Regionalausschuss
- C Vorstellung des Projekts im Regionalausschuss
- D Beauftragung einer Machbarkeitsstudie im Regionalausschuss
- E Untersuchung der Machbarkeit durch NUDAFA-Reallabor
- F Ortsbefahrung mit Verwaltung, Politik, Bevölkerung
- G Erarbeitung einer überschlägigen Kostenschätzung
- H Beschluss einer gemeinsamen Antragstellung der Planungskosten
- I Abstimmung mit DB zu Flächen

Erfahrungsbericht

*Der zentrale Ausgangspunkt für das Projekt der vier Kommunen war eine durch den LDS angestoßene Befragung zu Belangen des Radverkehrs, die dazu diente, im Jahr 2020 das Radverkehrskonzept des Landkreises zu entwickeln. Die Kommunen Zeuthen, Eichwalde, Schulzendorf und Wildau beschlossen, aufgrund des engen Siedlungszusammenhangs eine gemeinsame Stellungnahme bzw. Rückmeldung zu verfassen. Hierfür wurde eine gemeinsame Karte der Radverkehrsinfrastruktur in der Region erarbeitet. Im Zuge dieser interkommunalen Kooperation kam die Idee des Radweges westlich der Bahntrasse auf, die als Anregung in das Radverkehrskonzept des Landkreises einfloss. Daraufhin fertigte das NUDAFA-Reallabor eine erste Projektskizze, die im Regionalausschuss präsentiert wurde. Der Regionalausschuss beauftragte anschließend die Erstellung einer groben Machbarkeitsstudie und einer ersten Kostenschätzung mit dem Ziel, eine gemeinsame Förderung für die Kosten der Entwurfsplanung einer zehn km langen Radvorrangroute zu beantragen. Dazu wurde die Strecke in mehrere Abschnitte aufgeteilt, für die Herausforderungen und Probleme, mögliche Routenverläufe und potenzielle Führungsformen zusammengetragen wurden. Ergänzend erfolgte die Recherche geeigneter Referenzbeispiele, die Wahl des Projektnamens „Achse Westlich der Bahn" sowie die Erarbeitung einer übergeordneten Vision (Gestaltungsstandards nach dem Vorbild einer Radvorrangroute). Dank dieser umfassenden Vorbereitung konnten der Aufwand und der Verlauf der gesamten Strecke übersichtlich dargestellt und in den Gremien diskutiert werden. Zusätzlich wurde eine Ortsbefahrung (→ S. 168) der Strecke mit Vertreter*innen der Verwaltung, der Lokalpolitik und der Bevölkerung durchgeführt, was sich positiv auf die Akzeptanz und Unterstützung des Projektes auswirkte.*

Fördermittelakquise

Förderung der Planungskosten LPH 1—3

- A Vormeldung und Anmeldung der Fördermittel
- B Einreichung des Förderantrags für Planungskosten
- C Prüfung des Antrags und Bewilligung
- D Nachweis Eigenanteile der Kommunen
- E Erstellung und Abschluss der Kooperationsvereinbarung
- F Änderungsantrag: Übertragung der Haushaltsmittel
- G Fördermittelbewirtschaftung (Mittelabrufe usw.)
- H Abschluss: Verwendungsnachweis

Förderung der Planungskosten LPH 4—7 (alle vier Kommunen)

- A Vorgespräche zur Antragstellung
- B Antragstellung und -einreichung
- C Überarbeitung des Antrags
- D Bewilligung
- E Fördermittelbewirtschaftung

Förderung der Baukosten (am Beispiel Eichwalde)

- A Antragstellung und -einreichung
- B Überarbeitung des Antrags
- C Bewilligung

Nach Fertigstellung der Machbarkeitsuntersuchung entschied der Regionalausschuss, dass die Kommunen Eichwalde, Zeuthen, Wildau und Königs Wusterhausen einen gemeinsamen Förderantrag im Förderbereich „Radverkehr“ des Kreisstrukturfonds des LDS stellen. Auf eine Beantragung von Bundesmitteln wurde bewusst verzichtet, da deren Einwerbung den Ausbaustandard eines Radschnellwegs vorausgesetzt hätte, der aus Sicht der Kommunen weder realisierbar noch der erwarteten Auslastung angemessen erschien. Um die Maßnahme kalkulierbar zu halten, wurde zunächst ein Planungsprozess bis zur Entwurfsplanung (LPH 3) angestrebt. Diese bildet die Grundlage für weitere Förderanträge und notwendige Genehmigungen.

Da Königs Wusterhausen nicht im Regionalausschuss vertreten war, erfolgte die Einbindung über die Verwaltungsspitzen. Die Stadt erklärte sich bereit, die Federführung für Fördermittelakquise und Vergabeverfahren zu übernehmen, während das IRVM des NUDAFA-Reallabors die fachliche Koordination gewährleistete. Auf Basis der Machbarkeitsstudie reichte Königs Wusterhausen stellvertretend für alle Kommunen den Förderantrag ein, der im Frühjahr 2022 bewilligt wurde.

Für die Umsetzung des Radweges war eine Kooperationsvereinbarung erforderlich, in der Rechte, Pflichten, Abrechnungsmodalitäten und die Aufteilung der Fördermittel festgelegt wurden. Aufgrund notwendiger Abstimmungen zwischen verschiedenen Verwaltungsbereichen sowie Beschlüssen in allen vier Kommunen dauerte dieser Prozess rund zehn Monate; der Start der eigentlichen Planung verzögerte sich dadurch bis zum Frühjahr 2023. Bestandteil der Vereinbarung war ein zweiprozentiger Nachlass der förderfähigen Gesamtkosten für den Abschnitt Königs Wusterhausens als Ausgleich für die Koordinierungs- und Vergabeleistungen. Die Verwaltung der Fördermittel einschließlich Leistungsabrechnung und Mittelabrufen erfolgte fortlaufend während der Realisierung.

Mit Abschluss der Entwurfsphase im Herbst 2024 begann die nächste Phase der Fördermittelakquise, nun mit Fokus auf die Umsetzung des Radweges und die weiterführende Planung. Der Bau verlief abschnittsweise und in kommunaler Verantwortung, gleichwohl unterstützte das NUDAFA-Reallabor weiterhin bei der Antragstellung für die ersten Umsetzungsabschnitte in Zeuthen, Eichwalde und Wildau. Planung, Vergabe und Bau liegen seither in der Obhut der jeweils zuständigen Kommune.

€ Finanzierungs- und Fördermöglichkeiten

- Förderung zur Planung: Fördermittel des Landkreises zur Planungsförderung (Kreisstrukturfond LDS)
- Förderung zum Bau: Fördermittel der Länder zur Förderung nachhaltiger Mobilität bzw. des Radverkehrs (Richtlinie kommunaler Straßenbau Brandenburg (Rili KStB)) sowie Fördermittel des Bundes (Kommunalrichtlinie der Nationalen Klimaschutzinitiative)

- A Leistungsverzeichnis der Planungsleistungen
- B Vergabeverfahren und Beauftragung
- C Planungsauftakt
- D LPH 1: Grundlagenermittlung
- E LPH 2: Vorplanung
- F gemeinsame Ortsbefahrung
- G Vermessungen für den Planungsprozess
- H Informations- und Beteiligungsveranstaltung Vorplanung
- I LPH 3: Entwurfsplanung
- J Vergabe der Vermessung und Baugrunduntersuchung
- K Vermessung und Baugrunduntersuchung
- L Einholen der verkehrstechnischen Untersuchung
- M Einholen des Sicherheitsaudits für Bahnquerung
- N Informationsschreiben und Einladungen zu Öffentlichkeitsveranstaltungen für die Bürger*innen und Politiker*innen in den beteiligten Kommunen
- O Prüfung natur- und forstschutzrechtlicher Belange
- P LPH 4: Genehmigungsplanung
- Q Abstimmung mit Trägern öffentlicher Belange (insb. DB)
- R Beschlussfassung zum Abschluss der Entwurfsplanung

*In Kooperation mit der Bauverwaltung Königs Wusterhausen fertigte das IRVM ein Leistungsverzeichnis zur Planung des „Interkommunalen Radweges", welche anschließend durch die Vergabestelle Königs Wusterhausen ausgeschrieben und nach fachlicher Prüfung und Eignung beauftragt wurde. Das Planungsbüro, das den Zuschlag erhalten hatte, nahm im März 2023 die Arbeit mit der Grundlagenermittlung auf. Auf die Grundlagenermittlung (LPH 1) folgte die Erarbeitung der Vorplanung (LPH 2) und dann die Entwurfsplanung (LPH 3), wobei mit fortschreitendem Prozess zusätzlich Vermessungen und Fachgutachten (Baugrunduntersuchung) sowie Stellungnahmen verschiedener Träger öffentlicher Belange (DB, Landkreis, Naturschutzbehörde) erforderlich wurden. Um Verzögerungen vorzubeugen, war es wichtig, diese Unterlagen zeitnah und ggf. mit Nachdruck einzuholen. Über die Leistungsphasen hinweg wurden regelmäßig Jour Fixes angesetzt, zu denen bei Bedarf auch Verwaltungsspitzen oder Vertreter*innen von Trägern öffentlicher Belange eingeladen wurden.*

*Der Planungsprozess umfasste zahlreiche Beteiligungsformate (→ Öffentlichkeitsarbeit und Beteiligung, S. 63), die organisiert und durchgeführt wurden, darunter eine Ortsbefahrung (→ S. 168) zum Auftakt sowie mehrere Gesprächsrunden mit der Öffentlichkeit und der Politik. Eingeladen wurde mithilfe eines allgemeinen Informationsschreibens und mehrerer Pressemitteilungen. Darüber hinaus gab es 16 Termine in politischen Gremien (Ausschüsse) sowie weitere Abstimmungstreffen in den Arbeitsgruppen mit den jeweiligen Bauabteilungen der Kommunen. Zum Abschluss der Vor- und Entwurfsplanung fanden öffentliche Sitzungen mit Vertreter*innen der Politik statt. Diese Formate bildeten eine gute Grundlage für die folgenden Beschlussfassungen in den Gemeinde- und Stadtvertretungen der vier Kommunen.*

Beteiligung

- Ortsbefahrung (→ S. 168) vorab und während des Planungsbeginns zur Erfassung der Bedarfe und eventueller Problemstellen mithilfe des Beteiligungsteppichs (→ S. 164)
- öffentliche Veranstaltungen mit Informationsbereitstellung zum jeweiligen Planungsstand und Aufnahme weiterer Hinweise durch die Bevölkerung und der Politik

Ausblick: Vergabe und Umsetzung

- A Beauftragung des Planungsbüros
- B LPH 5: Ausführungsplanung
- C Artenschutzgutachten
- D vertiefende Baugrunduntersuchung
- E weitere Abstimmung mit den Trägern öffentlicher Belange und Nachbarkommunen

Ab Genehmigungsplanung (LPH 4) entschieden sich die Kommunen, die Abschnitte des Radweges eigenverantwortlich durch die jeweils zuständige Kommune zu realisieren, um die bauliche Umsetzung durch eine Reduktion der interkommunalen Abstimmungserfordernisse zu beschleunigen. Lediglich in jenen Fällen, in denen Abschnitte über die eigene Kommune hinaus in die Nachbarkommunen reichen, übernimmt die Kommune mit dem größeren Anteil am Abschnitt die federführende Umsetzung. Daher sind die Kooperationen maximal bilateral, was die Koordination erleichtert. Das NUDAFA-Reallabor leitete, nach Beauftragung eines Planungsbüros im Januar 2024, mit der Genehmigungsplanung den Abschluss der LPH 4 ein, beauftragte ein Artenschutzgutachten zur Prüfung der naturschutzrechtlichen Belange und unterstützte die Umsetzung einer vertiefenden Baugrunduntersuchung. Die ursprüngliche Baugrunduntersuchung hatte nur große Teilstrecken abgedeckt, da die Routenführung in der Entwurfsplanung noch nicht gänzlich fixiert war. Eine Anpassung der Routenführung bedurfte einer detaillierteren Baugrunduntersuchung. Ergänzend zum Artenschutzgutachten verlangte die untere Naturschutzbehörde eine ökologische Baubegleitung, welche im Rahmen der Beauftragung des Artenschutzgutachtens abgeschlossen wurde. Im Zuge der vorbereitenden Maßnahmen sind Baumschnitte und Fällungen einiger bahnnaher Bäume nötig. Diese Eingriffe erfordern Oberleitungssperrungen, die ausschließlich von einem DB-zertifizierten Planungsbüro beantragt und von einem DB-zertifizierten Unternehmen durchgeführt werden dürfen. Für die Genehmigung der Sperrungen ist eine Vorlaufzeit von vier bis acht Monaten einzurechnen. Entsprechende Verzögerungen durch Beteiligung der DB wurden im Projektablaufplan berücksichtigt. Die Fertigstellung des Radweges wird sich über die Laufzeit des NUDAFA-Reallabors hinaus in die Folgejahre verschieben. Ein Abschluss der gesamten Maßnahme, über die vier Kommunen hinweg, ist für das Jahr 2028 vorgesehen.

↘ Lessons Learned

- Eine Kooperationsvereinbarung bildet die Grundlage für die erfolgreiche interkommunale Zusammenarbeit, ist jedoch mit erheblichem Abstimmungsaufwand verbunden. Es empfiehlt sich, bestehende Vorlagen — möglichst aus vergleichbaren Kommunen — zu nutzen, um die notwendigen Abstimmungen zu erleichtern.
- Mit einer steigenden Zahl beteiligter Kommunen erhöht sich der Zeitbedarf für Konsensbildung und Beschlussfassungen, insbesondere aufgrund der Einbindung der Finanzverwaltungen. Nach Abschluss der Entwurfsplanung entschieden sich die Kommunen daher für maximal bilaterale Kooperationen, um Projekte zügiger einleiten und umsetzen zu können.
- Thematische Schnittstellen mit Großunternehmen wie der DB sowie weiteren Trägern öffentlicher Belange verursachen oft lange Vorlauf- und Wartezeiten. Die Projektbeteiligten reduzierten die Schnittmenge daher bewusst, indem überwiegend gemeinde- oder landkreiseigene Flächen genutzt und Bahnquerungen vermieden wurden. Auch bei Aspekten wie der Beleuchtung sind die Anforderungen der Bahn (z. B. Blendschutz) zu berücksichtigen.
- Die Radvorrangroute verläuft überwiegend im Nebenstraßennetz; Landes- und Kreisstraßen werden lediglich gekreuzt. Dass die Kommunen für die Nebenstraßen zuständig sind, beschleunigt den Planungsprozess erheblich. Die Abstimmung mit den übergeordneten Baulastträgern von Landes- und Kreisstraßen beschränkt sich auf die Querungsstellen.

Laufzeit

kurzfristig
Apr. — Jul. 2025

Kosten

hoch
ca. 166.000 €
(800 m² inkl. Simulation, Verkehrszeichenplan, Abwasserentsorgung, Markierungsarbeiten)

Förder-/Finanzmittel

Finanzmittel des NUDAFA-Reallabors
(BMFTR) in Kooperation mit dem Praxispartner Fa. Fräsdienst-Service E. Feind GmbH

Komplexität

gering

Akteur*innen

NUDAFA-Reallabor (IRVM, TH Wildau)
→ Projektleitung, Verkehrszeichenplan, Öffentlichkeitsarbeit
Fräsdienst-Service E. Feind GmbH
→ 3D-Laser-Vermessung, Simulation, Durchführung
Zentrale Vergabestelle der Gemeinden Zeuthen, Eichwalde und Schulzendorf
→ Vergabe
Bau- und Ordnungsverwaltung Gemeinde Eichwalde
→ Verkehrszeichenplan
Bauhof Gemeinde Eichwalde
→ Verkehrssicherung
Tiefbauunternehmen Lauer Verkehrstechnik GmbH
→ Markierungsarbeiten
Straßenverkehrsbehörde LDS
→ ggf. verkehrsrechtliche Anordnung und Verkehrssicherung

Infrastruktur

Komfortables Kopfsteinpflaster

Straßen durch Abschleifen für Radfahrende besser befahrbar machen

Einordnung und Nutzen

Kopfsteinpflaster stellt für Radfahrende eine Herausforderung dar und wird daher häufig gemieden. Studien zeigen, dass eine ebene, befestigte und daher komfortabel zu nutzende Fahrbahn ein entscheidendes Kriterium bei der Routenwahl von Radfahrenden ist (Hardinghaus et al., 2019; Schröter et al., 2022). Gerade in Nebenstraßen und historischen Innenstädten finden sich jedoch viele Abschnitte mit Kopfsteinpflaster. Deren Erneuerung oder Umgestaltung erweist sich aus verschiedenen Gründen oft als schwierig. So besitzt historisches Kopfsteinpflaster meist eine hohe städtebauliche Bedeutung und steht teilweise unter Denkmalschutz. Ein Überzug mit Asphalt oder offenporigen Materialien würde diese Relevanz beeinträchtigen und die Regenwasserversickerung, die über die Fugen zwischen den Pflastersteinen erfolgt, einschränken. Ein vollständiger Ersatz ist sehr aufwendig, kostenintensiv und bei vorliegendem Denkmalschutz gar unzulässig. Das Abschleifen von Kopfsteinpflaster bietet daher eine umweltschonende und schnelle Möglichkeit, die Befahrbarkeit für Radnutzende zu verbessern, bisher gemiedene Straßen zu erschließen und durchgehende Radverkehrsverbindungen zu schaffen.

→ Weiterführende Informationen

- Website Fräsdienst-Service F. Feind GmbH: www.fraesdienst-feind.de/pflasterschleifen

Ausgangslage und Zielsetzung

In der NUDAFA-Kommune Eichwalde prägen rund 22 km Kopfsteinpflasterstraßen das Ortsbild. Aufgrund der unkomfortablen Befahrbarkeit nutzen Radfahrende in diesen Abschnitten überwiegend die Gehwege. Ziel im NUDAFA-Reallabor war es daher, eine Technologie zu finden, mit der sich eine Pilotstrecke mit Kopfsteinpflaster so abschleifen lässt, dass diese bequem mit Fahrrädern zu befahren ist. Dabei sollte der städtebaulich-visuelle Charakter gewahrt und die Entwässerungsleistung der Fugen erhalten bleiben. Zudem galt es, den Planungsaufwand zu ermitteln und die Kosten bei der Anwendung zu berechnen. Das Verfahren sollte günstiger sein als konventionelle Methoden, bei denen das Pflaster ausgebaut, der Kopf der Steine abgesägt und die Steine wieder eingebaut werden, und es sollte kein neues Entwässerungssystem erfordern. Darüber hinaus wurde geprüft, ob das Ergebnis denkmalpflegerische Vorgaben erfüllt. Eine intensive Suche nach zweckdienlichen Maschinen und verschiedene Tests auf kleinen Flächen in Eichwalde ermöglichten die Wahl der geeigneten Technologie. Im Sommer 2025 konnte in Kooperation mit der Fräsdienst-Service E. Feind GmbH die Umsetzung eines Pilotprojekts realisiert, das im Anschluss als Blaupause für andere Kommunen (z. B. die Hufelandstraße im Berliner Bezirk Pankow oder die Corinthstraße im Berliner Bezirk Friedrichshain-Kreuzberg) diente.

WIRTGEN
18
E.FEIND
E.FEIND

Phasen

Phase I: Vorbereitung

A **Festlegung des Streckenabschnitts inkl. verkehrsrechtlicher und planungsrelevanter Prüfung**
- Auswahl und Abmessung des Streckenabschnitts
- optional: Prüfung und Genehmigung durch Denkmalschutz

B **Vorbereitung und Durchführung der Vergabe**
- Auswahl geeigneter Unternehmen

C **temporäre verkehrsrechtliche Anordnung**
- Erstellung eines Verkehrszeichenplans
- Beantragung und Genehmigung

D **Öffentlichkeitsarbeit**
- Informieren der Anwohnenden und der Bevölkerung über Straßensperrungen und Umleitungen
- Presseartikel in Zeitung und Mitt. in sozialen Medien
- ggf. öffentliche Baustellenführung
- ggf. nachträgliche Bürgersprechstunde

Phase II: Durchführung

E **Vermessung des exakten Streckenabschnitts (verschiedene Methoden)**
- 3D-Laservermessung (kostenintensiv, detailliert)
- visuelle Inaugenscheinnahme ggf. mit Richtlatte (kostengünstig, ungenauer)

F **Glättarbeiten inkl. Vor- und Nachbereitung**
- Ersetzen der Gullideckel inkl. Stahlrahmen durch abschleifbare Beton- bzw. Holz-Dummies
- manuelles Anheben kleinerer Kopfsteinpflasterflächen
- Abschleifen mit Schneid- bzw. Fräsgeräten
- Prüfung der Fugen
- Nachschleifen der Kanten- und Seitenbereiche
- Rückbau der angepassten Gullis

Erfahrungsbericht

Für den Piloten samt 3D-Vermessung wurde die Straße „Am Graben" in Eichwalde ausgewählt. Die Entscheidung fiel auf diesen Abschnitt, da das Pflaster dort aufgrund großformatiger Steine und starker Unebenheiten besonders herausfordernd war. Für die Durchführung und Vergabe (→ Projektanbahnung und Vergabe, S. 59) der Leistung wurden vorab verkehrsrechtliche und planungsrelevante Fragen geklärt. Nach ersten Begehungen fiel die Entscheidung, dass nur ein Teilbereich der Kopfsteinpflasterstraße geglättet werden sollte. Der Parkstreifen auf der in Fahrtrichtung rechten Seite sollte unberührt bleiben, um zu untersuchen, wie der Übergangsbereich zwischen den geschliffenen und ungeschliffenen Bereichen sicher gestaltet werden kann, da dort eine Kante entstehen kann. Nach Festlegung des abzuschleifenden Abschnitts wurde der Bereich für die Vergabeunterlagen grob vermessen. Da keine denkmalgeschützten Streckenabschnitte betroffen waren, musste in Eichwalde der Denkmalschutz nicht einbezogen werden. Zudem waren weitere vorbereitende Maßnahmen und Genehmigungen erforderlich. Dazu gehörten die temporäre verkehrsrechtliche Anordnung (→ S. 62) zur Baustelleneinrichtung inkl. Umleitung. Parallel wurde die Bevölkerung via Zeitungsartikel, soziale Medien und persönliche Ansprache informiert.

Zur Vermessung des Abschnitts wurde in Eichwalde eine 3D-Laservermessung zur Ermittlung der notwendigen Schleiftiefe erprobt. Daraus ergab sich der Umfang der tief liegenden Kopfsteinpflaster, die vorab manuell angehoben werden mussten, um die Anzahl der Schleifübergänge so gering wie möglich zu halten. Das daraus erstellte Modell lieferte das Schleifprofil für die Fräsmaschine mit den exakten Schleiftiefen, die anschließend teilautomatisiert über die Fahrzeugsteuerung umgesetzt wurden. Zudem wurden die Gullideckel durch abschleifbare Beton- bzw. Holz-Dummies ersetzt. Nach Abschluss der Arbeiten wurden die zu tief ausgesaugten bzw. ausgewaschenen Fugen wieder aufgefüllt. Außerdem wurden zur Vermeidung von Stolperkanten die Kanten- und Seitenbereiche manuell nachgeschliffen und die Gulli-Blindstopfen durch die originalen Gulli-Deckel ausgetauscht. Zudem waren die Höhenlagen der Schachtringe auf die neuen Straßenhöhen anzupassen.

Während der Durchführung bot die beauftragte Firma eine öffentliche Baustellenführung an. Offene Fragen beantworteten der Bürgermeister und das IRVM in einer Bürgersprechstunde. Zusätzlich wurde auf der Website der Gemeinde Eichwalde ein FAQ-Bereich eingerichtet.

Phase III: Nachbereitung

G Markierungsarbeiten

2025

Schritt	Apr	Mai	Jun	Jul	NUDAFA-Reallabor[1]	Vergabestelle[2]	Bau- und Ordnungsverwaltung Gem. Eichwalde	Straßenverkehrsbehörde LDS	Bauhof[3]	Frädienst-Service E. Feind GmbH	Tiefbauunternehmen Lauer Verkehrstechnik GmbH	Kosten[4]
Phase I	■	■										
A	■				●							
B	■	■			●	●						
C			■		●		●	●	●			ca. 500—1.200 €
D			■		●							
P. II			■									
E			■							●		ca. 4.000—12.000 €[5]
F				■						●		ca. 80—200 €/m^2[6] + ca. 90—300 €/m^2[7]
P. III				■								
G				■							●	ca. 9.000 €

[1](IRVM, TH Wildau), [2]Zentrale Vergabestelle der Gemeinden Zeuthen, Eichwalde und Schulzendorf, [3]Gemeinde Eichwalde [4]800 m^2 (4 m Breite × 200 m Länge), [5]optional: 3D-Laser-Vermessung und Simulation, [6]Schleifen, je nach Grad der Unebenheiten (inkl. Entsorgung Abwasser), [7]Regulieren (manuelles Anheben) des Pflasters

Im letzten Schritt wurden Markierungsarbeiten durchgeführt. Die Ausweisung z. B. von bestehenden Parkplätzen ist zu prüfen. Ggf. sollte vor der Markierung eine Grundierung aufgetragen werden, sodass die Markierungsfarbe besser haften kann und somit deutlich länger hält.

↘ Lessons Learned

- Der Streckenabschnitt sollte gezielt im Radverkehrsnetz gewählt werden, um eine hohe Nutzungswirkung und Sichtbarkeit zu erzielen.
- Bei Abschnitten mit Flächendenkmal ist die Denkmalschutzbehörde frühzeitig einzubeziehen.
- Das Schleifverfahren ermöglicht eine schnelle Umsetzung ohne langjährige Vorplanung und verbessert Komfort und Sicherheit für Radfahrende, Zufußgehende, Rollstuhlnutzende und Eltern mit Kinderwagen.
- Die Öffentlichkeitsarbeit vor, während und nach den Schleifarbeiten erhöhte die Akzeptanz (z. B. Informationen an Anwohnende, öffentliche Baustellenbesichtigungen, Bürger*innen- und Politiker*innen-Sprechstunden).
- Die Technologie entwickelt sich dank des großen Interesses in anderen Kommunen stetig weiter. So konnte der anfänglich scharfkantige Übergang zwischen geschliffenen und ungeschliffenen Bereichen behoben werden.
- Eine Förderung ist zum Teil bei längeren (über-)regionalen Radverkehrsverbindungen, zu Lückenschlüssen oder im Rahmen der Städtebauförderung und des städtebaulichen Denkmalschutzes möglich, insbesondere wenn Maßnahmen zur Erhaltung des Ortsbildes oder zur Verbesserung der Aufenthaltsqualität beitragen.

Hintergrund: Die Technologie

Für die Schleifarbeiten am Kopfsteinpflaster (auch Grinding genannt) kamen bei der beauftragten Firma Fräsdienst-Service E. Feind GmbH zwei Maschinen zum Einsatz: ein Wirtgen Precision Grinder W210 XF für große Flächen sowie ein Schwamborn BEF 400RC für kleinere Flächen und zur Kantenbehandlung. Aus technischer Sicht handelt es sich bei dem Prozess des Schleifens von Kopfsteinpflaster um einen Schneidprozess: Auf der 1,85 m breiten Welle sind bis zu 380 Diamant-Schneidblätter (Scheibenbreite: ca. 2,8 mm) mit Abstandshaltern (Breite variierbar, hier ca. 2,2 mm) nebeneinander befestigt. Der Durchmesser sowie die Anordnung bzw. der Abstand der Schneidscheiben ermöglichen, unterschiedliche Griffigkeiten herzustellen. Die Länge der Welle kann flexibel eingerüstet werden, um die Eingriffsbreite optimal zu gestalten. Voll besetzt wiegt die Welle samt Diamantscheiben rund 2.200 kg. Die Maschine hat ein Gewicht von etwa 27 t, eine Motorleistung von 780 PS und bewegt sich auf gummierten Ketten, die für eine sichere und präzise Horizontalführung sorgen. Eine automatische Höhensteuerung gewährleistet eine gleichmäßige Bearbeitung. Die Schneidscheiben schneiden in die Granitsteine ein und schaffen durch die entstehenden Rillen eine sehr griffige und ebene Oberfläche, die mit dem Fahrrad erheblich besser befahrbar ist. Dank des hohen Anpressdrucks verbleiben auch kleinere Steine fest im Pflasterverbund. Daher eignet sich die Technologie für alle Kopfsteinpflasterformate.

Die nach dem Schleifen verbleibenden Fugen zwischen den Steinen sind beim Radfahren kaum spürbar: Bei Laufrädern mit einem Durchmesser von 26 bzw. 28 Zoll und einer Geschwindigkeit von über 15 km/h haben sie nahezu keinen Einfluss auf den Fahrkomfort. Entscheidend ist vielmehr die ebene Fahrbahn in Längsrichtung — was durch die innovative Steuerungstechnik und das zuvor definierte Schleifprofil erreicht wird.

Die Profilierungen erhöhen den Grip zwischen Reifen und Untergrund deutlich. Dadurch verringert sich für Radfahrende das Risiko, in Kurven wegzurutschen. Messungen der Firma E. Feind GmbH zeigen, dass vor dem Eingriff die Granitsteine einen Skid-Resistance-Tester-Wert (SRT) von 35 bis 37 Pascal (Pa) aufwiesen. Nach dem Schleifen wurde ein Wert von 65 bis 70 Pa ermittelt, während der Sollwert je nach Anforderung zwischen 45 und 65 Pa liegt.

Der Schneidvorgang muss unter Zufuhr von Kühlwasser erfolgen. Der Wirtgen Precision Grinder nimmt das Prozesswasser mit dem Schneidstaub über einen Ansaugmechanismus wieder auf. Leere Behältnisse — bisher kamen leere Betonmischer zum Einsatz — sollten hierfür in ausreichender Zahl vorgehalten werden.

ⓘ Die Suche nach einer Technologie zum Abschleifen von Kopfsteinpflaster zog sich im NUDADFA-Reallabor in Form eines Realexperiments über mehrere Stufen hin: Nach verschiedenen Tests mit Kleinmaschinen erfolgte im Dezember 2024 in Eichwalde eine Demonstration mit der Kleinschleifmaschine BEF 400RC der Firma Schwamborn. Im Rahmen dieser Schaubaustelle kam der Kontakt zu Mitarbeitenden des Berliner Bezirksamts Tempelhof-Schöneberg zustande. Das Bezirksamt Tempelhof-Schöneberg leitete daraufhin zusammen mit dem Fräsdienst E. Feind die großflächige Erprobung einer Großfräse des Typs Wirtgen Precision Grinder W210 XF auf Kopfsteinpflaster ein, welche dazu erstmalig mit einer Diamantschleifwalze ausgestattet wurde. So wurden Anfang 2025 am Priesterweg in Berlin eine vergleichsweise eben gepflasterte Fahrbahn auf einer Länge von 250 m erfolgreich abgeschliffen. Die Erkenntnisse daraus bildeten wiederum die Grundlage für den Abschluss des Realexperiments durch das Projekt „Am Graben“ in Eichwalde: Dabei wurde das Verfahren weiterentwickelt, um auch sehr unebene und gewölbte Fahrbahnen schleifen zu können. Dazu wurde der gesamte Bereich mit einem 3D-Laser vorab vermessen, um verschiedene Schleifprofile zu simulieren und die Maschine damit noch präziser steuern zu können. Dies ermöglicht bei geringerem Abtrag ein erheblich besseres Arbeitsergebnis.

DER DEUTSCHE FAHRRADPREIS
2026
TOP-PROJEKT
INFRASTRUKTUR

1)

2)

3)

4)

1) Wirtgen Precision Grinder W210 XF aus der Vogelperspektive
2) Schwamborn BEF 400RC
3) Blick unter die Schneidmaschine (Wirtgen Precision Grinder) mit Diamantscheiben auf Welle
4) Übergang vom ungeschliffenem zum geschliffenem Bereich

Tiefbau im Dialog – Radkomfort auf Kopfsteinpflaster

Interview mit Attila Krause, Mitarbeiter der Bauverwaltung – Fachbereich Tiefbau in der Gemeinde Eichwalde

Verwaltung

Wie und warum setzen Sie sich im Berufsalltag in der Gemeinde Eichwalde für die Förderung des Radverkehrs ein?

In Eichwalde bin ich für investive Tiefbaumaßnahmen zuständig und somit beteiligt bei allen Baumaßnahmen, die im Rahmen des NUDAFA-Reallabors initiiert wurden — etwa beim „Interkommunalen Radweg", bei den Fahrradabstellanlagen oder dem Projekt „Komfortables Kopfsteinpflaster".

Bei allen Umgestaltungen des Straßenraums achten wir gezielt auf Verbesserungen für den Radverkehr, besonders dort, wo ohnehin Handlungsbedarf besteht — z. B. bei Kopfsteinpflaster, engem Seitenraum oder Problemen durch Baumwurzeln.

In welcher Rolle sehen Sie das NUDAFA-Reallabor und wie konnte es aus Ihrer Sicht bei diesen Themen unterstützen?

Das NUDAFA-Reallabor war eine wertvolle Unterstützung, weil es zusätzliche personelle und finanzielle Mittel bereitstellte. Dadurch konnte die Gemeinde wichtige Themen gezielter angehen und auch Projekte verfolgen, die ohne diese Hilfe kaum möglich gewesen wären — etwa die Planung eines Fahrradparkhauses oder die Verbesserung von Radverkehrsanlagen auf Kopfsteinpflaster.

Welche Chancen sehen Sie insbesondere beim Abschleifen des Kopfsteinpflasters?

Aus kommunaler Sicht ist das vollständige Entfernen von Kopfsteinpflaster oft nicht realistisch, da es mit hohen Kosten und langen Bauzeiten verbunden ist. Gleichzeitig ist das Radfahren auf herkömmlichem unbearbeitetem Kopfsteinpflaster meist schwierig, was zu Konflikten und Regelverstößen (z. B. Nutzung des Gehwegs) führt. Ziel muss es daher sein, Kopfsteinpflaster so zu optimieren, dass Radfahrende sicher und regelkonform auf der Fahrbahn bleiben können. Gerade in einer flächendeckenden Tempo-30-Zone wie Eichwalde bietet das abgeschliffene Kopfsteinpflaster für einige Straßen, welche die bautechnischen Voraussetzungen erfüllen, eine mögliche Lösung, um dem gerecht zu werden. Besonders hinsichtlich der geringen Bauzeit gegenüber einer grundhaften Neupflasterung wird diese Variante der Oberflächennivellierung in Zukunft noch intensiver betrachtet. Ein erster erfolgreicher Abschluss hierzu in Eichwalde konnte im Rahmen des Projektes „Komfortables Kopfsteinpflaster" in Fahrbahnteilen der Straße „Am Graben" erzielt werden.

Was sind aus Ihrer Sicht derzeit die zentralen Herausforderungen bei der Förderung des Radverkehrs?

Ein zentrales Problem ist der große Instandsetzungsbedarf bei der Radverkehrsinfrastruktur. Die vorhandenen personellen und finanziellen Ressourcen reichen häufig nicht aus, um alle Aufgaben zeitnah umzusetzen. Hinzu kommt, dass Maßnahmen für den Radverkehr oft mit weiteren kommunalen Aufgaben (z. B. Klimaschutz) konkurrieren, was die Umsetzung zusätzlich erschwert.

Welche Themen und Aufgabenbereiche müssten künftig noch verbessert werden, um die Radverkehrsförderung in kleinen Kommunen zu beschleunigen?

Ein wesentlicher Hebel wäre die Vereinfachung von Antrags- und Förderprozessen sowie der Ausbau der kommunalen Umsetzungskapazitäten. Gerade kleinere Gemeinden stoßen hier schnell an ihre Grenzen. Effizientere Verfahren könnten helfen, Fördermittel schneller zu nutzen und den Radverkehrsausbau gezielter voranzutreiben.

Laufzeit

langfristig
Jul. 2023 — Nov. 2025

Kosten

mittel
ca. 27.000 €

Förder-/Finanzmittel

Finanzmittel des NUDAFA-Reallabors
(BMFTR)
Haushaltsmittel der Gemeinde Eichwalde

Komplexität

gering

Akteur*innen

NUDAFA-Reallabor (IRVM)
→ Projektkoordination, Öffentlichkeitsarbeit
Spreeplan Verkehr GmbH
→ Verkehrszählung, Erstellung Leistungsverzeichnis
ABS Verkehrstechnik GmbH
→ Erstellung Verkehrszeichenplan
Straßenverkehrsbehörde LDS
→ verkehrsrechtliche Anordnung
Ausbau Mügeln GmbH
→ Umsetzung
Ordnungs- und Bauverwaltung Gemeinde Eichwalde
→ Abstimmungen
Druckerei
→ Druck der Flyer und der Plakate für Öffentlichkeitsarbeit
Zentrale Vergabestelle der Gemeinden Zeuthen, Eichwalde und Schulzendorf
→ Vergabe

Tempo-30-Zone mit innenliegender Tempo-20-Zone

Einrichtung einer Geschwindigkeitsreduzierung als Maßnahme der Radverkehrsförderung

Einordnung und Nutzen

Insbesondere in kleineren Kommunen herrscht oft Einigkeit darüber, dass eine Förderung des Radverkehrs aufgrund finanzieller Defizite nicht als freiwillige Aufgabe wahrgenommen werden kann. Diese Sichtweise greift jedoch zu kurz. Schon kleine Maßnahmen, die nicht unmittelbar den Radverkehr betreffen, können dessen Entwicklung positiv beeinflussen. Dazu zählen auch Geschwindigkeitsreduzierungen, wie sie in der RASt (FGSV, 2006) empfohlen werden. Sie verbessern die Luft- und Lärmqualität, wirken sich nicht auf die Leistungsfähigkeit des Verkehrs aus (vgl. Umweltbundesamt, 2016) und erhöhen die Verkehrssicherheit durch geringere Unfalldichte und -schwere (vgl. Schröter et al., 2022). Zudem ist positiv hervorzuheben, dass die Maßnahmen im Straßenunterhalt abgebildet werden können, also keine großen Investitionskosten verursachen, wie es beispielsweise bei der Anlage eines Radweges der Fall wäre. Darüber hinaus finden diese Maßnahmen auch ohne die explizite Absicht der Radverkehrsförderung breite politische Unterstützung, da sie vor allem die Verkehrssicherheit stärken.

Ausgangslage und Zielsetzung

Das NUDAFA-Reallabor hat seit Beginn der Projektlaufzeit verschiedene Formen der Radverkehrsinfrastruktur in der Gemeinde Eichwalde untersucht. Aufgrund der ortstypischen Baumalleen fehlen meist Flächen für Nebenanlagen, sodass eine eigene Infrastruktur großflächig nicht realisierbar ist. Gleichzeitig war die Verkehrsbelastung abseits der Hauptverkehrsstraßen so gering, dass bei 50 km/h gemäß ERA (FGSV, 2010) der „Belastungsbereich I" vorliegt und damit Mischverkehr empfohlen wird. Eine sinnvolle Alternative stellt Tempo 30 dar, sofern die Fahrbahn von Radfahrenden nutzbar ist. Viele Straßen in Eichwalde bestehen aus Großpflaster (→ Komfortables Kopfsteinpflaster, S. 126). Erhebungen zeigen, dass 90 Prozent der Radfahrenden deshalb auf den Gehweg ausweichen, was zu Konflikten mit Zufußgehenden und abbiegenden Kraftfahrzeugen führt. Dieses Verhalten war auch im Ortszentrum mit asphaltierter Oberfläche und Tempo 30 zu beobachten, da Radfahrende dort Kraft- und ausparkende Fahrzeuge als Gefährdung wahrnahmen. Der Lösungsansatz lag in der Geschwindigkeitsreduzierung auf Tempo 20 im Ortszentrum (Bahnhofsstraße) und einem flächendeckenden Tempo 30 in Eichwalde mit Ausnahme der Hauptverkehrsstraßen. Nach Abschluss der Umbeschilderung wurde dies mit einer Öffentlichkeitsarbeit (→ Öffentlichkeitsarbeit und Beteiligung, S. 63) begleitet. So kann der Radverkehr sicher auf der Fahrbahn geführt und Konflikte mit Zufußgehenden auf Gehwegen verringert werden.

20
ZONE

Phasen

Phase I: Vorbereitung

A **Erhebung von Verkehrsdaten**
- ggf. Beauftragung eines Planungsbüros
- Auswertung von vorhandenen Verkehrsdaten
- Auswertung von Unfällen

B **optional: Beteiligung relevanter Akteur*innengruppen**
- z. B. Seniorenbeirat, Kinder- und Jugendbeirat, Ortskernbeirat

C **kommunale Abstimmungen und politischer Beschluss**
- Abstimmung mit Ordnungsverwaltung und Bauverwaltung
- Einholung eines politischen Beschlusses

D **Beauftragung und Erstellung eines Verkehrszeichenplans**

Phase II: Durchführung

E **Abstimmungen und verkehrsrechtliche Anordnung**
- Abstimmung mit Ordnungsverwaltung und Straßenverkehrsbehörde des LDS zur Situation an einzelnen Knotenpunkten
- Einreichen des Antrags für die verkehrsrechtliche Anordnung (VRAO)

F **Erstellung eines Leistungsverzeichnisses**
- Grundlage zur Vergabe der Umsetzung an ein Tiefbauunternehmen

G **Öffentlichkeitsarbeit**
- Informationen an die Bevölkerung über bevorstehende Änderung der Beschilderung mit Verweis auf die daraus resultierenden verkehrsrechtlichen Änderungen

H **Vergabe**
- Ausschreibung und Beauftragung eines Tiefbauunternehmens zur Umsetzung inkl. Benennung eines Umsetzungszeitraums

I **Umsetzung**

Erfahrungsbericht

Zu Beginn des Projekts erhob ein beauftragtes Planungsbüro umfassende Verkehrsdaten, um die tatsächlichen Verkehrsmengen erfassen zu können. Parallel dazu nahm das NUDAFA-Reallabor eine manuelle Zählung vor, um den Anteil der Radfahrenden auf der Fahrbahn der Bahnhofstraße sowie auf dem Gehweg zu ermitteln (→ Verkehrszählung, S. 60). Zudem wurden Argumente für die Einführung der Geschwindigkeitsreduzierung gesammelt und Unfalldaten (→ Hilfreiche Datenquellen und Tools, S. 76) ausgewertet. Diese Erkenntnisse dienten als Grundlage für die weitere Planung und politische Entscheidungsfindung. Gleichzeitig erfolgte eine enge Abstimmung mit der kommunalen Ordnungs- und der Bauverwaltung, um die Einrichtung der Geschwindigkeitsreduzierung vorzubereiten. Ein weiteres Planungsbüro wurde mit der detaillierten Ausarbeitung der Verkehrsregelung und der Erstellung eines Verkehrszeichenplans beauftragt. Zur Umsetzung dieser verkehrsberuhigenden Maßnahme wurde der nötige Beschluss in den zuständigen kommunalen Gremien eingeholt.

Infolgedessen wurde die Umsetzung der Maßnahme mit der Ordnungsverwaltung und der Straßenverkehrsbehörde des Landkreises Dahme-Spreewald (LDS) abgestimmt. In Koordinationsrunden wurden Standorte für Verkehrsschilder festgelegt, um eine gute Einsehbarkeit zu gewährleisten. Ortsbegehungen ergänzten die Abstimmungen, um örtliche Besonderheiten zu berücksichtigen. Doppelbeschilderungen sollten vermieden werden.

Nach Abschluss der planerischen Vorarbeiten wurde der Antrag für die verkehrsrechtliche Anordnung (→ S. 62) eingereicht. Mit dem Erhalt der Anordnung lag die formelle Genehmigung zur Einrichtung der Geschwindigkeitsreduzierung vor. Anschließend erstellte das bereits für die Verkehrszählungen beauftragte Planungsbüro ein Leistungsverzeichnis für die bauliche Umsetzung. Nach getätigter Ausschreibung erhielt ein Tiefbauunternehmen den Zuschlag. Wichtig bei der Beauftragung war die Benennung eines konkreten Zeitraumes der Fertigstellung, um die Nachbereitung und Öffentlichkeitsarbeit adäquat planen und durchführen zu können.

Phase III: Nachbereitung

- J Kampagne zur Öffentlichkeitsarbeit
  - optional: feierliche Eröffnung mit Presse
  - Beschaffung von Materialien, Druck von Flyern und Plakaten
  - Gehwegmarkierungen mit „Radfahren verboten"
  - Öffentlichkeitsarbeit vor Ort: Verteilen von Flyern, Ansprechen von Radfahrenden auf dem Gehweg usw.
- K **optional: Evaluation nach drei Monaten durch Geschwindigkeitskontrollen oder erneute Verkehrszählungen**

	2023 Q3	2023 Q4	2024 Q1	2024 Q2	2024 Q3	2024 Q4	2025 Q1	2025 Q2	2025 Q3	2025 Q4	NUDAFA-Reallabor[1]	Planungsbüro[2]	Beiräte	Ordnungs- und Bauverwaltung[3]	Ztr. Vergabestelle[4]	ABS Verkehrstechnik[5]	Straßenverkehrsbehörde LDS	Ordnungsverwaltung[1]	Verkehrstechnik[6]	Druckerei	Kosten
Phase I	■	■	■	■	■	■	■	■	■												
A	■	■									●	●									ca. 4.300 €
B		■									●		●								
C					■						●			●							
D					■	■					●				●	●					ca. 750 €
Phase II						■	■	■	■												
E						■	■	■			●						●	●			
F								■				●									ca. 1.200 €
G								■			●										
H									■		●				●						
I									■										●		ca. 20.000 €
P. III									■	■											
J									■	■	●									●	ca. 500 €
K										■	●	●									ca. 5.000 €

[1](IRVM), [2]Spreeplan Verkehr GmbH, [3]Gemeinde Eichwalde, [4]der Gemeinden Zeuthen, Eichwalde und Schulzendorf, [5]GmbH, [6]Ausbau Mügeln GmbH

Um die angestrebte Verhaltensänderung im Radverkehr zu unterstützen, wurde eine begleitende Kampagne zur Öffentlichkeitsarbeit durchgeführt. Die Presse berichtete vermehrt über die Einrichtung. Die Kampagne „Gelbe Karte" wies auf das weiterhin bestehende Radfahrverbot auf dem Gehweg hin und sollte Radfahrende dazu bewegen, die Fahrbahn zu nutzen. Insbesondere Schulen und Einrichtungen mit hoher Personenfrequenz wurden gezielt informiert. Mittels wasserlöslichem Kreidespray wurden Gehwegmarkierungen mit der Aufschrift „Radfahren verboten" aufgebracht. Dies konnte ohne umfangreiche Genehmigungsverfahren umgesetzt werden, verfügte jedoch nur über eine begrenzte Haltbarkeit. Zusätzlich wurde die Änderung über soziale Medien, den gemeindeeigenen Newsletter und die Homepage der Gemeinde kommuniziert.

Eine Evaluation nach drei Monaten durch erneute Verkehrszählungen oder Geschwindigkeitskontrollen ist zu empfehlen. In Eichwalde wurde dies nicht in Auftrag gegeben. Allerdings lässt sich anhand subjektiver Einschätzungen feststellen, dass die Einführung der Geschwindigkeitsreduzierung den gewünschten Erfolg gebracht hat.

↘ Lessons Learned

- Grundsätzlich ist die Einführung einer Geschwindigkeitsreduzierung innerhalb eines Jahres möglich, sofern die Maßnahme priorisiert umgesetzt wird. Im NUDAFA-Reallabor führte die parallele Bearbeitung zahlreicher weiterer radverkehrsbezogener Aufgaben zu einer deutlich längeren Umsetzungsdauer.
- Bei geringer Verkehrsbelastung verbessert eine flächendeckende Geschwindigkeitsreduzierung spürbar die Bedingungen für den Radverkehr. Allgemeine Vorteile, etwa eine Erhöhung der Verkehrssicherheit und eine geringere Lärmbelastung, können die politische Akzeptanz solcher Maßnahmen stärken.
- Die StVO-Novelle im Jahr 2024 eröffnet Kommunen zusätzliche Handlungsspielräume bei der Anordnung von Tempo-30-Zonen.
- Eine frühzeitige Beteiligung betroffener Akteur*innen wie etwa Seniorenbeirat, Ortskernbeirat (→ S. 158) und Radverkehrsinitiativen ist zu empfehlen.
- Die Einbindung des Einzelhandels, insbesondere in den Bereichen rund um die geplanten verkehrsberuhigenden Zonen, unterstützt die Öffentlichkeitsarbeit.
- Social Media, die kommunale Homepage und der Einzelhandel dienen als Multiplikator für die Informationsverbreitung.
- Nicht jedes Kreidespray eignet sich für eine kurzfristige Gehwegmarkierung: Einige wasserlösliche Produkte halten monatelang und können zu Problemen mit der Straßenverkehrsbehörde führen.

Laufzeit

kurzfristig
4 Wochen — 12 Monate

Kosten

gering

Komplexität

gering

Service

Quick Wins der Radverkehrsinfrastruktur

Impulse für leicht umsetzbare Projekte

Einordnung und Nutzen

Kleine Maßnahmen der Radverkehrsförderung sind essenzieller Bestandteil jeder kommunalen Bauverwaltung. Insbesondere an modalen Schnittpunkten wie Bahnhöfen, Haltepunkten oder Bushaltestellen können mit Quick-Win-Maßnahmen schnelle Erfolge in der Förderung des Radverkehrs erreicht werden. Diese Maßnahmen sind nicht ausschließlich an Orten mit hoher Fluktuation oder hohem Umstiegsverhalten sinnvoll. Auch Points of Interest wie Schulen, Geschäfte, Einkaufsstraßen, Sportanlagen, Badestellen, Grünanlagen oder andere Orte, die mit Aufenthaltsqualität und ausgeprägten Quell-Ziel-Verkehren überzeugen, bieten sich für kleine Radverkehrsmaßnahmen an. Dazu gehören die Errichtung von Fahrradabstellplätzen, Drive-By-Mülleimer für Radfahrende, Service- und Reparatursäulen, Beschilderungsanpassungen oder eine aktuelle Wegweisung auf Alltags- und Tourismusrouten. Die Maßnahmen zeichnen sich durch eine unkomplizierte Realisierung aus, da keine oder wenige externe Akteur*innen zu beteiligen sind.

Projekte im Überblick

Quick Win (1): Fahrradbügel (→ S. 140)
Quick Win (2): Service-und Reparatursäulen (→ S. 142)
Quick Win (3): Lastenradgarage (→ S. 144)

Quick Win (1): Fahrradbügel

Quick Win (2): Service-und Reparatursäulen

Quick Win (3): Lastenradgarage

Kosten

gering
Projektkosten: ca. 5.000 €

- *50 Fahrradbügel: ca. 5.000 €*
- *Pflastersteine und Beton für Fundamente und Aufstellfläche: keine zusätzlichen Ausgaben, Verwendung von Restmaterial (Bauhof)*

Förder-/Finanzmittel

Haushaltsmittel der Gemeinde Eichwalde

Service – Quick Win (1)

Fahrradbügel

Ausgangslage, Zielsetzung und Durchführung

Das NUDAFA-Reallabor legte zu Beginn der Projektlaufzeit einen Fokus auf die Umsetzung von kleineren Maßnahmen, um die Radverkehrsförderung im Gemeindegebiet sichtbar zu machen. Den Auftakt bildete die Installation von 50 Fahrradbügeln am Eichenparkstadion und an der Badewiese in Eichwalde. Das Eichenparkstadion dient als Sportstätte für Schulen und ortsansässige Vereine, während die Badewiese insbesondere in den Sommermonaten Anlaufpunkt für Badegäste und Besuchende von Open-Air-Veranstaltungen ist. Durch die Anbringung der neuen Fahrradbügel konnten veraltete Vorderradhalter, sogenannte Felgenkiller, rückgebaut werden. Durch die Maßnahmenbündelung bei der Fahrradbügel-Bestellung gelang es, Mengenrabatte zu erzielen. Bei der Auswahl der Bügel war entscheidend, dass sie keine scharfkantigen, viereckigen Profile besitzen und zudem kleinere Fahrräder die Möglichkeit des Anschließens an einem Querholm bieten.

↘ Lessons Learned

- Die Montage der Fahrradbügel durch den Bauhof ist zu bevorzugen, um Kostensteigerungen zu vermeiden.
- Bei der Planung und Auswahl der Abstellanlagen sollten sowohl kleine als auch große Fahrräder berücksichtigt werden.
- Die Standorte der Fahrradabstellanlagen sollten vor der Realisierung mit Medien- und Leitungsplänen abgestimmt werden.
- Kleine Maßnahmen schaffen schnellen und nachhaltigen Nutzen.

Kosten

gering
Projektkosten: ca. 9.000 €

- *vier Reparatursäulen: ca. 9.000 €*
- *Beton für Fundamente und Aufstellfläche: keine zusätzlichen Ausgaben, Verwendung von Restmaterial (Bauhof)*

Förder-/Finanzmittel

Finanzmittel des NUDAFA-Reallabors
(BMFTR)

Service- und Reparatursäulen

Ausgangslage, Zielsetzung und Durchführung

Im Zuge der Umsetzung kleinerer Maßnahmen im NUDAFA-Reallabor wurden an verschiedenen Standorten im Gemeindegebiet Eichwalde vier baugleiche Service- und Reparatursäulen für Fahrräder installiert. Die Säulen bieten eine Luftpumpstation, an Stahlseilen befestigte Werkzeuge und einer Fahrradhalterung zum Aufhängen des Fahrrads während der Reparatur. Die Auswahl der Standorte erfolgte in Abstimmung mit der Bauverwaltung, insbesondere mit dem Grünflächenamt und dem Bereich Liegenschaften. Der Fokus lag hierbei auf Orten mit hoher Nutzendendichte: dem Modularen Fahrradparkhaus (→ S. 100) auf der Ostseite des Bahnhofs, der Badewiese (öffentliche Badestelle), dem Händelplatz (Spielplatz) und der Abstellanlagen auf der Westseite des Bahnhofs. Alle gewählten Standorte sind gut einsehbar, beleuchtet und durch gezielte Öffentlichkeitsarbeit bekannt gemacht.

↘ Lessons Learned

- Die Stabilität der Service- und Reparatursäulen hat angesichts der Gefahr von Vandalismus und Diebstahl hohe Priorität.
- Die Aufstellorte sollten gut einsehbar und beleuchtet sein.
- Das Werkzeugangebot sollte alle gängigen Ventilarten und -anschlüsse berücksichtigen.
- Vor der Bestellung empfiehlt es sich, die Verfügbarkeit von Ersatzteilen für das Werkzeug sicherzustellen.

Kosten

gering
Projektkosten: ca. 4.500 €

- *Lastenradgarage: ca. 4.500 €*
- *Pflastersteine und Beton für Fundamente und Aufstellfläche: keine zusätzlichen Ausgaben, Verwendung von Restmaterial (Bauhof)*

Förder-/Finanzmittel

Finanzmittel des NUDAFA-Reallabors
(BMFTR)

Service – Quick Win (3)

Lastenradgarage

Ausgangslage, Zielsetzung und Durchführung

Die Buchhandlung KOMMA in Eichwalde schaffte sich dank einer Spende des Autors Sebastian Fitzek ein Lastenrad an, das der Öffentlichkeit über die Buchungsplattform fLotte Berlin zur Verfügung gestellt wird und kostenfrei ausgeliehen werden kann. Um diese radverkehrsfreundliche Initiative des Einzelhandels zu unterstützen, entschied sich das NUDAFA-Reallabor zur Finanzierung einer Lastenradgarage. Gemeinsam mit der Grünflächenabteilung der Bauverwaltung wurde ein geeigneter Standort vor der Buchhandlung ausgewählt, da eine Realisierung der Anlage auf dem Gehweg oder auf vorhandenen Parkplätzen nicht umsetzbar war.

Die notwendige Versiegelung der Fläche wurde durch den Bauhof der Gemeinde Eichwalde vorgenommen. Die Anlage zeichnet sich durch eine transparente Hülle und eine einfache Bedienung aus. Auf der Innenseite der Garage können Plakate angebracht werden, die auf die kostenfreie Nutzung des Lastenrads hinweisen.

↘ Lessons Learned

- Klimaschutzmaßnahmen können Zielkonflikte verursachen (z. B. Radverkehrsförderung vs. Flächenversiegelung), daher ist eine sorgfältige Kosten-Nutzen-Abwägung unerlässlich.
- Transparente Außenwände verbessern die Einbindung in den öffentlichen Raum, erhöhen die Sichtbarkeit und schaffen Werbemöglichkeiten, die bei Umsetzung von Fördermitteln jedoch nicht zu finanziellen Einnahmen genutzt werden dürfen.

KomMa
KomMa in Bewegung.
KOSTENFREI BUCHBAR!
KomMa wieder rein.
KOSTENFREI BUCHBAR!
KomMa
Lechner
systemceram

Der Lastenrad-Verleih in der Buchhandlung KOMMA

Interview mit Anette Sticker, Inhaberin der Buchhandlung KOMMA und Verwalterin des Lastenrads

Lokales Gewerbe

Wie und warum setzen Sie sich für die Förderung des Radverkehrs ein?

*Ich möchte, dass meine Kund*innen die Möglichkeit haben, sicher und bequem mit allen Verkehrsmitteln zu mir in den Laden zu kommen. Viele Kund*innen besuchen die Buchhandlung mit ihrem Rad oder würden es gerne nutzen, wenn die Zuwege zur Bahnhofstraße besser befahrbar wären. Das gilt vor allem für ältere Menschen, die dann stattdessen auf das Auto setzen. Die Buchhandlung KOMMA unterstützt den Radverkehr grundsätzlich durch fahrradfreundliche Haltung und ein Sortiment etwa von Radwanderkarten. Seit 2022 ist es in Kooperation mit Kind & Kegel e. V. und Lastenrad-ZEWS möglich, bei uns kostenfrei ein E-Lastenrad auszuleihen. Über das Internet-Portal www.flotte-berlin.de kann das Lastenrad reserviert werden. Das Angebot wird sehr stark angenommen. Unser Lastenrad „Sebastian" ist permanent unterwegs, was auch ein toller Werbeträger für uns ist und gleichzeitig eine nachhaltige, gesunde und umweltfreundliche Mobilitätslösung darstellt.*

In welcher Rolle sehen Sie das NUDAFA-Reallabor und welchen Beitrag konnte es zur nachhaltigen Mobilität leisten?

Das NUDAFA-Reallabor sehe ich als wichtigen Impulsgeber, der praktische Erfahrungen und innovative Ansätze in der Radverkehrsförderung ermöglicht. Es bietet die Chance, neue Konzepte zu testen, Daten zu sammeln und daraus konkrete Empfehlungen abzuleiten. Die pragmatische Unterstützung und Vernetzung der Akteure sind ebenso wichtig.

Welche Chancen sehen Sie bei dem Lastenrad für Eichwalde?

*Für Eichwalde sehe ich das Potenzial, dass noch mehr Bürger*innen auf das Rad umsteigen und das Auto stehen lassen. Lastenräder beweisen, dass auch schwerere und sperrigere Dinge mit dem Rad transportiert werden können. Das kann die Attraktivität der Gemeinde erhöhen, den Einzelhandel stärken und Familien sowie Geschäfte oder Unternehmen bei umweltfreundlichen Transportlösungen unterstützen. Zudem kann die Gemeinde durch innovative Mobilitätsangebote Vorbildfunktion übernehmen und sich als nachhaltige, lebenswerte Kommune positionieren.*

Was sind aus Ihrer Sicht die zentralen Herausforderungen bei der Verwaltung des Lastenrads?

Eine zentrale Herausforderung ist die Finanzierung und Organisation der Verleihung. Versicherung, Reparaturen bzw. Wartung und Personal müssen bezahlt werden. Sehr hilfreich war es, dass durch die Zusammenarbeit mit dem NUDAFA-Reallabor die Gemeinde Eichwalde ermöglicht hat, ein wunderschönes Glas-Fahrradhaus vor der Buchhandlung KOMMA aufzustellen. Hierin ist das Lastenrad nicht nur gut geschützt vor Diebstahl und Wettereinflüssen, es ist auch weiterhin als Werbeträger für uns sichtbar.

Welche Themen und Aufgabenbereiche müssten künftig noch vertiefter untersucht werden, um bei der Radverkehrsförderung in kleinen Kommunen schneller voranzukommen?

*Künftig sollten vor allem die Themen Nutzerakzeptanz, Finanzierungsmöglichkeiten und die Integration von Radverkehr in die Gesamtverkehrsplanung vertieft untersucht werden. Auch die Frage, wie man kleine Kommunen bei der Umsetzung effizienter Radverkehrsinfrastruktur besser unterstützt, sowie die Entwicklung von innovativen, kostengünstigen Lösungen für den Radverkehr sind wichtige Forschungsfelder. Zudem wäre eine stärkere Einbindung der Bürger*innen in die Planung hilfreich, um Akzeptanz und Nutzung weiter zu steigern.*

rock & roll
hip hop
QUICK·BUZZ
DIE MENSCHEN SIND VERSCHIEDEN
BOLDT-TIER
MATERIAL WORLD
SCANDOR

Laufzeit

mittelfristig
Nov. 2023 – Jul. 2025

Kosten

gering
ca. 7.000 €

Förder-/Finanzmittel

Fördermittel über die Rili LaFa Bbg des MIL, Haushaltsmittel der Gemeinde Eichwalde

Komplexität

gering

Akteur*innen

NUDAFA-Reallabor (IRVM)
→ Projektkoordination, Ausleihprozess, Öffentlichkeitsarbeit
Bauverwaltung Gemeinde Eichwalde
→ Fortführung Ausleihprozess
Zentrale Vergabestelle der Gemeinden Zeuthen, Eichwalde und Schulzendorf
→ Vergabe
Geschäftsbereich Bürgermeister Gemeinde Eichwalde
→ Abrechnung Versicherungsbeitrag und Kosten fLotte
fLotte Berlin e. V.
→ Buchungsplattform
Waldkindergarten Eichwalde
→ Verleihe, Unterbringung, Nutzung
isicargo GmbH
→ Verkauf Lastenfahrrad
Feuersozietät Berlin-Brandenburg AG
→ Versicherung
Business auf Rädern GmbH
→ Wartung

Service

Lastenräder für die Bevölkerung

Gemeinwohl fördern durch kostenloses Ausleihen

Einordnung und Nutzen

Die Bereitstellung von Leihfahrrädern, insbesondere von Lastenrädern, bietet einen Mehrwert an Service in Kommunen, insbesondere wenn die Ausleihe für Bürger*innen kostenlos ist. In öffentlichen Institutionen wie Kindergärten oder im lokalen Einzelhandel dienen sie als Eyecatcher und sind zudem ein praktisches Hilfsmittel für den Alltag. Entscheidend ist dabei die Wahl des passenden Fahrrades, um den Bedürfnissen innerhalb der jeweiligen Kommune gerecht zu werden. Während kleine Kommunen mit dichtem Siedlungsgebiet und guter Radverkehrsinfrastruktur auf Lastenräder ohne Elektromotorunterstützung zurückgreifen können, profitieren die Anwohnenden in Kommunen mit schlechter Radverkehrsinfrastruktur oder weit auseinanderliegenden Ortsteilen von Rädern mit E-Motor. Neben den Anschaffungskosten des Rades sollte die Kommune eine kontinuierliche Öffentlichkeitsarbeit (→ S. 63), Folgekosten für die Instandhaltung, eine geeignete Abstellmöglichkeit (→ Lastenradgarage, S. 144) und Kosten für den Betrieb einer Ausleihplattform berücksichtigen.

Ausgangslage und Zielsetzung

Im Jahr 2021 startete das Ministerium für Infrastruktur und Landesplanung des Landes Brandenburg (MIL) eine Richtlinie zur Förderung von Lastenfahrrädern (Rili LaFa Bbg) zur Beschaffung von Lastenrädern. Die Förderung reichte hierbei von 50 Prozent für die institutionsinterne Nutzung bis hin zu 80 Prozent für Lastenräder, die von der Öffentlichkeit genutzt werden können. Das NUDAFA-Reallabor plante die Anschaffung eines Lastenfahrrades für eine gemeindeeigene Kindertagesstätte, die das Rad in den Schließzeiten allen Bürger*innen zur Verfügung stellen sollte. Ziel der Maßnahme war es, dem Kindergarten mit dem Kita-Lastenfahrrad die Organisation von Ausflügen zu erleichtern und somit eine frühkindliche Mobilitätsbildung und Verkehrserziehung (→ Schulisches Mobilitätsmanagement, S. 65) zu fördern sowie zugleich eine Alternative zur umweltschädlichen Mobilität aufzuzeigen.

→ Weiterführende Informationen

- Buchungsplattform fLotte Berlin für das Lastenrad „Waldemar“: flotte-berlin.de/cb-items/waldemar

Bakfiets.nl
WALDEMAR
EINFACH
OSTENFREI AUSLEIHEN !
lotte-brandenburg.de
fLotte

Phasen

Phase I: Vorbereitung

(A) **Bedarfsermittlung und Standortklärung**
- Abfrage des Bedarfs in der Bevölkerung
- ggf. Ausleihen eines Lastenfahrrades

(B) **Fördermittelakquise**
- Beantragung von Fördermitteln über Rili LaFa Bbg
- Sicherstellung der Haushaltsmittel

(C) **Vergabe und Beschaffung**
- Erstellung eines produktneutralen Leistungsverzeichnisses
- Durchführung der Ausschreibung und des Vergabeverfahrens
- Beauftragung und Beschaffung eines Lastenfahrrades, Abdeckplane und Fahrradschloss

(D) **Versicherung**
- Versicherungsvergleich

(E) **Suche nach einem Unterbringungs- und Nutzungspartner**

Phase II: Durchführung

(F) **Buchungsplattform und Verleihprozess**
- Beauftragung eines externen Betreibenden (z. B. fLotte), optional: statt externen Betreibenden gemeindeeigene Plattform und Verleihprozess etablieren
- (gemeindeinterne) Organisation des Verleihprozesses
- Abschluss eines Rahmenvertrags zwischen Buchungsplattform und Gemeinde
- Abklärung des interne Buchungsprozesses

(G) **Erstellung eines Nutzungsüberlassungsvertrags zwischen Gemeinde und Nutzungspartner**

(H) **Einstellung des Lastenfahrrades im Buchungssystem**
- inkl. Namensgebung, Foto, Informationen über das Fahrrad (Motorleistung, Anschaffungsjahr, Modell etc.)

Erfahrungsbericht

Zunächst wurden Fördermittel über die Richtlinie zur Förderung von Lastenfahrrädern (Rili LaFa Bbg) beantragt. Parallel wurde ein Leistungsverzeichnis erstellt, das die Anforderungen an das Lastenrad definierte. Damit konnte das Vergabeverfahren durchgeführt und anschließend das Lastenfahrrad, eine Abdeckplane sowie ein sicheres Fahrradschloss beschafft werden. Außerdem wurde eine Versicherung für das Lastenfahrrad abgeschlossen. Anschließend erfolgten die Bedarfsermittlung und Standortklärung: Bei der zunächst ausgewählten Kita Pinocchio zeigte sich nach einem Jahr, dass der Bedarf nicht ausreichte. Neuer Abnehmer wurde der Waldkindergarten Eichwalde, der das Fahrrad regelmäßig nutzt und die Unterbringung gewährleistet. Eine weitere sichere Unterbringungsmöglichkeit ist eine Lastenradgarage (→ S. 144).

Da der kostenfreie Verleih verpflichtender Förderbestandteil ist und eine interne Organisation der Buchungen in der Gemeinde nicht möglich war, wurde ein externer Betreibender für die Buchungsplattform gesucht. Mit fLotte Berlin (später fLotte Brandenburg) fand sich eine passende Lösung.

*Da der Waldkindergarten Eichwalde von einem externen Träger aus Berlin betrieben wird, war ein Nutzungsüberlassungsvertrag erforderlich, der sowohl die interne Nutzung als auch die Bereitstellung des Lastenrades für die Bevölkerung regelte. Bevor das Lastenfahrrad durch die Bewohner*innen kostenfrei ausgeliehen werden konnte, wurde ein Rahmenvertrag zwischen der Gemeinde Eichwalde und der Buchungsplattform fLotte abgeschlossen. Für die Buchungsplattform waren aussagekräftige Fotos und ein Name notwendig. Die Kindergartenkinder halfen aktiv bei der Namensfindung und beim Bekleben der Seitenflächen mit fLotte-Aufklebern.*

Um einen verlässlichen und effizienten Ausleihprozess zu gewährleisten, wurde ein interner Ablauf organisiert: fLotte meldet jede Buchung an die Gemeinde Eichwalde, die anschließend Passwort und Buchungsbestätigung an den Waldkinderkarten übermittelt. Dort wird das Passwort geprüft, der Nutzungsvertrag ausgefüllt, das Lastenrad übergeben und wieder entgegengenommen. Eine kurze Kontrolle auf mögliche Schäden erfolgt sowohl vor als auch nach der Ausleihe.

Phase III: Nachbereitung

- **I Öffentlichkeitsarbeit**
  - Verbreitung der Information an lokale Bevölkerung über Website, Presse und soziale Medien
- **J Wartung**
- **K Sicherung der Haushaltsmittel für laufende Kosten wie Versicherung, Reparatur, Wartung, Nutzungsentgelt der Buchungsplattform fLotte**

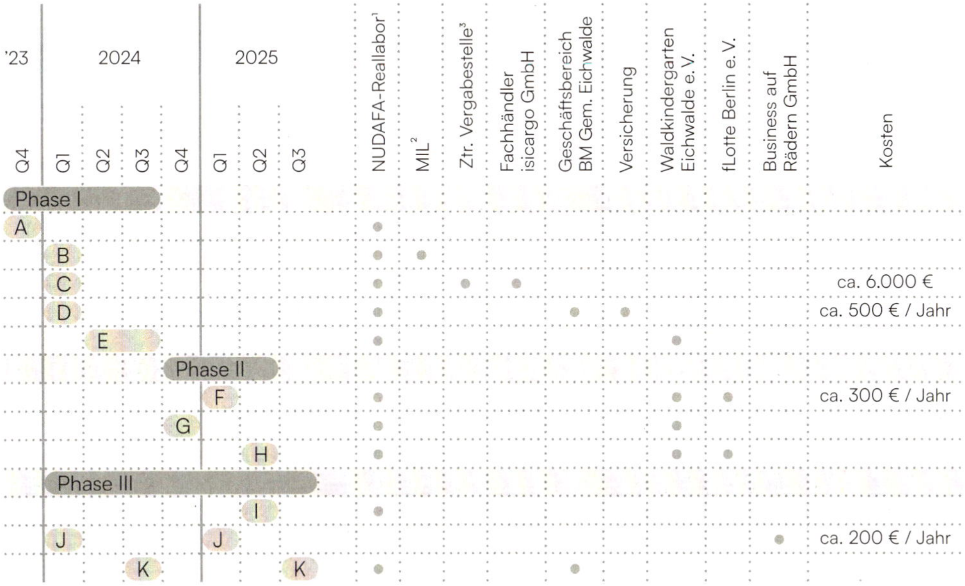

[1](IRVM), [2]Ministerium für Infrastruktur und Landesplanung des Landes Brandenburg, [3]der Gemeinden Zeuthen, Eichwalde und Schulzendorf

Abschließend übergab die Gemeinde Eichwalde das Lastenrad „Waldemar" an den Kindergarten. Die Kinder bedankten sich, indem sie ein Bild von einem Lastenfahrrad malten, und die Gemeinde erwiderte die Geste mit Süßigkeiten für die Kinder. Begleitend wurde die Einführung des Lastenrades über die gemeindeeigenen Kanäle (Website, soziale Medien) kommuniziert, um die lokale Bevölkerung frühzeitig über das neue Angebot des Verleihs zu informieren und die Nutzung zu fördern.

Um den Betrieb des Lastenfahrrads langfristig zu sichern, hat die Gemeinde finanzielle Mittel für laufende Kosten wie Versicherung, Reparatur, Wartung und Nutzungsentgelt der Buchungsplattform fLotte bereitgestellt. Eine jährliche Wartung garantiert die Betriebsbereitschaft des Rades und erfüllt die Anforderungen des Versicherungsschutzes.

↘ Lessons Learned

- Der tatsächliche Bedarf eines Lastenrades beim Nutzungspartner sollte klar sein. Andernfalls ist das probeweise Ausleihen eines Lastenfahrrades für mindestens einen Monat im Frühjahr bis Herbst zu empfehlen, um den tatsächlichen Bedarf besser einzuschätzen.
- Eine öffentliche Ausleihe bietet eine höhere Förderquote, sollte aber gut überlegt sein, da sie zusätzliche Kosten und organisatorischen Aufwand mit sich bringt (z. B. Buchungsplattform).
- Ein gemeindeeigener Verleih, z. B. durch einen kommunalen Kindergarten, vereinfacht Abläufe, da in diesem Fall kein Nutzungsüberlassungsvertrag erforderlich ist.
- Die Einsetzung des Lastenrades in einem Kindergarten fördert eine frühzeitige Mobilitätsbildung der Kinder, unterstützt die Erzieher*innen und ermöglicht flexible Nutzung wie spontane Ausflüge. Zudem wird das Lastenfahrrad werktags regelmäßig genutzt.
- Der Versicherungsabschluss läuft über den Geschäftsbereich des Bürgermeisteramts (BM), bei dem alle laufenden, jährlich wiederkehrenden Versicherungen hinterlegt sind.
- In Brandenburg fördert die Richtlinie Rili LaFa Bbg des MIL die Beschaffung von Lastenfahrrädern.

Mit Ehrenamt zum sicheren Radverkehr

Interview mit Marius Langas, engagierter Ehrenamtlicher und Gründer der Initiative Zeuthen Open Streets

Zivilgesellschaft

Wie und warum setzen Sie sich ehrenamtlich für die Förderung des Radverkehrs ein?

Am Anfang war mein Antrieb praktisch: Ich fahre jeden Tag mit dem Rad zur Arbeit und wollte einfach einen sicheren Arbeitsweg. Gerade in der Flughafenregion habe ich mich oft verfahren — einmal bin ich sogar versehentlich auf der Autobahn gelandet. Das war der Moment, an dem ich mich stärker engagieren wollte. Im Ehrenamt trifft man oft auf besonders motivierte Menschen mit viel Wissen und guten Ideen. So ist auch unser Projekt Lastenrad-ZEWS entstanden, indem wir gemeinsam mit lokalen Gewerbetreibenden das erste kostenlose Lastenrad in der Region anbieten. Darüber hinaus engagiere ich mich in mehreren Initiativen in der Region: Bike2BER.de setzt sich für sichere, alltagstaugliche Radrouten rund um den Flughafen BER ein. Flughafen-erfahren.de nutzt Radtouren und Wanderrouten als Format für Wissenstransfer in der Flughafenregion und Zeuthen Open Streets fördert autofreie Begegnungsräume im Ortszentrum und stärkt Gemeinschaft.

Welche Chancen sehen Sie speziell für kleine Kommunen wie Zeuthen?

In kleinen Kommunen kennt man sich. Man bekommt schnell viele Informationen darüber, welche Radrouten stark genutzt werden, wo es hakt und wo Lösungen gebraucht werden. Oft braucht es nur wenige Gespräche mit lokal Aktiven, um ein aktuelles realistisches Bild zu erhalten. Gerade in kleinen Kommunen könnten mit wenig Aufwand spürbare Verbesserungen erreicht werden — wenn vorhandenes Wissen besser genutzt und die Prozesse entschlackt würden. Zudem gibt es viele engagierte Ehrenamtliche, die lokal vernetzt sind und Projekte schneller voranbringen können.

Welche zentralen Herausforderungen sehen Sie bei der Förderung des Radverkehr in den NUDAFA-Kommunen?

Die Umsetzung von Maßnahmen ist oft schwierig und wird durch aufwendige Gutachten, zersplitterte Zuständigkeiten und begrenzte Kapazität gebremst. Zudem stehen die NUDAFA-Kommunen durch Zuzug aus Berlin und die Entwicklungen rund um den Flughafen BER unter hohem Entwicklungsdruck. Viele Ressourcen fließen in Grundaufgaben wie Straßenbau, Kindergärten und Wohnraum, sodass Radverkehr oft zurücktritt. Viele Engagierte arbeiten in ihrer Freizeit, während geförderte Projekte wie das NUDAFA-Reallabor größere Vorhaben umsetzen können, die ehrenamtliche Initiative in diesem Umfang nicht schaffen können.

Welche Themen müssten künftig noch vertiefter untersucht werden, um zivilgesellschaftliches Engagement in kleinen Kommunen besser unterstützen zu können?

Wir müssen stärker untersuchen, wie gesellschaftliches Miteinander und bürgerschaftliches Engagement vor Ort gefördert werden können — mit Strukturen, die Menschen befähigen, sich unkompliziert einzubringen, ohne sich durch seitenlange Anträge oder Vorschriften kämpfen zu müssen. Zeuthen Open Streets ist dafür ein gutes Beispiel: Wir agieren als „Membran“ zwischen Ideen aus der Bürgerschaft und den formalen Auflagen der Gemeinde, helfen bei Genehmigungen und räumen bürokratische Hürden aus dem Weg. Es wäre wichtig, solche Strukturen systematisch zu untersuchen: Was motiviert Menschen, sich zu engagieren? Wie können Gemeinden diesen Prozess moderieren? Und wie können Ressourcen für das ehrenamtliche Engagement bereitgestellt werden?

ZEUTHEN
OPEN STREETS

Laufzeit

mittelfristig
Jul. 2021 — Sep. 2022

Kosten

mittel
ca. 19.000 €

Förder-/Finanzmittel

Finanzmittel des NUDAFA-Reallabors
(BMFTR)

Komplexität

gering

Akteur*innen

NUDAFA-Reallabor (IRVM)
→ Projektkoordination
Zweibaum Holzwerkstatt GmbH
→ Umsetzung
isicargo GmbH
→ Beratung, Auswahl Modell
KimWang Architektur & Ausstattung
→ Konzeption
Zentrale Vergabestelle der Gemeinden Zeuthen, Eichwalde und Schulzendorf
→ Beschaffung
Bauhof Gemeinde Eichwalde
→ Unterbringung und Stellplatz
Versicherung
→ Versicherung

Beteiligung

Das NUDAFAmobil – der mobile Informationsstand

Umgebautes Lastenrad für Informations- und Beteiligungsformate

Einordnung und Nutzen

Für eine erfolgreiche Förderung des Radverkehrs sind nicht nur infrastrukturelle Maßnahmen, sondern auch eine wirksame Öffentlichkeitsarbeit (→ S. 63) und eine frühzeitige, niedrigschwellige Einbindung der Bürger*innen entscheidend. Ein speziell ausgestattetes Lastenrad ermöglicht es, alle wichtigen Informationen, Materialien und digitalen Werkzeuge kompakt zu transportieren und direkt vor Ort einzusetzen. Dieser mobile Informationsstand erleichtert die Bürger*innenbeteiligung — also ein Format, bei dem die Einwohnenden dort erreicht werden, wo sie sich im Alltag aufhalten. Radverkehrsthemen und Veränderungsprozesse lassen sich so effektiver in den öffentlichen Raum tragen und für die Bevölkerung veranschaulichen, Zielgruppen können unmittelbar angesprochen werden. Für eine erfolgreiche aufsuchende Bürger*innenbeteiligung sowie eine wirksame Öffentlichkeitsarbeit sind in der Regel eine sorgfältige Vorbereitung und passende Methoden notwendig.

Ausgangslage und Zielsetzung

Im NUDAFA-Reallabor bestand die Herausforderung, analoge Beteiligungsformate gezielt mit digitalen Angeboten zu verbinden, um alle Bevölkerungsgruppen gleichermaßen zu erreichen. Dafür wurde das NUDAFA-mobil als mobiler Infostand konzipiert, mit dem alle notwendigen Materialien transportiert werden können. Um vor Ort die Aufmerksamkeit der Bevölkerung zu gewinnen, wurde ein multifunktionaler Aufbau auf ein Lastenrad montiert. In Kombination mit dem Beteiligungsteppich (→ S. 164) zog das Lastenrad die Blicke der Passant*innen auf sich, was den Einstieg in Gespräche über den Radverkehr erheblich erleichterte.

Dank Tablets können parallel auch digitale Beteiligungsformate integriert und z. B. der NUDAFA-Radverkehrsatlas (→ S. 80) vorgestellt werden. Zudem bietet das Rad Platz für Getränke und Snacks. Die Oberfläche des Aufbaus ist magnetisch und als Whiteboard nutzbar, sodass sich Karten o. Ä. mit Magneten befestigen und Hinweise mit Markern direkt aufbringen lassen.

Skizze des NUDAFAmobils mit Verstau- und Präsentationsmöglichkeiten, Tisch, Projektor und Sonnenschutz

Phasen

Phase I: Vorbereitung

- A **Klärung der Anforderungen und Nutzenden, Festlegung des konkreten Durchführungszeitraums**
  Hilfreiche Fragestellungen:
  - Welche Veranstaltungen sollen bespielt werden, welche weiteren Nutzenden kommen infrage (Jugendarbeit, Bibliothek, Stadtmarketing, Gebäudemanagement usw.)?
  - Sollte das Lastenrad nur für Veranstaltungen oder auch im Rahmen von Alltagsaufgaben nutzbar sein?
  - Ist ein E-Antrieb notwendig?
- B **Suche nach geeigneten Modellen**
  - Bei der Auswahl des passenden Modells können lokale Fahrradhändler*innen wertvolle Unterstützung bieten.
- C **Sicherung der Finanzmittel für die Beschaffung und den Betrieb**
- D **Klärung des idealerweise wetterfesten und abschließbaren Standorts zum (dauerhaften) Abstellen des Lastenrads**

Phase II: Durchführung

- E **Konzeption des Aufbaus**
  - Lastenrad sollte als mobiler Infostand dienen, ggf. auch weitere Nutzungsoptionen vorsehen
  - Skizze des NUDAFAmobil
- F **Beschaffung des Fahrzeugs**
- G **Fertigung des Aufbaus und Montage**
- H **Übernahme in den Fuhrpark der Kommune**
  - Abholung/Lieferung des Lastenrads (ggf. mit Unterstützung des Bauhofs)
  - Abschluss einer Versicherung (Fahrrad-/Lastenrad-/Geräteversicherung)
  - Kauf eines geeigneten Fahrradschlosses und ggf. eines Bodenankers, um die Versicherungsbedingungen zu erfüllen
- I **Feierliche Einweihung zur Inbetriebnahme**
  - Eine öffentliche Veranstaltung eignet sich zur offiziellen Inbetriebnahme des mobilen Infostands.
  - Wenn Sponsoren- oder Fördergelder verwendet wurden, kann auch eine feierliche Übergabe im Beisein der Presse erfolgen.

Erfahrungsbericht

Die Entwicklung des Konzepts erfolgte in Kooperation mit einem Lastenradhändler, einem Innenarchitekturbüro und einer Holzwerkstatt. Gemeinsam wurde ein multifunktionaler Aufbau erarbeitet, der ein einfaches und schnelles Aufstellen eines Informationsstandes ermöglicht und gleichzeitig großzügigen Stauraum bietet. Aufgrund der teils sehr mangelhaften Oberflächenqualität in der NUDAFA-Region (→ S. 18) fiel die Wahl auf ein Lastenrad mit stabilem Fahrgestell, das auch auf Kopfsteinpflaster und unbefestigten Fahrbahnen einwandfrei bewegt werden kann. In dieser Phase wurden bereits die Optionen für eine sichere Unterbringung und die Versicherung des Lastenrads geklärt.

Nach Abschluss der Planungen wurde ein Lastenrad ohne Aufbau über eine öffentliche Ausschreibung beschafft. Im zweiten Schritt wurde der auf das Rad montierte Aufbau nach den Entwürfen des Architekturbüros von einer Holzwerkstatt hergestellt. Dabei kamen Platten zum Einsatz, die magnetisch und wie ein Whiteboard nutzbar sind. Karten, Plakate oder andere Informationsmaterialien lassen sich so mit Magneten flexibel auf dem Aufbau anbringen. In integrierten Fächern können ein Tablet, ein Projektor, Getränke, Moderationsmaterial und der Beteiligungsteppich (→ S. 164) verstaut werden. Ein Sonnenschirm schützt bei starker Sonne und lenkt die Aufmerksamkeit auf das NUDAFAmobil.

Phase III: Nachbereitung

J kontinuierliche Wartung und Reparatur, Abrechnung der Versicherung usw.

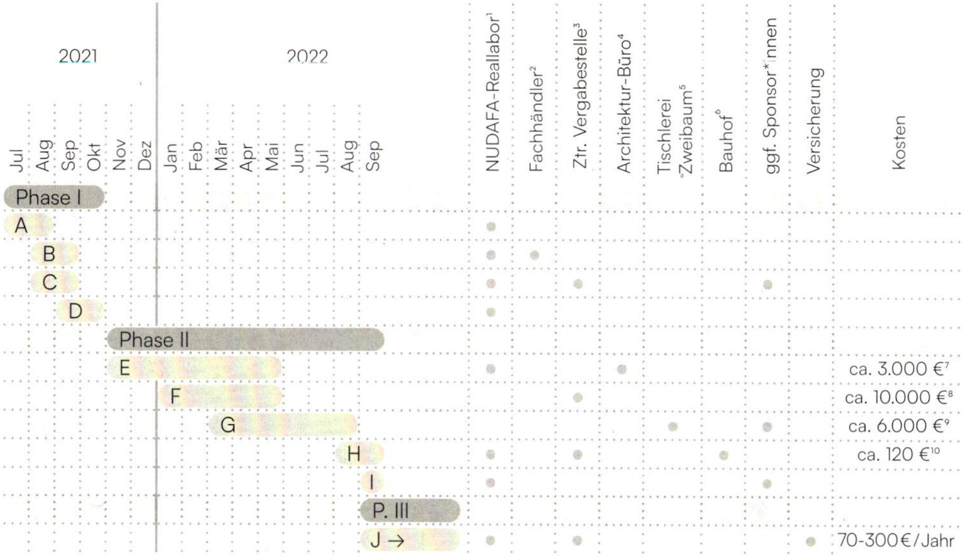

[1](IRVM), [2]isiCargo GmbH, [3]der Gemeinden Zeuthen, Eichwalde und Schulzendorf, [4]KimWang, [5]Holzwerkstatt GmbH, [6]Gemeinde Eichwalde, [7]Ausführungsplanung, [8]Fahrzeug, [9]Aufbau, [10]Fahrradschloss

Nach der Fertigstellung wurde das Lastenrad versichert und in den Fuhrpark der Gemeinde aufgenommen. Seitdem nutzt das NUDAFA-Reallabor das NUDAFAmobil bei einer Vielzahl von Veranstaltungen in Eichwalde und in den Partnerkommunen — etwa bei Stadtfesten wie dem Tag der Mobilität (→ S. 172), Beteiligungsformaten im Rahmen von Planungsprozessen, der Auftakttour des jährlichen STADTRADELN (→ S. 176), der Landesradverkehrskonferenz Brandenburg, der Informationsveranstaltung zum Komfortablen Kopfsteinpflaster (→ S. 126), der Ortsbefahrung (→ S. 168) des Interkommunalen Radweges (→ S. 116) oder den Einweihungen verschiedener NUDAFA-Projekte. Auch bei nicht radverkehrsspezifischen Anlässen wie Stadtspaziergängen sowie bei Neujahrsempfängen kam das Lastenrad regelmäßig zum Einsatz.

↘ Lessons Learned

- Das Lastenrad weckt (insbesondere in Kombination mit dem Beteiligungsteppich (→ S. 164)) niedrigschwellig die Aufmerksamkeit der Passant*innen und erleichtert die Kontaktaufnahme bei Informations- und Öffentlichkeitsveranstaltungen.
- Das NUDAFAmobil ist ein funktionsfähiger Prototyp, der sich aufgrund des hohen Materialgewichts als schwerfällig erwies. Ein flexibler, leicht montierbarer Aufbau wird empfohlen, damit das Rad auch für andere Aufgaben genutzt werden kann (z. B. Kindergärten, GLM).
- Wegen des speziellen Aufbaus, der besonderen Nutzung als Informationsstand und seines Gesamtwerts konnte das NUDAFAmobil nicht als normales Lastenrad, sondern nur als Arbeitsgerät versichert werden.
- Es ist wichtig, frühzeitig einen sicheren Abstellplatz für das Lastenrad zu bestimmen.
- Für Wartungsarbeiten etc. sollte das Lastenrad in den kommunalen Fuhrpark aufgenommen werden, um die Zuständigkeiten und die Zuordnung der Wartungskosten klar zu regeln.
- Einige Bundesländer bieten spezifische Förderprogramme für Lastenräder an. Andernfalls können kommunale Finanzmittel im Bereich Planung, Stadtentwicklung oder Öffentlichkeitsarbeit bereitgestellt sowie Sponsor*innen gefunden werden.

Laufzeit

kurzfristig
Okt. 2024 — Jul. 2025

Kosten

mittel
ca. 15.000 €

Förder-/Finanzmittel

Finanzmittel des NUDAFA-Reallabors
(BMFTR)

Komplexität

gering

Akteur*innen

NUDAFA-Reallabor (IRVM)
→ Projektkoordination
forward Planung und Forschung GmbH
→ Prozessbegleitung, Moderation, Abschlussbericht
Ortskernbeirat mit Vereinen, Einwohnenden, Jugendlichen, Industrie- und Handelskammer, Tourismusbranche usw.
→ Erarbeitung des Berichts, Umsetzung
Ordnungs-, Bau-, Finanzverwaltung, Öffentlichkeitsabteilung und Klimaschutzmanagement Gemeinde Eichwalde
→ Vergabe, Umsetzung, Öffentlichkeitsarbeit
Lokalpolitik
→ Umsetzung

Beteiligung

Ortskernbeirat

Gremium zur gemeinsamen Erarbeitung von Empfehlungen für Politik und Verwaltung

Einordnung und Nutzen

Zentrale Ortslagen sind aus verkehrsplanerischer Sicht besonders herausfordernd — sowohl für den innerörtlichen Verkehr als auch für den Verkehr aus dem Umland. Führen zudem Kreis- oder Landesstraßen direkt durch den Ortskern, verstärken sich die Belastungen durch den fließenden und ruhenden Verkehr. Dies mindert die Aufenthaltsqualität. Gleichzeitig steht der lokale Einzelhandel durch Online-Handel und Strukturwandel unter Druck, sodass Veränderungen wie der Wegfall von Parkraum Besorgnis auslösen. In Ortskernen treffen daher die Interessen von Zufußgehenden, Radfahrenden und motorisierten Verkehrsteilnehmenden sowie Gewerbetreibenden besonders stark aufeinander, was häufig Nutzungskonflikte verursacht. Werden die komplexen Zusammenhänge zwischen Verkehrslenkung und -beruhigung sowie der Standort- und Gemeindeentwicklung nicht ausreichend berücksichtigt, können Planungsprozesse emotionalisiert, verzögert oder blockiert werden. Gerade kleinere Kommunen stehen vor der Aufgabe, pragmatische Formate zu entwickeln, die einen sachlichen Dialog zwischen Verwaltung, Politik und verschiedenen Nutzer*innengruppen ermöglichen (→ Öffentlichkeitsarbeit und Beteiligung, S. 63).

→ Weiterführende Informationen

- Gemeinde Eichwalde (2025): Lebendige Bahnhofstraße. Abschlussbericht des Ortskernbeirats. Empfehlungen, Maßnahmen und Ideen zur dauerhaften Belebung der Bahnhofstraße.
- Franzl, K.; Bach, N. (2017): Planungszelle.

Ausgangslage und Zielsetzung

Da sich Radfahrende in der Bahnhofstraße in Eichwalde trotz Tempo 30 von Kraftfahrzeugen bedrängt und durch ausparkende Fahrzeuge gefährdet fühlten, wichen rund 80 Prozent von ihnen regelwidrig auf den Gehweg aus. Dies führte zu deutlichen Konflikten mit Zufußgehenden und Gewerbetreibenden. Aus verkehrsrechtlicher Sicht kam als Maßnahme lediglich die Einführung eines verkehrsberuhigten Geschäftsbereichs mit Tempo 20 (→ S. 134) infrage, was bei Gewerbetreibenden jedoch Bedenken hinsichtlich der Attraktivität des Ortskerns und der Zukunft des Einzelhandels auslöste.

Um solche komplexen Herausforderungen zu bewältigen, empfehlen sich Formate wie Bürgerbeiräte oder Planungszellen, deren Beteiligte ausgelost werden. Da solche Formate in kleinen Kommunen kaum realisierbar sind, wurde in Eichwalde ein alternatives Beteiligungsformat erprobt, das sich auf die in kleinen Kommunen oft vorhandenen engagierten Einzelakteur*innen konzentriert. Für begrenzte Zeit wurde ein Ortskernbeirat einberufen und mit Vertreter*innen relevanter Akteur*innengruppen besetzt. Mit Unterstützung eines Planungsbüros erarbeitete der Beirat einen Bericht mit strategischen Empfehlungen für Politik und Verwaltung, um ein gemeinsames Problembewusstsein und Lösungsverständnis zwischen Verwaltung, Politik und Bevölkerung zu fördern und um konkrete Maßnahmen aktiv vorzubereiten.

links: temporäre Sitzgelegenheit als Verweilraum in der Bahnhofsstraße in Eichwalde
unten: Visualisierung erster Ideen des Ortskernbeirats zur Verbesserung der Aufenthaltsqualität des Marktplatzes in Eichwalde, mit Informationstafel, Begrünung und Sitzmöglichkeiten

Phasen

Phase I: Vorbereitung

A **Entwicklung des Konzepts und Arbeitsprogramms**
- Präzisierung der Konflikte, relevanten Themen und Zielstellung
- Identifizierung wichtiger Ziel- bzw. Akteur*innengruppen
- Aufstellen der Zeitschiene

B **Beauftragung eines Planungsbüros**
- Markterkundung und Erstellung eines Leistungsverzeichnisses
- Sicherung der benötigten Haushaltsmittel
- Durchführung der Vergabe und Beauftragung

C **Suche nach Mitgliedern des Ortskernbeirats**
- Ankündigung im Gemeindeblatt
- gezielte Ansprache wichtiger Akteur*innengruppen
- Online-Befragung zur Nutzung der Bahnhofstraße

Phase II: Durchführung

D **Arbeitsphase**
- Workshop 1: Bestandsaufnahme und Themenschwerpunktsetzung inkl. Kennenlernen
- Workshop 2: fachlicher Input und Szenarienentwicklung inkl. Reflexion der Bestandsanalyse
- Workshop 3: Brainstorming und Ausarbeitung von Maßnahmen inkl. Vertiefung der Maßnahmen
- Workshop 4: Synthese und Erstellung des Berichts
- Festlegung der Projektpat*innen

E **Präsentation der Ergebnisse**
- im Ortsentwicklungsausschuss, in der Gemeindevertretung und bei einem Infoabend für die Öffentlichkeit

F **Öffentlichkeitsarbeit**
- Veröffentlichung des Abschlussberichts auf der Website
- ggf. Beitrag in lokaler Presse bzw. Gemeindeblatt

Erfahrungsbericht

*In Vorbereitung des Ortskernbeirats wurde zunächst verwaltungsintern ein Kurzkonzept für den Prozess verfasst, dass die Ziele, die relevanten Akteur*innen, den groben Ablauf sowie die Erfordernisse des Prozesses definierte. Daraus wurde der Rahmen für ein Leistungsverzeichnis mit folgenden Bestandteilen abgeleitet: Analyse der Planungsgrundlagen, Ortsbegehung, Vor- und Nachbereitung sowie Durchführung von vier Workshops, Honorar für fachliche Inputs, fortlaufendes Projektmanagement sowie Unterstützung bei der Fertigstellung und Präsentation des Abschlussberichts. Mit dem Leistungsverzeichnis erfolgte eine Markterkundung als Grundlage für das Vergabeverfahren. Das anschließend beauftragte Planungsbüro entwickelte ein detailliertes Konzept für die Arbeit des Ortskernbeirats, wobei die schon feststehenden Akteur*innen aktiv mitwirkten. Im Rahmen des NUDAFA-Reallabors führten einige Mitglieder des Ortskernbeirats, die dank ihrer beruflichen Expertise über das nötige Fachwissen verfügten, bereits eine breit angelegte Online-Befragung zur Nutzung der Bahnhofstraße durch.*

*Zu Beginn befasste sich das Planungsbüro mit den vorhandenen Planungsunterlagen und Materialien und analysierte grob die Problemlagen. Über einen Zeitraum von fünf Monaten wurden anschließend vier jeweils 2,5-stündige Workshops durchgeführt. Der Arbeitsprozess des Ortskernbeirats und der abschließende Bericht gliederten sich in drei Themenfelder: miteinander aktiv, Kommunikation, Infrastruktur. Für jedes Thema wurde zunächst die Ausgangslage beschrieben, woraufhin der Ortskernbeirat eine Empfehlung aussprach, in Form von Strategien, konkreten Lösungsansätzen und Maßnahmen. Dabei fanden nur Maßnahmen Berücksichtigung, die sich eindeutig einer Strategie zuordnen ließen. Diese Maßnahmen wurden unter der jeweiligen Strategie aufgelistet und in einer Maßnahmentabelle erfasst, die Angaben zum Zeitrahmen, Kosten, beteiligten Akteur*innen, Projektpat*innen usw. enthält.*

Nach Fertigstellung wurde der Bericht zunächst als Entwurf im zuständigen Ortsentwicklungsausschuss vorgestellt. Der auf Grundlage der Rückmeldungen überarbeitete Abschlussbericht wurde daraufhin in der Gemeindevertretung (GV) sowie über die ortsüblichen Kanäle der Öffentlichkeitsarbeit (Social Media und Website) präsentiert.

Phase III: Nachbereitung

G **Umsetzung von Maßnahmen**

- zeitnahe Umsetzung erster kleinerer Projekte
- Aufnahme umfangreicherer Projekte in die Haushaltsplanung
- ggf. Beantragung von Fördermitteln oder Sammeln Spenden bzw. Co-Finanzierung

H **optional: Erfolgskontrolle**

- jährlich, erstmalig ca. ein Jahr nach Veröffentlichung des Berichts erneute Vorstellung der Ergebnisse und deren Überprüfung im Ortsentwicklungsausschuss und der Gemeindevertretung

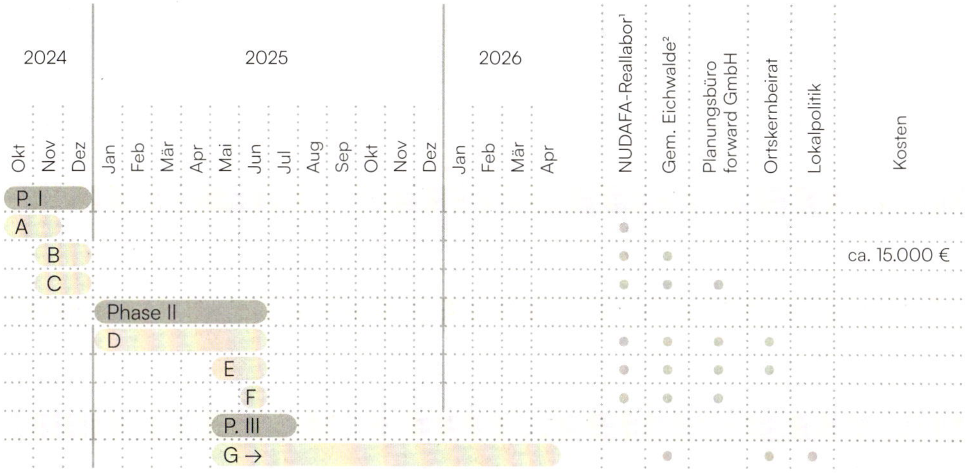

[1](IRVM), [2]Ordnungs-, Bau-, Finanzverwaltung, Öffentlichkeitsabteilung und Klimaschutzmanagement

*Die Projektpat*innen spielen eine entscheidende Rolle, da sie die Umsetzung der Maßnahmen initiieren bzw. leiten. Dies können engagierte Personen aus der Verwaltung, aus Vereinen oder einzelne Einwohnende sein. Es galt das Prinzip „Wer Verantwortung übernimmt und Engagement zeigt, darf — in Abstimmung mit den für die Umsetzung wichtigen Akteur*innen — über die Umsetzung entscheiden." Auf diese Weise konnten Projekte schnell und effektiv realisiert werden. Ein Beispiel ist die Einrichtung einer temporären Sitzgelegenheit als Verweilraum in der Bahnhofsstraße. Diese Maßnahme regte Diskussionen an, die der Ortskernbeirat gezielt nutzte, um über den Bericht zu informieren und Maßnahmensteckbriefe zu präsentieren.*

Insgesamt wurde der Abschlussbericht über alle Fraktionen hinweg positiv wahrgenommen und erfüllte den Anspruch, den komplexen Sachverhalt verständlich aufzubereiten und differenzierte Strategien und Maßnahmen anschaulich darzustellen. Etwa ein Jahr nach der Veröffentlichung des Berichts soll der Fortschritt der Umsetzung reflektiert werden.

↘ Lessons Learned

- Die Beauftragung eines externen Planungsbüros erwies sich als hilfreich, da es über umfassende Erfahrung in Moderation, Workshopgestaltung und Konzeption vergleichbarer Projekte verfügte. Zudem förderte es Vertrauen und wahrte Neutralität im Arbeitsprozess des Ortskernbeirats, da bestehende Vorbehalte gegenüber der Verwaltung sich nicht auf den Beteiligungsprozess übertrugen.
- Informelle Planungskonzepte bzw. Stadtentwicklungskonzepte können sowohl als Arbeitsgrundlage als auch zur Begründung für die Einberufung des Ortskernbeirats dienen.
- Auch wenn das Planungsbüro die Prozessbegleitung verantwortet, sollte innerhalb der Verwaltung eine zuständige Person benannt werden, die die Konzeption und Vergabe koordiniert und für kontinuierliche Rückkopplung des Prozesses insbesondere in die Verwaltung sorgt.
- Liegt ein Stadtentwicklungsplan (STEP) oder ein integriertes Stadtentwicklungskonzept (ISEK) vor, kann dieses ggf. als Grundlage für die Finanzierung der Maßnahme dienen.
- Über die Industrie- und Handelskammer, Gewerbevereine oder lokale Betriebe (z. B. Regionalbank) können Co-Finanzierungen erreicht werden.

Laufzeit

kurzfristig
4 Wochen — 12 Monate

Kosten

gering

Komplexität

gering

Beteiligungstools

Tools zur Beteiligung von Bürger*innen in Radverkehrsprojekten

Einordnung und Nutzen

Durch verschiedene Beteiligungsformate können Bürger*innen direkt vor Ort und im Alltag erreicht werden. Im Folgenden werden Formate vorgestellt, die den Dialog mit den Einwohnenden fördern, beabsichtigte Maßnahmen veranschaulichen sowie Verkehrsplanungen nahebringen. Der Beteiligungsteppich und das Stimmungsbarometer dienen vor allem dazu, mit den Menschen vor Ort ins Gespräch zu kommen, schaffen Präsenz und vermitteln Ansprechbarkeit. In begrenztem Umfang ermöglichen beide Formate, Stimmungen oder Wünsche über angedachte Maßnahmen einzufangen, zu dokumentieren und in Planungen zu berücksichtigen. Mit den etwas zeitintensiveren Tools der Ortsbefahrungen sowie Straßenmodelle werden Vorhaben und Planungsprozesse erlebbar. All diese Beteiligungsinstrumente sind niedrigschwellig und können öffentlichkeitswirksam auf Stadt- und Gemeindefesten sowie anderen Veranstaltungen verwendet werden (→ Öffentlichkeitsarbeit und Beteiligung, S. 63).

Projekte im Überblick

Beteiligungstool (3): Ortsbefahrung

Beteiligungstool (2): Stimmungsbarometer

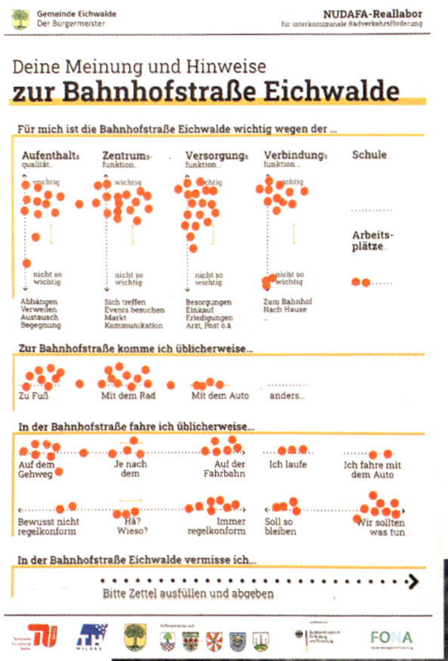

Gemeinde Eichwalde
Der Bürgermeister

NUDAFA-Reallabor
für interkommunale Radverkehrsförderung

Deine Meinung und Hinweise
zur Bahnhofstraße Eichwalde

Für mich ist die Bahnhofstraße Eichwalde wichtig wegen der ...

Aufenthaltsqualität...
wichtig
nicht so wichtig
Abhängen
Verweilen
Austausch
Begegnung

Zentrumsfunktion...
wichtig
nicht so wichtig
Sich treffen
Events besuchen
Markt
Kommunikation

Versorgungsfunktion...
wichtig
nicht so wichtig
Besorgungen
Einkauf
Erledigungen
Arzt, Post o.ä.

Verbindungsfunktion...
wichtig
nicht so wichtig
Zum Bahnhof
Nach Hause
...

Schule...

Arbeitsplätze...

Zur Bahnhofstraße komme ich üblicherweise...

Zu Fuß
Mit dem Rad
Mit dem Auto
anders...

In der Bahnhofstraße fahre ich üblicherweise...

Auf dem Gehweg
Je nach dem
Auf der Fahrbahn
Ich laufe
Ich fahre mit dem Auto

Bewusst nicht regelkonform
Hä? Wieso?
Immer regelkonform
Soll so bleiben
Wir sollten was tun

In der Bahnhofstraße Eichwalde vermisse ich...

Bitte Zettel ausfüllen und abgeben

FONA

Beteiligungstool (1): Beteiligungsteppich

Beteiligungstool (4): Straßenmodelle

Beteiligungsteppich

Kosten

gering
Projektkosten: ca. 650 €

- *Beteiligungsteppich (Übertragung und Überprüfung der Druckdatei inkl. Datencheck, Lieferung): 600 €*
- *Karteikarten, Stifte, Klebepunkte (5 mm), Klebestreifen (5 mm) in unterschiedlichen Farben: 50 €*

Förder-/Finanzmittel

Finanzmittel des NUDAFA-Reallabors
(BMFTR)

Ausgangslage, Zielsetzung und Durchführung

Ziel der Konzipierung des Beteiligungsteppichs im NUDAFA-Reallabor war es, auf Öffentlichkeitsveranstaltungen wie dem in Eichwalde ausgerichteten Tag der Mobilität (→ S. 172) direkt mit Menschen aus der Bevölkerung ins Gespräch zu kommen, das NUDAFA-Reallabor öffentlichkeitswirksam zu bewerben und gleichzeitig die Mobilitätsbedürfnisse der Einwohnenden besser zu verstehen. Auch im Rahmen der Projektwoche BikeBuddies (→ S. 180) ist er zur Beteiligung der Kinder und Jugendlichen zum Einsatz gekommen. Der Beteiligungsteppich bietet die Möglichkeit, Bürger*innen jenseits digitaler Beteiligungsangebote zu erreichen.

Bei dem Beteiligungsteppich handelt es sich um ein auf einer LKW-Plane aufgedrucktes Luftbild der NUDAFA-Region (→ S. 18) im Maßstab 1:200. Die mit Schutzlack beschichtete PVC-Plane weist eine Größe von 4,5 × 7 m auf, die Auflösung der Fotografie beträgt 150 dpi. Eine Legende erleichtert die Orientierung auf dem Luftbild. Die Plane wird auf dem Boden ausgebreitet und kann betreten werden.

Mithilfe des Beteiligungsteppichs ließen sich alltägliche Wege und dort vorhandene Gefahrenstellen aus Sicht der Bevölkerung erfassen, indem sie auf der Plane markiert sowie damit einhergehende Verbesserungsvorschläge dokumentiert wurden. Hierfür lagen Klebepunkte zur Markierung von Orten sowie Klebestreifen zur Kennzeichnung von Wegen bereit. Darüber hinaus standen Karteikarten zur Verfügung, auf denen weitere Informationen zu den Kartenmarkierungen seitens der Bevölkerung festgehalten werden konnten. Um die Zuordnung zu erleichtern, wurden sowohl Karten als auch Klebepunkte mit Nummern versehen. Die auf dem Beteiligungsteppich und den Karteikarten gesammelten Daten wurden im Nachgang digitalisiert, ausgewertet und flossen in die weitere Planung und Maßnahmenentwicklung ein.

Der Teppich bietet die Möglichkeit, schnell und unkompliziert mit den Menschen über radverkehrsbezogene Problemstellen und Bedarfslagen ins Gespräch zu kommen. Die Teilnehmenden können die Orte ganz konkret auf der Karte aufsuchen und Wege nachzeichnen. Auf diese Weise entsteht ein Potenzial hoher Interaktion und Identifizierung, da die Menschen in der Regel in der Region leben und ihre Wohnorte, vertraute Einrichtungen wie Schule und Kindergarten oder die Häuser von Verwandten und Bekannten auf der Karte wiederfinden.

↘ Lessons Learned

- Da das Luftbild keine Straßennamen anzeigt, fällt die Orientierung manchen Menschen schwer. Digitale Hilfsmittel oder ortskundige Personen, die unterstützend zur Seite stehen, sind daher zu empfehlen.
- Aufgrund des hohen Aufwands, den dieses Beteiligungsangebot erfordert, sollte der Teppich von zwei Personen betreut werden. Die Gesprächsanbahnung, die Lokalisierung der Orte auf dem Teppich, die Analyse der Problemlagen und Potenziale nehmen etwa 15 Minuten pro Bürger*in in Anspruch.

Kosten

gering
Projektkosten: ca. 50 €

- *Stifte, Klebepunkte (5 mm) in einer Farbe*
- *Foamboard einseitig selbstklebend in der Größe DIN A2*

Förder-/Finanzmittel

Finanzmittel des NUDAFA-Reallabors
(BMFTR)

Stimmungsbarometer

Ausgangslage, Zielsetzung und Durchführung

Im NUDAFA-Reallabor wurde das Stimmungsbarometer als Beteiligungsformat auf Öffentlichkeitsveranstaltungen wie dem Tag der Mobilität (→ S. 172) eingesetzt, um die lokale Bevölkerung kennenzulernen und ihre Einstellungen zum (inter-)kommunalen Radverkehrsnetz sowie ihre Gewohnheiten im Alltagsradverkehr zu erfassen. Das Tool bietet die Gelegenheit, Menschen jenseits digitaler Beteiligungsangebote zu erreichen.

Das Stimmungsbarometer besteht aus einem A2-Foamboard und einem aufgeklebten Ausdruck, der Fragen mit auf einer Skala angegebenen Antwortmöglichkeiten zeigt, z. B.: „Wie oft fahren Sie im Alltag Fahrrad?" (Antwortmöglichkeiten von „täglich" bis „nie"), „Beim Radfahren fühle ich mich überwiegend ..." (Antwortmöglichkeiten von „sehr sicher" bis „gar nicht sicher"). Das Board lässt sich an den jeweiligen Anlass anpassen. Die Befragten markieren mit Klebepunkten ihre Antworten auf dem Board. Für die Betreuung des Stimmungsbarometers wird eine Person benötigt, die aktiv auf die Menschen zugeht, das Board hält und Klebepunkte verteilt.

↘ Lessons Learned

- Mit diesem Tool ist es möglich, sichtbar und gezielt auf Menschen zuzugehen, um Antworten auf Fragen zum Radverkehr zu erhalten. In der Regel reagieren die Angesprochenen auf öffentlichen Veranstaltungen wie einem Stadtfest offen auf die Fragen, die ihren Alltag betreffen.
- Dieses Tool dient vor allem der Kontaktaufnahme zur lokalen Bevölkerung und der Öffentlichkeitsarbeit und eignet sich weniger für eine systematische Datenerhebung.

„ZESplus-Region" bezeichnet die NUDAFA-Region.

Gemeinde Eichwalde
Der Bürgermeister
NUDAFA-Reallabor
für interkommunale Radverkehrsförderung
Deine Meinung und Hinweise
Radverkehr in der ZESplus-Region
Mit dem Fahrrad fahre ich...
sehr gern
nur ungern
täglich
mehrfach in der Woche
selten
nie
Beim Radfahren in der ZESplus-Region fühle ich mich überwiegend...
super
sicher
unsicher
gestresst
Mit dem Fahrrad fahre ich am liebsten ...
auf selbst-ständigen Wegen
auf dem Gehweg
wo gerade Platz ist
auf der Fahrbahn
Ist Dir die Stärkung des Radverkehrs wichtig? Sollte Deine Gemeinde / Stadt mehr dafür tun?
Definitiv
Ist für mich nicht so relevant
Setze mich bereits fürs Radfahren ein
Ich möchte mich engagieren!
Dann sprich uns an!
Keine Zeit / anderes ist wichtiger
Das ist Aufgabe der Politik & Verwaltung
Hast du schon mal vom NUDAFA-Projekt gehört?
Klar, NUDAFA sagt mir was!
Habe schon was drüber gehört bzw. gelesen!
Noch nie gehört!
FONA

Kosten

gering
Projektkosten: ca. 300 €
(ohne Beauftragung eins externen Planungsbüros)

- *Verpflegung (Snacks, Getränke): ca. 100 €*
- *ca. 10 A2-Hohlkammerplakate zur Visualisierung der Streckenplanung: ca. 200 €*

Förder-/Finanzmittel

Finanzmittel des NUDAFA-Reallabors
(BMFTR)

Ortsbefahrung

Ausgangslage, Zielsetzung und Durchführung

Das Beteiligungsformat der Ortsbefahrung eignet sich besonders gut, um geplante Maßnahmen Vertreter*innen der Kommunen, Bürgermeister*innen, politischen Entscheidungsträger*innen sowie interessierten Bürger*innen anschaulich zu vermitteln. Eine Ortsbefahrung kann in unterschiedlichen Kontexten eingesetzt werden: als Informationsveranstaltung, zur Identifikation problematischer Stellen oder zur Begutachtung des Radverkehrsnetzes (→ Beteiligung, S. 72).

Ziel im NUDAFA-Reallabor war es, die Strecke des sich in der Vorplanung befindlichen Interkommunalen Radweges (→ S. 116) gemeinsam abzufahren und konkrete Stellen vor Ort zu besprechen. Dazu wurden Vertreter*innen der vier Kommunen, der Politik, des Landkreises, der Presse, die Bürgermeister*innen sowie Bewohner*innen zu einer Fahrradtour eingeladen. Neben der Vorstellung des Projekts und der Beteiligung der Teilnehmenden stand auch die Einholung der Zustimmung politischer Entscheidungsträger*innen im Vordergrund.

Der Organisationsaufwand hängt dabei wesentlich von Anlass und Gruppengröße ab. Im NUDAFA-Reallabor übernahm ein externes Planungsbüro, das auch die Konzeption des „Interkommunalen Radweges" verantwortete, in enger Zusammenarbeit mit dem IRVM (→ S. 92) die Erarbeitung und Durchführung der Befahrung. Der Streckenverlauf inkl. der zeitlichen Abfolge und der Haltepunkte wurde frühzeitig per E-Mail an alle Beteiligten kommuniziert. Dank einer detaillierten Zeitplanung konnten Teilnehmende auch während der Fahrt zur Gruppe hinzustoßen, was die Beteiligung und Akzeptanz der Ortsbefahrung förderten. Vor dem Start richtete Michaela Wiezorek, die Bürgermeisterin der Stadt Königs Wusterhausen, ein Grußwort an die Teilnehmenden. An besonders relevanten Stellen, etwa an Straßen- und Bahnübergängen, bei Veränderungen des Streckenverlaufs oder geplanten Neubauabschnitten, wurde angehalten. An diesen Stationen erläuterte das Planungsbüro die Situation, diskutierte mit den Beteiligten bestehende Herausforderungen und beantwortete offene Fragen. Während eines Zwischenstopps wurde Verpflegung am NUDAFAmobil (→ S. 154) angeboten und der Beteiligungsteppich (→ S. 164) ausgerollt, um die geplante Strecke zu visualisieren und den Dialog mit den Teilnehmenden über weitere (Problem-)Stellen anzuregen. Abschließend integrierte das Planungsbüro die gesammelten Impulse in die Konzeption des „Interkommunalen Radweges".

↘ Lessons Learned

- Eine frühzeitige intensivierte Einbindung politischer Entscheidungsträger*innen sowie Bürgermeister*innen stärkt die Akzeptanz des Projekts und erleichtert die oftmals langjährigen Abstimmungsprozesse.
- Die Organisation der Befahrung durch ein externes Büro bewährt sich, da sie mögliche Befangenheiten bei Mitarbeitenden der Kommune ausschließt und das Vertrauen der Beteiligten erhöht.
- Die Konzeption und Durchführung (mehrerer) Ortsbefahrungen durch das Planungsbüro sollte bereits im Leistungsverzeichnis des zu planenden Vorhabens inkl. Anzahl der Termine und benötigter Materialien festgelegt werden.
- Bei mehr als 25 Teilnehmenden ist eine Absprache mit der Polizei erforderlich.

Straßenmodelle

Kosten

gering
Projektkosten: ca. 1.600 €

- *Vorlage Holzmodell (von Wiedner, 2025, Ressource: 14)*
- *10 Holzmodelle über eine Tischlerei: ca. 1.100 €*
- *weitere Materialien zum Bau des Straßenquerschnitts: ca. 500 €*
  → mehrere Kapa-Boards (10 × 420 × 200 mm kapa line kartonkaschiert), Maß abhängig vom vorgegebenen Straßenquerschnitt; pro Gruppe (je 2—4 Personen) ein Kapa-Board, Cutter und Scheren, verschiedenfarbiges Tonpapier, Weißleim, Heißklebepistole, Klebestifte, Knete, Holzspieße, Mini-Wäscheklammern, farbige Büroklammern, Lackdraht, Rasenmatten, Figuren 1:50, Fahrräder 1:50, Stifte, Ausdrucke der Vorlagen für Verkehrsschilder (von Wiedner, 2025, Ressource: 15)

Förder-/Finanzmittel

Finanzmittel des NUDAFA-Reallabors
(BMFTR)

Ausgangslage, Zielsetzung und Durchführung

Bei den Straßenmodellen handelt es sich um offene Kästen, die in der Breite variabel sind und je einen Straßenquerschnitt im Maßstab 1:50 darstellen. So lassen sich z. B. geplante Umgestaltungen von Straßen veranschaulichen, um Bürger*innen frühzeitig zu informieren und aktiv einzubeziehen. Neben dem Straßenquerschnitt kann das Modell mit weiteren Elementen wie Bänken, Straßenmarkierungen, Bäumen, Laternen, Abstellanlagen, Begrünungen usw. ausgestattet werden, um die Gestaltungsideen den Betrachtenden nachvollziehbar vor Augen zu führen. Dieses Beteiligungstool macht Verkehrsplanung erlebbar und schärft das Bewusstsein für nachhaltigen, die Lebensqualität erhöhenden Straßenraum.

Im NUDAFA-Reallabor kamen die Straßenmodelle vor allem innerhalb der mehrmals am Humboldt-Gymnasium Eichwalde ausgerichteten Projektwoche BikeBuddies (→ S. 180) zum Einsatz. In dem angebotenen Modul gestalteten Schüler*innen in Gruppen zunächst digital mit dem Tool „Streetmix" die Straße vor ihrer Schule und bauten ihre Ideen anschließend im Straßenmodell nach. Daraufhin präsentierten die Schüler*innen ihre Modelle dem Bürgermeister Jörg Jenoch, dem Radverkehrsprofessor Christian Rudolph, dem interkommunalen Radverkehrsmanager Tim Zander und weiteren Mitarbeitenden der Gemeinde Eichwalde. Weitere Informationen zur Vorbereitung, Durchführung und Nachbereitung sowie eine Vorlage des Baukastens zum Nachbauen bietet der vom NUDAFA-Reallabor entwickelte Leitfaden BikeBuddies (von Wiedner, 2025, Ressource: 14).

Straßenmodelle zu bevorstehenden Umgestaltungen können auch von den Radverkehrsplanenden selbst erstellt werden, um die Konzepte auf Informationsveranstaltungen verständlich zu vermitteln.

↘ Lessons Learned

- Anschauliche Darstellungen der Straße unterstützen die Bürger*innen dabei, geplante Veränderungen besser nachzuvollziehen und sich vorzustellen.
- Der Einsatz eines digitalen Tools wie „Streetmix" war für einen ersten Entwurf und die Vorplanung und Veranschaulichung von Gestaltungsideen hilfreich.
- Bei Gestaltungsvorschlägen der Teilnehmenden waren einführende Erläuterungen, gezielte Impulse und fachliche Begleitung entscheidend, um realistische und umsetzbare Ergebnisse zu erzielen.

10

Laufzeit

kurzfristig
Jan. — Jun. 2023

Kosten

mittel
ca. 11.000 €

Förder-/Finanzmittel

Finanzmittel des NUDAFA-Reallabors
(BMFTR)

Komplexität

gering

Akteur*innen

NUDAFA-Reallabor (IRVM)
→ Projektkoordination, Öffentlichkeitsarbeit
Personal-, Finanz- und Ordnungsverwaltung Gemeinde Eichwalde
→ Beauftragung, Einholung Genehmigungen, Organisation, Vor- und Nachbereitung
Straßenverkehrsbehörde LDS
→ Veranstaltungserlaubnis
Betriebshof Gem. Eichwalde
→ Verkehrssicherung
Märkischer Abwasser- und Wasserzweckverband
→ Wassergenehmigung und Standrohr
Einzelhandel, Vereine, Dienstleistende
→ Gastronomie, kulturelles Angebot, Informationsstände, Probefahrten, Reparaturservice, Fahrradwaschanlage etc.
Hort und Kindergarten
→ Kinderunterhaltung
Polizei
→ Fahrradcodierung

Öffentlichkeitsarbeit

Tag der Mobilität

Durchführung einer Veranstaltung zum Thema „Nachhaltige Mobilität“ mit Fokus auf den Radverkehr

Einordnung und Nutzen

Öffentliche Veranstaltungen sind ein wichtiges Instrument zur Förderung des Radverkehrs (→ Öffentlichkeitsarbeit und Beteiligung, S. 63). Sie erhöhen dessen Sichtbarkeit in der Gesellschaft und bieten einen niedrigschwelligen Zugang für Bürger*innen aller Altersgruppen, um das Bewusstsein für Radfahren als nachhaltige und alltagstaugliche Mobilitätsform zu stärken. Gleichzeitig schaffen solche Veranstaltungen eine spielerische Plattform, um direkt mit der Bevölkerung ins Gespräch zu kommen, Bedarfe und Hemmnisse aus der Praxis zu identifizieren und so die kommunale Planung zu unterstützen. Dadurch leisten sie einen wesentlichen Beitrag zur Entwicklung einer radverkehrsfreundlichen Infrastruktur, fördern eine nachhaltige Verkehrskultur und tragen zur Akzeptanz von Maßnahmen bei den Einwohnenden bei.

Ausgangslage und Zielsetzung

Der in Eichwalde veranstaltete „Tag der Mobilität“ richtete sich an die Bürger*innen aus allen NUDAFA-Kommunen (→ S. 18) mit dem Ziel, über das NUDAFA-Reallabor (→ S. 14) und die aktuellen Projekte zu informieren und das Thema „Radfahren“ und „Nachhaltige Mobilität“ in den Fokus zu stellen. Die Veranstaltung bot radverkehrsbezogene Attraktionen und ermöglichte, aktiv Befragungen zum NUDAFA-Radverkehrsatlas (→ S. 80) und zur Geschwindigkeitsreduzierung der Bahnhofsstraße in Eichwalde (→ Tempo-30 Zone mit innenliegender Tempo-20-Zone, S. 134) durchzuführen. Zentrale Tools hierbei waren der ausgelegte Beteiligungsteppich (→ S. 164), auf dem die Teilnehmenden die für sie wichtigen Radverkehrsverbindungen eintragen konnten, sowie das Stimmungsbarometer (→ S. 166) zu Bedarfen in der Bahnhofstraße.

Zu den Attraktionen gehörten ein Smoothiebike, ein Coffeebike, eine Fahrradwaschanlage und eine Kunstradshow. Eine lokale Fahrradhandlung bot Probefahrten mit Lastenrädern, Pedelecs und herkömmlichen Fahrrädern an. Für kleinere Reparaturen stand ein Reparaturservice bereit. Auch Informationsstände der AGFK, des Tourismusverbands, des Verkehrsclubs Deutschland e. V. (VCD) und der Polizei, die eine Fahrradcodierung durchführte, waren vor Ort. Lokale Händler*innen und Vereine wie der Kunstradverein Schulzendorf, der Anglerverein Eichwalde und der Hort der Grundschule Eichwalde bereicherten die Veranstaltung durch Darbietungen, Unterhaltungsangebote und gastronomischen Service.

links: ausgelegter Beteiligungsteppich am „Tag der Mobilität 2021", auf dem Bürger*innen Radverkehrsverbindungen und subjektive Gefahrenstellen eintrugen
unten: Kunstraddarbietung auf dem Marktplatz in Eichwalde zum „Tag der Mobilität 2021"

Phasen

Phase I: Vorbereitung

A **Abstimmung mit versch. Fachbereichen der Gemeinde**
- Klärung des finanziellen Rahmens und der Finanzmittel
- Klärung des Veranstaltungsorts, der Personalkapazitäten und Genehmigungen inkl. Zuständigkeiten

B **Auswahl externer Kooperationspartner*innen und Aussteller*innen**
- Einholung von Angeboten und Beauftragung von Dienstleistenden (z. B. Gastronomie, Müllentsorgung, sanitäre Anlagen)

C **Kontaktaufnahme mit lokalen Vereinen und Klärung des gastronomischen Angebots**
- Anfrage zur Teilnahme
- Unterstützung bei der Einholung der GaGeV

D **Einholung von Genehmigungen**
- Erstellung der Standortkarte und des Ablaufplans als Voraussetzung für die Veranstaltungsgenehmigung
- Antrag zur Veranstaltungsgenehmigung
- Antrag auf Erteilung einer Sondernutzungserlaubnis

E **Öffentlichkeitsarbeit**
- Erstellung von Pressemitteilungen und Rundmails, Gestaltung und Verteilung von Flyern und Plakaten

F **Organisation der Veranstaltungsinfrastruktur**
- Wasseranschlüsse, Strom, sanitäre Anlagen, Abfallwirtschaft, Erste Hilfe

G **Erstellung und Verteilung eines Informationsschreibens zur Straßensperrung an Anwohnende und Einzelhandel**

H **Verteilung Standortkarte und Ablaufplanung**
- Verteilung der Standortkarte für die Ausstellenden
- Verteilung des Ablaufplans (inkl. zeitlicher Abfolge, Bühnenprogramm, Pausen, Auf- und Abbauzeiten)
- konkrete Standortzuweisung vor Veranstaltungsbeginn

Phase II: Durchführung

I **Absperrung und Verkehrssicherung des Veranstaltungsgeländes**

J **Veranstaltungsprogramm**
- Aufbau der Stände und Durchführung durch die jeweiligen Akteur*innen
- regelmäßige Koordination durch „Springer*innen" bei Rückfragen

Erfahrungsbericht

Der IRVM des NUDAFA-Reallabors stimmte die Veranstaltung zunächst mit der Finanz-, Ordnungs-, und Personalverwaltung der Gemeinde Eichwalde ab. Angebote von externen Dienstleistenden wurden eingeholt und lokale Vereine zur Mitwirkung angefragt. Die Einbindung von Mitarbeitenden aus Kindergärten als Ersthelfende wurde geprüft sowie die Rettungsgasse geplant. Nach Festlegung des Rahmenprogramms wurde die Standortkarte und der Ablaufplan erstellt. Diese bildet die Grundlage für die Sondernutzungs- und Veranstaltungserlaubnis. In diesem Zusammenhang wurden die externen Bewirtenden an die Beantragung der temporären Gaststättengenehmigung (GaGeV) erinnert. Alle Vereine erhielten eine Einladung per E-Mail. Die gezielte Öffentlichkeitsarbeit startete drei Wochen vor Beginn der Veranstaltung. Das Projektteam gestaltete und verteilte Flyer an Fahrrad-Sammelpunkten und sprach interessierte Personen direkt an. Abschließend wurde ein Informationsschreiben zur Straßensperrung für Anwohnende und Einzelhandel zusammen mit Flyern verteilt.

*Als hilfreich bei der Durchführung erwies sich die Einplanung von „Springer*innen", die über den Ablauf informiert waren und Auskunft erteilen konnten. Die Zuweisung der konkreten Standorte an die externen Dienstleistenden erfolgte vor Veranstaltungsbeginn durch geschultes Personal. Im Zuge der Straßensperrung von zwei Seiten überwachten Mitarbeitende des Betriebshofs dauerhaft die Ein- und Ausfahrten, um insbesondere im Notfall schnell die Sperrung aufheben zu können.*

*Vor Ort standen Ansprechpersonen des NUDAFA-Reallabors sowie der Gemeinde für Rückfragen bereit. Das NUDAFA-Reallabor stellte seine Projekte vor und bezog die Bürger*innen aktiv ein, u. a. durch das NUDAFAmobil (→ S. 154), das Stimmungsbarometer (→ S. 166) zur Bahnhofstraße und den Beteiligungsteppich (→ S. 164) zur Erfassung wesentlicher Radrouten und zur Planung des digitalen Radverkehrskonzepts (→ NUDAFA-Radverkehrsatlas, S. 80).*

Phase III: Nachbereitung

K Abbau und Nachbereitung vor Ort

- Reinigung, Rückbau der temporären Verkehrsbeschilderung, Einsammeln von Plakaten und Flyern
- ggf. Fortschaffen temporär genutzter Materialien

L Finanzielle Abwicklung: Begleichung offener Rechnungen

M Evaluation und Nachbesprechung

- hausinterne Nachbesprechung
- ggf. Austausch mit allen beteiligten Akteur*innen
- Dokumentation der Abläufe, Erfahrungen und Learnings für die Planung der nächsten Veranstaltungen

2023	Jan	Feb	Mär	Apr	Mai	Jun	NUDAFA-Reallabor[1]	Gemeinde Eichwalde[2]	beteiligte Akteur*innen[3]	Straßenverkehrsbehörde LDS	Märkischer Abwasser- und Wasserzweckverband	Betriebshof Gem. Eichwalde	Kosten
Phase I	x	x	x	x	x								
A	x	x	x				●	●					
B		x	x				●	●					ca. 10.000 €[4]
C			x				●		●	●			
D		x	x	x			●	●		●			
E			x	x	x		●						ca. 400 €[5]
F				x			●	●			●		ca. 600 €[6]
G				x			●						
H					x		●		●				
P. II					x								
I					x							●	
J					x		●	●	●				
Phase III					x	x							
K					x		●	●				●	
L					x		●	●					
M						x	●	●	●				

[1](IRVM), [2]Personal-, Finanz- und Ordnungsverwaltung, [3]externe Dienstleistende, Vereine, Hort, Kindergarten, Einzelhandel, Polizei, externe Akteur*innen
[4]externe Kooperationen, [5]Materialien, [6]Müllentsorgung und sanitäre Anlagen: ca. 500 €, Standrohr Fahrradwaschanlage: ca. 100 €

*Mit Abschluss der Veranstaltung übernahm der Betriebshof die Reinigung des Standortes und den Rückbau der temporären Verkehrsbeschilderung. Die Maßnahmen der Öffentlichkeitsarbeit wurden durch das Einsammeln der Plakate und Flyer abgeschlossen. Nach der Nutzung der mobilen Fahrradwaschanlage musste das Standrohr zum Abwasser- und Wasserzweckverband in Eichwalde gebracht werden. Im Folgenden galt es, die ausstehenden Rechnungen zu begleichen. Eine Nachbesprechung hausintern sowie mit beteiligten Akteur*innen bot sich an, um die vielen Abläufe dank gewachsener Erfahrung künftig routinierter und mit geringerem zeitlichen Aufwand gestalten zu können. Die Veranstaltung stieß bei den Bürger*innen sowie lokalen und externen Akteur*innen auf große Resonanz und positives Feedback. Allerdings sprach sich der Gewerbeverband aufgrund der Straßensperrung an einem Samstag gegen die Veranstaltung aus, weshalb sie in den Folgejahren nicht mehr durchgeführt wurde.*

↘ Lessons Learned

- Ein themenspezifischer Veranstaltungstag ermöglicht die breite Einbindung unterschiedlicher Zielgruppen, schärft deren Bewusstsein für den Radverkehr und nachhaltige Mobilität und trägt zur Verbesserung der Radverkehrsinfrastruktur bei — beispielsweise durch den Einsatz eines Beteiligungsteppichs (→ S. 164) oder Straßenumfragen.
- Ein ganztägiges, aktives Begleitprogramm sorgt für gleichmäßigen Besucherfluss und verhindert Spitzenzeiten. Das Programm sollte Angebote für alle Altersgruppen umfassen.
- Das aktive Einbeziehen lokaler Vereine sowie breiter Öffentlichkeitsarbeit trug zur frühzeitigen Besuchergewinnung bei und schaffte vielfältige Mehrwerte.
- Straßensperrungen können die Akzeptanz bei Anwohnenden und Einzelhandel mindern.
- Für die Umsetzung der Veranstaltung sind die Beantragung einer Sondernutzung sowie die Einholung der Veranstaltungserlaubnis beim Landkreis erforderlich.
- Eine finanzielle Beteiligung lokaler Unternehmen oder des regionalen Einzelhandels ist optional möglich und empfehlenswert.

Laufzeit

kurzfristig
Mai — Dez. 2022

Kosten

gering
ca. 1.100 €

Förder-/Finanzmittel

Finanzmittel des NUDAFA-Reallabors
(BMFTR)
Finanzmittel der AGFK BB über Mittel des MIL

Komplexität

mittel

Akteur*innen

NUDAFA-Reallabor (IRVM)
→ Projektkoordination, federführende Kommunikation, Öffentlichkeitsarbeit
NUDAFA-Kommunen
→ Projektkoordination (federführende Kommune), interkommunale Kooperation, Öffentlichkeitsarbeit
Einzelhandel
→ Prämierung und Öffentlichkeitsarbeit
Bauordnungsamt LDS
→ Anmeldung
Ordnungsverwaltung
→ Sondernutzungsantrag
Vereine und Schulen
→ Informationsstreuung
Tourismusverband Dahme-Seenland e. V.
→ Planung der Auftakttour
optional: Polizei und Interessenverbände

Öffentlichkeitsarbeit

STADTRADELN

Planung und Durchführung einer dreiwöchigen Kampagne zur Radverkehrsförderung

Einordnung und Nutzen

STADTRADELN ist eine jährlich stattfindende bundesweite Kampagne zur Radverkehrsförderung. Innerhalb eines dreiwöchigen Aktionszeitraums sammeln Bürger*innen teilnehmender Kommunen in Teams möglichst viele Kilometer mit dem Fahrrad. Die gefahrenen Strecken werden per STADTRADELN-App erfasst, vom Forschungsprojekt „MoveOn“ aufbereitet und über den Marktplatz „Radverkehr in Deutschland (RiDE)“ zur Verfügung gestellt. Kommunen haben die Möglichkeit, die gewonnenen Daten kostenpflichtig zu nutzen. Da alle Bürger*innen teilnehmen können, bieten die ermittelten Informationen einen Querschnitt der Radverkehrsnutzung in der jeweiligen Kommune. Diese Daten lassen sich beispielsweise zur Ermittlung von Nutzungszahlen oder zur Identifikation von Radnetzlücken heranziehen und dienen somit als Grundlage für den Planungsprozess von Radverkehrsanlagen.

STADTRADELN verfolgt einen spielerischen Ansatz zur Öffentlichkeitsarbeit und Beteiligung (→ S. 63), der eingefahrene Verhaltensmuster in der Mobilitätsnutzung aufbricht, die Sichtbarkeit des Fahrrads als umweltfreundliches Verkehrsmittel erhöht und Kommunen mit belastbaren Nutzungsdaten zugunsten einer Verbesserung der Radverkehrsinfrastruktur unterstützt.

Ausgangslage und Zielsetzung

Der Landkreis Dahme-Spreewald beteiligt sich jährlich an der bundesweiten Kampagne STADTRADELN. Im Jahr 2021 übernahm das NUDAFA-Reallabor erstmals die übergreifende Organisation und Durchführung der STADTRADELN-Aktion in den NUDAFA-Partnerkommunen Eichwalde, Schulzendorf, Zeuthen, Wildau, Schönefeld und Königs Wusterhausen. Die STADTRADELN-Kampagne wurde in den NUDAFA-Kommunen jährlich von 2021 bis 2025 durchgeführt und folgend am Beispiel der Veranstaltung im Jahr 2022 veranschaulicht.

Eine Auftakttour aller teilnehmenden Kommunen im Norden des Landkreises förderte nicht nur den Spaß am Radfahren und die Veränderung des Mobilitätsverhaltens, sondern stärkte auch die interkommunale Zusammenarbeit und das Gemeinschaftsgefühl. Die innerhalb der gesamten Kampagne erfassten Daten liefern eine wichtige Grundlage für die Planung von Radverkehrsanlagen und Radverkehrskonzepten (→ S. 68).

→ Weiterführende Informationen

- Website STADTRADELN: stadtradeln.de
- Website SCHULRADELN: stadtradeln.de/schulradeln

STADTRADELN
Jetzt anmelden, losradeln und gewinnen!
Eichwalde ist dabei
21.06. - 11.07.2025
stadtradeln.de/eichwalde
DAHME-SPREEWALD
KLIMA BÜNDNIS
21.06.2025
„Radtour rund um Lübben“
als Auftakt zum STADTRADELN im Landkreis Dahme-Spreewald
Treffpunkt: 10 Uhr auf dem Marktplatz in Lübben
Eichwalde
NUDAFA

NUDAFA

Phasen

Phase I: Vorbereitung

A **Anmeldung**

- Anmeldung über teilnehmenden Landkreis
- Einholung der Admin-Rechte

B **Vorbereitung der Öffentlichkeitsarbeit**

- Erstellung von Flyern, Plakaten, Pressemitteilungen, Rundmails
- Einholen eines Grußworts der Bürgermeister*innen
- Anfertigen von Fotos der Bürgermeister*innen für Flyer usw.

C **Planung der Auftakttour**

- Festlegung der Fahrradroute inkl. Ausflugsziel und Zwischenstopps

D **Einholung von Genehmigungen**

- Antrag zur Veranstaltungsgenehmigung bei der Straßenverkehrsbehörde des Landkreises
- Antrag auf Erteilung einer Sondernutzungserlaubnis für Aktions- oder Infostände
- Informierung der kommunalen Polizei über die Veranstaltung mit über 25 Teilnehmenden (Streckensicherung etc.)

E **interne Abstimmung mit anderen Fachbereichen zur Koordination von Veranstaltungsort, Finanzmitteln, Personalkapazitäten, Genehmigungen etc.**

F **Vorbereitung der Ehrung der Erstplatzierten**

- Festlegung der Prämien in Abstimmung mit dem Einzelhandel
- Klärung der kommunalen Finanzierungsbeteiligung

Phase II: Durchführung

G **technischer Support der Teilnehmenden**

- bei der Anmeldung
- während des Aktionszeitraums

H **Durchführung der Auftakt-Fahrradtour zum Start der STADTRADELN-Kampagne**

I **Kommunikation von Zwischen- und Endergebnissen**

- Versand von Rundmails an die Teilnehmenden mit aktuellen Zwischenständen während der Aktion sowie dem Endergebnis nach Abschluss der Aktion
- direktes Ansprechen von Beteiligten, die gegen die Teilnahmebedingungen verstoßen (z. B. durch Nutzung von Hometrainern), mit Verweis auf die Regeln
- für die Koordination und Kommunikation der Ergebnisse steter Zugang zum STADTRADELN-Account erforderlich

Erfahrungsbericht

Die Anmeldung erfolgte jeweils über den Landkreis Dahme-Spreewald (LDS). Durch die Mitgliedschaft in der Arbeitsgemeinschaft fahrradfreundliche Kommunen Brandenburg (AGFK BB) entfielen für die Gemeinde Eichwalde und Königs Wusterhausen die Anmeldekosten.

*Die restlichen vier Kommunen profitierten dank der Förderung durch den LDS von einer reduzierten Anmeldegebühr. Das NUDAFA-Reallabor war allen sechs beteiligten Kommunen gebündelt bei der Erstellung von Material für die Öffentlichkeitsarbeit (Flyer und Plakate) behilflich. Darüber hinaus stand es bei Anfragen von Bürger*innen oder verwaltungsinternen Abstimmungen fachlich beratend zur Seite. Diese Unterstützung war möglich, da der LDS die Admin-Rechte der kommuneneigenen STADTRADELN-Website an verantwortliche Personen in den jeweiligen Kommunen übertrug.*

*Die Auftaktroute wechselte jährlich zwischen den NUDAFA-Kommunen. Die federführende Kommune übernahm die Organisation und wurde im Rathaus-Wettstreit des Vorjahres bestimmt: Das Rathaus mit der geringsten Radverkehrsaktivität verantwortete die Planung der nächsten Auftakttour. Das fahrradaktivste Rathaus wurde wiederum mit einem Rathaus-Wanderpokal prämiert. Neben der Organisation beschaffte die federführende Kommune die fahrradbezogenen Prämien in Abstimmung mit dem lokalen Einzelhandel für beste Einzel- und Teamleistungen. Die Öffentlichkeitsarbeit konzentrierte sich auf Plakatwerbung sowie das aktive Verteilen von Flyern. Zudem waren entsprechende Genehmigungen einzuholen. Darüber hinaus wurden die Vereine in der jeweiligen Kommune per E-Mail-Verteiler über die Kampagne informiert. Während des Aktionszeitraums wurden die teilnehmenden Bürger*innen durch regelmäßige Newsletter, ein Begleitprogramm (z. B. Fahrradcodierungen, Bürgermeister*innen-Fahrradtouren) und technischen Support begleitet.*

Phase III: Nachbereitung

J **Pressemitteilung**
- Veröffentlichung oder Weitergabe der Ergebnisse an relevante Stellen (z. B. Presse, Website)

K **bei interkommunaler Zusammenarbeit Vergabe eines Wanderpokals an das fahrradaktivste Rathaus**
- Organisation und Absprache des Termins mit allen teilnehmenden Kommunen
- Bereitstellung und Gravur des Pokals

L **kommunale Ehrung der Sieger*innen von STADTRADELN**
- Organisation und Vorbereitung von Urkunden, ggf. Bühnen, Technik usw.
- Beschaffung der Prämien

M **Bestellung und Nutzung der erhobenen Daten**
- kostenpflichtige Bestellung der aufbereiteten und kartierten Daten über den RiDE-Marktplatz
- Auswertung der Daten zur Unterstützung der kommunalen Radverkehrsplanung

2022

	Mai	Jun	Jul	Aug	Sep	Okt	Nov	Dez	NUDAFA-Reallabor[1]	Bauordnungsamt LDS	NUDAFA-Kommunen	Tourismusverband Dahme-Seenland	Polizei	Ordnungsverwaltung	Einzelhandel	Kosten
Phase I	■	■	■	■												
A	■								●	●						ca. 500 €[2]
B		■	■	■					●		●					ca. 600 €[3]
C		■	■						●		●	●				
D			■						●	●			●	●		
E			■	■					●		●			●		
F				■					●		●				●	
Phase II				■	■											
G				■	■				●		●					
H					■				●		●		●			
I					■				●		●					
Phase III					■	■	■	■								
J					■				●		●					
K					■				●		●					ca. 10 €[4]
L					■	■			●		●					
M							■	■	●		●					

[1](IRVM), [2]STADTRADELN-Teilnahmegebühren, [3]Druckkosten Flyer und Plakate, [4]Gravierung Wanderpokal

*Nach dem Ende der Aktion wurde über die Presse das Ergebnis der Kampagne offiziell bekannt gegeben, die Erstplatzierten benannt und eine Ehrung der Sieger*innen mit eigens erstellten Urkunden und Prämien vorgenommen.*

Die im Jahr 2021 ermittelten STADTRADELN-Daten wurden den NUDAFA-Kommunen einmalig unentgeltlich zur Verfügung gestellt. Diese Informationen bildeten eine Rückkopplung zu den vorab erfassten Verkehrsdaten. In den Folgejahren bis 2024 waren einige Datensätze kostenfrei über den RiDE-Marktplatz zugänglich, Quell- und Zielverkehre sowie Wartezeiten wurden kostenpflichtig zur Verfügung gestellt.

↘ Lessons Learned

- Kampagnen erfordern eine aktive Begleitung während des Aktionszeitraums. Ein Rahmenprogramm oder flankierende Veranstaltungen fördern den Erfolg.
- Die Einbindung des lokalen Einzelhandels erleichtert die Prämierungen und Ehrungen der Sieger*innen und stärkt die lokale Verankerung.
- Ehrung können mit einer Veranstaltung, z. B. Tag der Mobilität (→ S. 172), verknüpft werden.
- „Schulradeln" ist ein spezieller Wettbewerb für Schulen, bei dem Schüler*innen, Lehrkräfte und Eltern Fahrradkilometer sammeln.
- Die Kampagne wird in Brandenburg über das MIL und die AGFK BB für Mitgliedskommunen zu 100 Prozent gefördert; Nicht-Mitgliedskommunen können über den Landkreis Förderung beantragen.
- Für die erste Durchführung empfiehlt sich eine Umsetzung im kleinen, kommunalen Rahmen.
- Mit steigender Zahl der Kommunen wächst der Bedarf an individualisierbaren Werbematerialien. Wechselnde federführende Kommunen erfordern eine kontinuierliche Begleitung durch das IRVM (→ S. 92).

Laufzeit

kurzfristig
Feb. — Aug. 2024

Kosten

gering
ca. 200—1.200 € je nach Modul

Förder-/Finanzmittel

Finanzmittel des NUDAFA-Reallabors *(BMFTR)*
Wirtschaftliche Jugendförderung des Landkreis Dahme-Spreewald
Förderbereich 2a — Projekte

Komplexität

gering

Akteur*innen

NUDAFA-Reallabor (TH Wildau)
→ Projektkoordination, Konzeption und Durchführung
Schulsozialarbeitende (KJV e. V.)
→ Konzeption, Kommunikation und Durchführung
Schüler*innen
→ Durchführung
Seniorenbeirat Eichwalde
→ Durchführung „Modul 4"
Bürgermeister Eichwalde
→ Unterstützung „Modul 8"
Fahrradmechatroniker RadAmbulanz
→ Durchführung „Modul 12"
BMX-Park Mellowpark und BMX School Berlin
→ Durchführung „Modul 14"
optional: Eltern, Erzieher*innen, Vereine/Verbände usw.
→ Unterstützung

Schulisches Mobilitätsmanagement

Projektwoche BikeBuddies

Projekte zur Mobilitätsbildung von Kindern und Jugendlichen mit Fokus auf Radverkehr und nachhaltiger Mobilität

Einordnung und Nutzen

Verkehrserziehung und Mobilitätsbildung sind in Grundschulen fest verankert, werden an weiterführenden Schulen jedoch häufig nicht ausreichend weitergeführt. Die Gründe dafür sind vielfältig — fehlende Einbindung in Lehrpläne, Personalmangel, knappes Zeitbudget, Überlastung des Lehrpersonals sowie die Tatsache, dass die Umsetzung als freiwillige Aufgabe der Schulen gilt. Mobilitätsbildung ist besonders in der Phase des Übergangs zur weiterführenden Schule entscheidend, da sie die spätere Wahl der Verkehrsmittel beeinflusst und umweltfreundliches Verhalten begünstigt.

Das NUDAFA-Reallabor entwickelte 14 Module zur Förderung des Radverkehrs und nachhaltiger Mobilität. Diese Module lassen sich flexibel in Projektwochen, Projekttage, Arbeitsgemeinschaften oder den regulären Unterricht integrieren.

Ausgangslage und Zielsetzung

Die Förderung der Mobilitätsbildung an weiterführenden Schulen war ein wesentliches Ziel des Schulischen Mobilitätsmanagements (→ S. 65) im NUDAFA-Reallabor. Zwischen 2022 und 2024 fand am Humboldt-Gymnasium Eichwalde dreimal die Projektwoche BikeBuddies statt. Dabei wurden verschiedene Methoden erprobt, um Schüler*innen spielerisch Aspekte der Verkehrsplanung und nachhaltigen Mobilität näherzubringen. Neben der Wissensvermittlung lag der Fokus auch auf der Freude am Fahrradfahren sowie der Einblicken in die Berufe rund um den Radverkehr.

→ Weiterführende Informationen

- von Wiedner, V. (2025): Leitfaden BikeBuddies. Praxisleitfaden für Lehrkräfte und Schulsozialarbeitende zur Durchführung von Projekten zu Radverkehr und nachhaltiger Mobilität.

AUS
RadAmbulanz.de
0162 80 10 122

Phasen

Phase I: Vorbereitung

- (A) Kontaktaufnahme mit der Schule/Jugendeinrichtung, um zur Umsetzung der Projektwoche anzuregen
- (B) Erstellung eines Projektteams (2—3 Personen)
- (C) Planung und Vorbereitung der Projektwoche in regelmäßigen Treffen
  - Festlegung des konkreten Durchführungszeitraums
  - Zusammenstellung der Module
  - Erarbeitung eines Tages-/Wochenplans
  - Buchung externer Workshops und Räume
  - Anfrage externer beteiligter Personen
  - Klärung der Finanzierung
  - Besorgung der Materialien
  - Kommunikation und Teilnehmendenmanagement
  - Verteilung der Informationen
  - Einholung der Einverständniserklärung der Erziehungsberechtigten für Teilnehmende unter 16 Jahren: Leitfaden BikeBuddies | Elternbrief (von Wiedner, 2025, Ressource: 7)
  - optional: Besorgung von Verpflegung

Phase II: Durchführung

- (D) Durchführung der Projektwoche BikeBuddies

Erfahrungsbericht

Die TH Wildau als Partner im NUDAFA-Reallabor initiierte das Projekt BikeBuddies in Kooperation mit den Schulsozialarbeiterinnen des KJV e. V. Gemeinsam übernahm das BikeBuddies-Team die inhaltliche und organisatorische Vorbereitung in regelmäßigen Treffen. Dazu gehörten die Zusammenstellung passender Module, Erarbeitung des Projektwochenplans, Koordination mit externen Beteiligten und Buchung von Workshops. Zudem wählte das Team 15 Jugendliche für die Teilnahme aus, informierte die Erziehungsberechtigten, beschaffte das nötige Material für die Durchführung und klärte die Finanzierung.

Zwischen 2022 und 2024 wurde die Projektwoche BikeBuddies dreimal erfolgreich am Humboldt-Gymnasium Eichwalde im Rahmen der projektorientierten Woche vor den Sommerferien durch die TH Wildau und die Schulsozialarbeiterinnen des KJV e. V. durchgeführt. Ein Meilenstein war die eigenständige Umsetzung der Projektwoche im Jahr 2025, die erstmals von engagierten Lehrkräften des Humboldt-Gymnasiums Eichwalde realisiert wurde.

Insgesamt wurden pro Jahr 14 Module angeboten, getestet und kontinuierlich weiterentwickelt. Diese Module behandeln verschiedene Aspekte nachhaltiger Mobilität, darunter einen „Healthy-Streets"-Stadtspaziergang, digitale Straßenplanung mit dem Tool „Streetmix", Modellbau zum Straßenraum, einen BMX-Workshop, eine Fahrradtour und eine Fahrradwerkstatt mit externem Mechaniker.

Phase III: Nachbereitung

- **E Einholung des Feedbacks der Schüler*innen und des Projektteams**
  - ggf. Anpassung der Module
  - ggf. Verstetigung der Projektwoche und Festlegung des Folgetermins
- **F Anwendung der durch Schüler*innen entwickelten Inhalte in nachgelagerten Planungs- oder Beteiligungsprozessen**
  - Beispiele: Mobilitätskonzepte, Schulumfeldgestaltung, Radverkehrskonzepte

	2024 Feb	Mär	Apr	Mai	Jun	Jul	Aug	NUDAFA-Reallabor[1 2]	Lehrkraft/Schulsozialarbeitende[2]	optional: Eltern, Vereine/Verbände usw.[2]	externe Beteiligte[3]	Schüler*innen	Kosten
Phase I	■	■	■	■	■	■							
A	■							●					
B		■						●	●	●			
C		■	■	■	■	■		●	●	●			
P. II						■							
D						■		●	●	●	●	●	max. 1.200 €[4]
P. III							■						
E							■	●	●	●		●	
F							■	●			●		

[1](TH Wildau), [2]Projektteam BikeBuddies,
*[3]Fahrradmechaniker*in, Seniorenbeirat, BMX-Park, Bürgermeister*in, Vereine/Verbände usw.,*
[4]Materialien: ca. 300 €, Reparaturworkshop: ca. 200 €, BMX-Workshop: ca. 200 bis 500 €, Verpflegung: ca. 200 €

*Nach Abschluss der Projektwoche holte das Team Feedback der beteiligten Schüler*innen ein, um die Module weiterzuentwickeln und die Abläufe für die kommenden Jahre zu optimieren.*

Um die Umsetzung an anderen weiterführenden Schulen oder Jugendeinrichtungen zu erleichtern, wurde der Leitfaden BikeBuddies für Lehrkräfte und Schulsozialarbeitende entwickelt. Der Leitfaden beschreibt Schritt für Schritt, wie eine Projektwoche oder einzelne Projekttage mit 14 Modulen geplant und durchgeführt werden können, und erläutert alle Module — von der Vorbereitung über die Durchführung bis hin zur Auswertung — praxisnah. Darüber hinaus enthält der Leitfaden kopierbare Arbeitsblätter, Beispielwochenpläne und Power-Point-Vorlagen. Der Praxisleitfaden inkl. aller Unterlagen steht kostenfrei zur Verfügung.

↘ Lessons Learned

- Für Organisation und Umsetzung sind mehrere engagierte Personen erforderlich (z. B. Lehrkräfte, Schulsozialarbeitende, Gemeinde, Eltern). Für die Durchführung sind zusätzlich ein bis zwei Aufsichtspersonen einzuplanen.
- Eine frühzeitige Klärung der Finanzierung ist essenziell. Projekte für Kinder und Jugendliche sind auf externe und kommunale Zuschüsse oder schulisches Budget angewiesen. Optionen: Sponsor*innen, lokale Institutionen, Jugendförderung usw.
- Die Einbindung in bestehende schulische Formate wie Projektwochen oder Aktionstage erleichtert die Organisation und fördert die Akzeptanz. Zudem können die Module einzeln im Unterricht oder bei kommunalen Veranstaltungen realisiert werden.
- Fachliche Unterstützung aus Gemeinden, Seniorenbeiräten oder der Zivilgesellschaft stärkt das Projekt und entlastet das Projektteam.
- Alle Empfehlungen, Materialien und Vorlagen sind im Leitfaden BikeBuddies (von Wiedner, 2025) gebündelt, um die Übertragung auf andere Schulen und Kommunen zu erleichtern.
- Für eine niedrigschwellige Beteiligung (→ S. 63) von Kindern und Jugendlichen eignen sich die Module Stadtspaziergang „Healthy Streets“ und die digitale Straßenplanung „Gestalte deine Straße“.

Schulsozialarbeit mit Herz fördert die Projektwoche BikeBuddies

Interview mit Dana Penno und Felicitas Feuersänger, Schulsozialarbeiterinnen des KJV e. V. am Humboldt-Gymnasium Eichwalde und Mitinitiatorinnen der Projektwoche BikeBuddies

Bildung

Wie und warum haben Sie sich im Rahmen der Projektwoche BikeBuddies für die Mobilitätsbildung von Schüler*innen engagiert?

*Weil das Fahrrad im Alltag unserer Schüler*innen einfach dazugehört — viele kommen täglich damit zur Schule. Gemeinsam mit der Gemeinde Eichwalde, dem NUDAFA-Reallabor und der TH Wildau wollten wir das Thema stärker ins Schulleben holen. Die Projektwoche BikeBuddies war dafür die perfekte Gelegenheit.*

Welchen Beitrag konnte das NUDAFA-Reallabor zur Mobilitätsbildung bei Kindern und Jugendlichen aus Ihrer Sicht leisten?

Einen riesigen Beitrag! Das Projekt war super flexibel, praxisnah und hat alle mitgenommen — egal ob ruhig, kreativ oder abenteuerlustig. Die Mischung aus Inhalten, Spaß und Persönlichkeitsentwicklung war genau richtig.

Welche Chancen sehen Sie in der Durchführung der Projektwoche BikeBuddies für Kinder und Jugendliche?

Die Jugendlichen entdecken das Thema Mobilität aus einer ganz neuen Perspektive — und oft auch sich selbst ein Stück weit. Sie lernen, bewegen sich, haben Spaß und erleben echte Gemeinschaft. Manchmal entstehen dabei sogar erste Ideen für die eigene berufliche Zukunft.

„Es braucht Zeit, Menschen, die mit Herz dabei sind, ein bisschen Geld und vor allem: gute Zusammenarbeit. Mit dem Leitfaden BikeBuddies haben wir dafür schon eine tolle Grundlage in der Hand."

Welche zentralen Herausforderungen sehen Sie bei der Umsetzung der Projektwoche BikeBuddies im Schulalltag?

Die größte Herausforderung war eindeutig die fehlende Zeit, die sich im Schulalltag aufgrund struktureller Rahmenbedingungen und begrenzter Ressourcen nicht einfach zusätzlich schaffen lässt — sowohl in der Schule als auch bei uns Schulsozialarbeiterinnen. Umso besser, dass die Projektwoche BikeBuddies genug Raum und zusätzliche Ressourcen bot. Kurz vor den Ferien alle bei Laune zu halten, war nicht ganz leicht, aber mit Spaß, Bewegung und Abwechslung hat's gut geklappt.

Was braucht es aus Ihrer Sicht, um Projekte wie BikeBuddies an Schulen und Jugendeinrichtungen künftig erfolgreicher umzusetzen?

Es braucht Zeit, Menschen, die mit Herz dabei sind, ein bisschen Geld und vor allem: gute Zusammenarbeit. Mit dem Leitfaden BikeBuddies haben wir dafür schon eine tolle Grundlage in der Hand.

KJV
KJV

Laufzeit

kurzfristig
Aug. 2024 — Apr. 2025

Kosten

gering
ca. 120 €

Förder-/Finanzmittel

Finanzmittel des NUDAFA-Reallabors
(BMFTR)

Komplexität

mittel

Akteur*innen

NUDAFA-Reallabor (TH Wildau)
→ Projektkoordination, Erstellung der Fragebögen, Digitalisierung, Maßnahmenableitung
Schulleitung, Lehrkraft
→ Informationsverbreitung, Durchführung
FixMyCity GmbH
→ Datenimplementierung

Partizipative Schulwegkartierung

Beteiligung von Schüler*innen an der Radnetzplanung durch Kartierung von Schulwegen und Gefahrenstellen

Einordnung und Nutzen

Die Wege von Kindern und Jugendlichen werden bei der Planung von Radverkehrsnetzen häufig nicht berücksichtigt. Dabei liefern ihre täglichen Wege und die von ihnen wahrgenommenen Gefahrenstellen wichtige Informationen für eine sichere und zukunftsfähige Radverkehrsplanung.

Eine partizipative Schulwegkartierung bietet Schüler*innen die Möglichkeit, ihre Radschulwege und subjektiven Gefahrenpunkte (z. B. fehlende sichere Querungshilfen, zu hohe Kfz-Geschwindigkeiten) in eine vorbereitete Karte einzutragen. Die so gewonnenen Daten können gezielt in kommunale Planungsprozesse einfließen, um das Radverkehrsnetz zu verbessern und Maßnahmen zur Sicherung der Schulwege abzuleiten.

Ausgangslage und Zielsetzung

Ein zentrales Anliegen des NUDAFA-Reallabors war die Entwicklung eines interkommunalen Radverkehrskonzeptes (→ S. 68), das die Wegebeziehungen der radfahrenden Bevölkerung umfassend berücksichtigt. Um die Bedürfnisse der Kinder und Jugendlichen einzubeziehen, wurde die „Partizipative Schulwegkartierung" im Rahmen des Schulischen Mobilitätsmanagements (→ S. 65) initiiert.

Die „Partizipative Schulwegkartierung" wurde in mehreren weiterführenden Schulen der NUDAFA-Region (→ S. 18) angewendet. Die hier gesammelten Daten wurden in den NUDAFA-Radverkehrsatlas (→ S. 80) eingepflegt und können so zu einer bedarfsgerechten Radnetzplanung, sowie zur Erstellung eines Radverkehrskonzeptes (→ S. 68) beitragen.

→ Weiterführende Informationen

- Leven et al. (2019): Schulwegpläne leicht gemacht — Der Leitfaden.

links: Humboldt-Gymnasium Eichwalde
*unten: beispielhafte Kartierung des Schulweges mit dem Fahrrad (Hinweg rot, Rückweg blau, subjektive Gefahrenstelle *)*

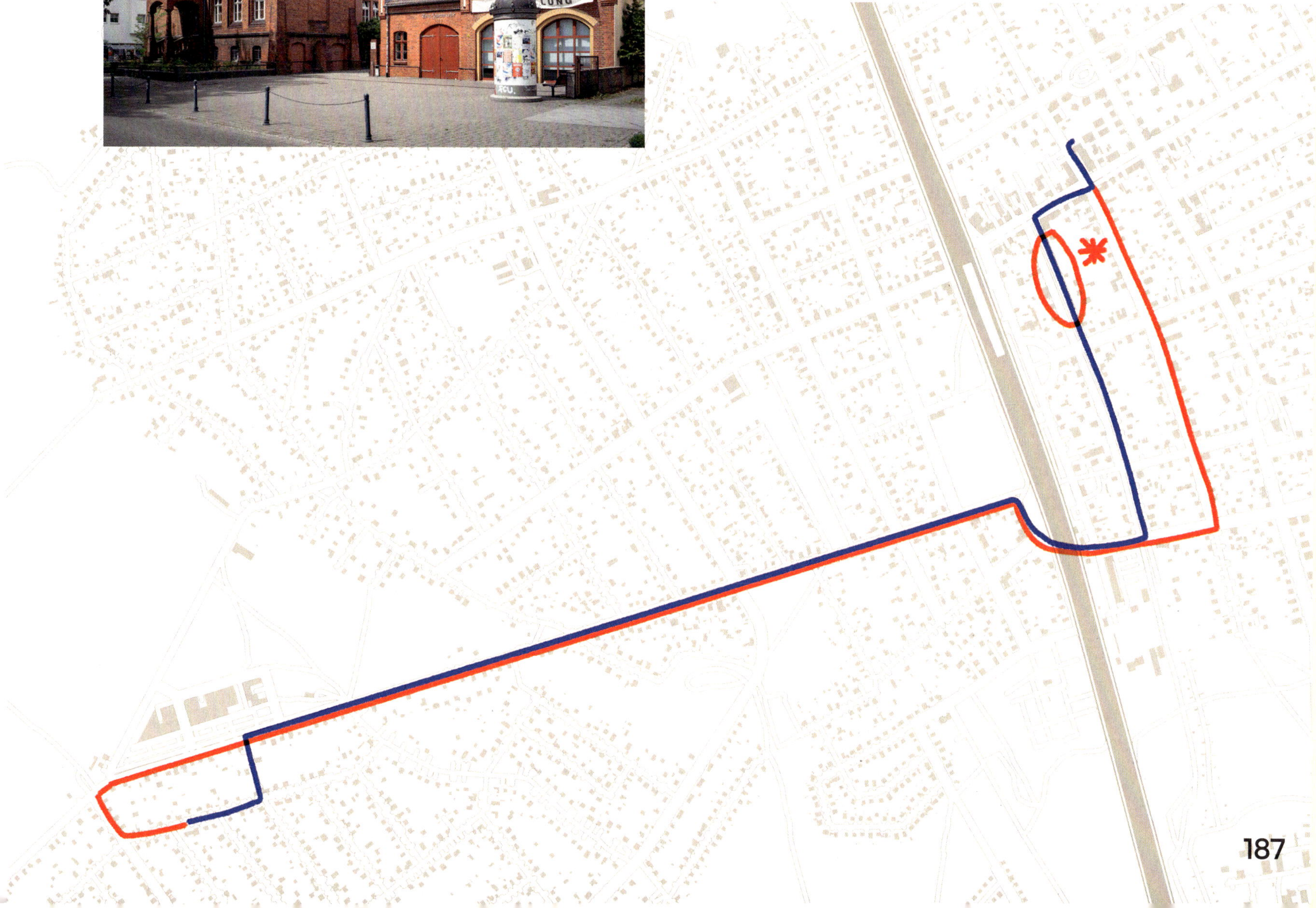

Phasen

Phase I: Vorbereitung

A Kontaktaufnahme mit der Schule
- gemeinsame Erstellung eines Ablaufplans
- Festlegung des konkreten Durchführungszeitraums

B Erstellung und Druck der Materialien
- Fragebogen
- Einverständniserklärung
- Informationsmaterial (Flyer, E-Mail-Entwürfe, ggf. Website-Texte)
- Druck der Materialien

C Verbreitung der Informationsmaterialien an die Lehrkräfte, Erziehungsberechtigten und Schüler*innen

Phase II: Durchführung

D Ausgabe, Ausfüllen und Abgabe der Fragebögen
- Ausgabe der Fragebögen innerhalb der Klassen
- zweiwöchige Bearbeitungsfrist für die Schüler*innen (Ausfüllen zu Hause, im Unterricht, in Projekttagen usw.)
- Einsammeln der Fragebögen, Übergabe an die Projektkoordination

Erfahrungsbericht

Der erste Testversuch zur Erfassung der Radschulwege und subjektiven Gefahrenstellen von Kindern und Jugendlichen erfolgte mit der SimRa-App, die jedoch aus datenschutzrechtlichen Gründen eingestellt wurde. Stattdessen entschied sich das NUDAFA-Team, für die Durchführung der Schulwegkartierung am Humboldt-Gymnasium Eichwalde und an der Ludwig-Witthöft-Oberschule Wildau analoge Fragebögen einzusetzen.

*Der erste Schritt war die Kontaktaufnahme mit der Schulleitung, um alle Rahmenbedingungen zu klären. Auf dieser Basis wurde ein auf die Schüler*innen zugeschnittener Fragebogen inkl. eines Kartenausschnitts des Schuleinzugsgebiet (3—5 km) erarbeitet. Zudem erstellte das Projektteam eine Einverständniserklärung für Schüler*innen unter 16 Jahren, da deren Teilnahme die Zustimmung der Erziehungsberechtigten erforderte. Für Erziehungsberechtigte und Schüler*innen wurden Informationsmaterialien in Form von Flyern vorbereitet, Lehrkräfte und die Schulleitung erhielten einen Ablaufplan und weiterführende Informationen. Die vom Projektteam gedruckten Materialien wurden von der Schulleitung in Lehrkräftekonferenzen und Elternversammlungen vorgestellt sowie von den Lehrkräften direkt an die Schüler*innen verteilt.*

*Im Juli 2020 wurde die „Partizipative Schulwegkartierung" am Humboldt-Gymnasium Eichwalde und im Oktober 2024 an der Ludwig-Witthöft-Oberschule Wildau umgesetzt. Zwei Wochen nach Ankündigung der Durchführung gaben Lehrkräfte die Fragebögen innerhalb der Klassen aus, wobei den Schüler*innen mindestens zwei Wochen Zeit zum Ausfüllen des Fragebogens eingeräumt wurde. Nach Ablauf der Frist sammelten die Lehrkräfte die ausgefüllten Fragebögen ein und übermittelten sie der Projektkoordination.*

Phase III: Nachbereitung

E **Digitalisierung der Fragebögen**
- Digitalisierung der Schulwegrouten und subjektiven Gefahrenstellen mithilfe eines Geoinformationsystems (z. B. QGIS, ArcGIS)
- Digitalisierung der weiteren Fragen auf dem Fragebogen in einer Excel-Tabelle

F **Datenimplementierung**
- Weiterleitung der gewonnenen Daten und Erkenntnisse an die zuständige kommunale Abteilung
- Implementierung der Daten in ein bestehendes System (z. B. NUDAFA-Radverkehrsatlas)

G **Ableitung von Maßnahmen**
- optional: Erstellung von (Rad-)Schulwegplänen

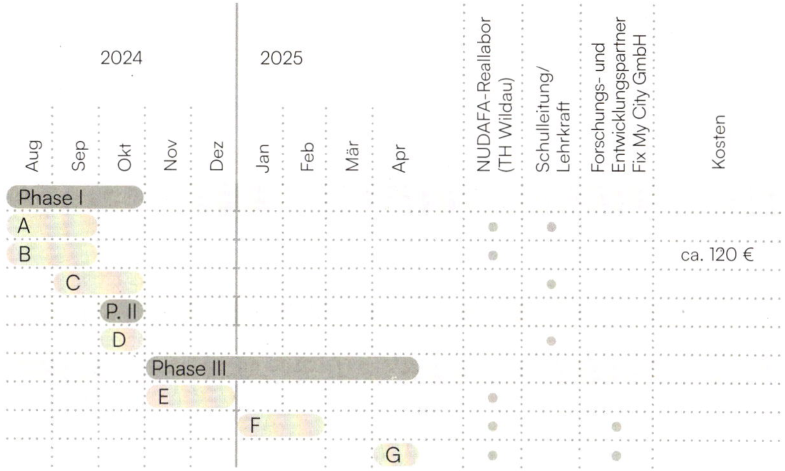

*Im Anschluss an die Durchführung des Projekts digitalisierte das NUDAFA-Team die subjektiven Gefahrenstellen und Radschulwegrouten in einem Geoinformationssystem (z. B. QGIS, ArcGIS). Bei der Darstellung der Radschulwegrouten war eine geringfügige Verlegung des tatsächlichen Startpunkts aus datenschutzrechtlichen Gründen nötig. Die von den Schüler*innen wahrgenommenen Gefahrenstellen wurden thematisch kategorisiert, etwa in fehlende Querungshilfen oder zu hohe Verkehrsaufkommen. Im nächsten Schritt erfolgte die Implementierung der digitalisierten Daten in den NUDAFA-Radverkehrsatlas (→ S. 80). Die Ergebnisse lieferten wichtige Erkenntnisse für die Verbesserung der Radverkehrsinfrastruktur in den Kommunen und unterstützten die Planung des Radwegenetzes.*

↘ Lessons Learned

- Das Engagement von Schulleitung und Lehrkräften ist entscheidend für das Gelingen. Die Projektkoordination sollte Materialien und Zeitplan sorgfältig erstellen, sodass die Schule die Informationen lediglich weitergeben muss.
- Eine transparente Kommunikation mit Lehrkräften, Erziehungsberechtigten und Schüler*innen ist wichtig, um alle Beteiligten aktiv einzubinden.
- Für Schüler*innen unter 16 Jahren ist eine Einholung der Einwilligungserklärung der Erziehungsberechtigten erforderlich.
- Digitale Tools wie Tracking-Apps sind bei minderjährigen Schüler*innen aus datenschutzrechtlichen Gründen oft nicht geeignet.
- Die Fragebögen und Kartengrundlage sollten altersgerecht gestaltet sein und klare, einfache Anweisungen enthalten.
- Die Daten können zur Erstellung von Schulwegplänen genutzt werden. Bestehende Schulwegbefragungen sollten bei Radverkehrskonzepten (→ S. 68) berücksichtigt werden.
- Die Schulwegedaten müssen datenschutzkonform und anonym verarbeitet werden. Die genauen Startpunkte der Wege werden verkürzt oder aggregiert dargestellt.
- Die Erhebung von Schulwegen und subjektiven Gefahrenstellen ist ein wichtiger Baustein zur Beteiligung junger Menschen in der Verkehrsplanung.

Laufzeit

Beispiel: Zeuthen
kurzfristig
Mär. — Okt. 2024

Kosten

gering
ca. 5.150 €

Förder-/Finanzmittel

Finanzmittel des NUDAFA-Reallabors
(BMFTR)

Komplexität

gering

Akteur*innen

NUDAFA-Reallabor (IRVM, TH Wildau)
→ *Projektkoordination, Datenaufbereitung, Maßnahmenableitung*
SCHULEXPRESS-Initiatorin
→ *Konzeption, Durchführung*
Schulleitung, Lehrkraft, Eltern
→ *Vorbereitung, Durchführung, Umsetzung*
Gemeinde Zeuthen
→ *Begleitung, Unterstützung*
Ordnungsverwaltung Gemeinde Zeuthen
→ *Sondernutzungsrecht zur Aufstellung der Haltestellenschilder*
Betriebshof Zeuthen
→ *Montage Haltestellenschilder*
FixMyCity GmbH
→ *Datenimplementierung*
Vereine/Verbände und Initiativen
→ *Unterstützung Verkehrsprojekttag*

Schulisches Mobilitätsmanagement

SCHULEXPRESS

Bildung und Unterstützung von Schulweg-Gehgemeinschaften an Grundschulen

Einordnung und Nutzen

Immer mehr Kinder werden mit dem Auto zur Schule gebracht und abgeholt. Dies beeinträchtigt ihre Selbstständigkeit, verringert ihre Bewegung und sicheres Verhalten im Straßenverkehr. Zudem sorgt das Phänomen der „Elterntaxis" für Verkehrschaos und gefährliche Situationen vor Schulen.

Geh- und Fahrgemeinschaften bieten eine wirkungsvolle Alternative. Sie reduzieren den Verkehr vor Schulen, fördern soziale Kontakte und stärken die Sicherheit der Kinder im Straßenverkehr. Ein Beispiel hierfür ist der SCHULEXPRESS, ein auf die Schüler*innen zugeschnittenes Laufbus-Konzept, bei dem sich Kinder in Gruppen morgens an gut sichtbaren SCHULEXPRESS-Haltestellen in der Nähe ihres Wohnortes treffen und gemeinsam festgelegte Routen zur Schule laufen. Lehrkräfte, Elternteile oder Hortpersonal begleiten die Gruppen bei Bedarf. Dieses Konzept unterstützt insbesondere Grundschulkinder dabei, ihren Schulweg selbstständig und aktiv zu bewältigen.

Ausgangslage und Zielsetzung

Die Förderung aktiver Mobilität sowie die Reduzierung des „Elterntaxi"-Verkehrs an Grundschulen waren zentrale Ziele des Schulischen Mobilitätsmanagements (→ S. 65) im NUDAFA-Reallabor. Dafür wurde das bereits an zahlreichen Schulen in Deutschland etablierte Konzept des SCHULEXPRESS in enger Zusammenarbeit mit der Gründerin Verena Nölle in den NUDAFA-Kommunen Eichwalde (2022) sowie Zeuthen und Schulzendorf (2024) umgesetzt. Das Konzept sollte dauerhaft im Schulalltag verankert werden und Kinder motivieren, den Schulweg selbstständig zu Fuß zurückzulegen.

→ Weiterführende Informationen

- Website SCHULEXPRESS: schulexpress.de

links: Standorte der SCHULEXPRESS-Haltestellen in der Gemeinde Zeuthen

Phasen

Phase I: Vorbereitung

A **Finanzierung und Kontaktaufnahme**
- Klärung der Finanzierung und Unterstützung durch die Bürgermeister*in
- Kontaktaufnahme mit der SCHULEXPRESS-Initiatorin und der Schule

B **Vorstellung des SCHULEXPRESS-Konzepts auf der Elternkonferenz**

C **Vorbereitung der Kinder- und Elternbefragung inkl. Auftaktveranstaltung**
- Bildung eines Projektteams
- Vorbereitung und Durchführung einer Auftaktveranstaltung
- Entwicklung des Fragebogens zur Kinder- und Elternbefragung und Aufbereitung in analoger und optional digitaler Form

Phase II: Durchführung

D **Kinder- und Elternbefragung**
- Verteilung und Ausfüllen der Fragebögen

E **Auswertung und Haltestellenkonzept**
- Auswertung der Fragebögen durch Projektteam
- Festlegung von ca. 10 Haltestellen
- Begehung der Standorte zur Prüfung und ggf. Anpassung der ausgewählten Haltestellen
- Erstellung und Verteilung von Flyern zur Information der Eltern und Schüler*innen
- Gestaltung der Haltestellenschilder

F **Einreichen des Sondernutzungsantrags zur Aufstellung der Haltestellenschilder im Straßenraum**

G **Montage der Haltestellenschilder**

H **Gruppenbildung**
- Bildung der Laufgruppen durch Lehrkräfte in Abhängigkeit von Wohnort und gewünschten Beteiligten
- Kommunikation der Gruppenbeteiligten, der Treffpunkte und Laufzeiten per Elternbrief

I **Ausrichtung eines Verkehrsprojekttags mit feierlicher Eröffnung und ergänzenden Aktionen**

Erfahrungsbericht

*Die Initiative zur Einführung des SCHULEXPRESS-Konzepts in den NUDAFA-Kommunen Eichwalde, Zeuthen und Schulzendorf ging vom IRVM aus, das im ersten Schritt die Finanzierung sicherstellte, die Unterstützung der Bürgermeister gewann sowie Kontakt zu den Schulen und zur SCHULEXPRESS-Initiatorin Verena Nölle aufnahm. Das NUDAFA-Team präsentierte das Konzept auf der Elternkonferenz an den jeweiligen Grundschulen. Daraufhin bildeten sich Projektgruppen mit Vertreter*innen der Schulleitung, Lehrkräfte, Eltern, Kommune und des NUDAFA-Reallabors sowie mit der SCHULEXPRESS-Initiatorin, um das Projekt auf Basis der Vorlagen eigenständig umzusetzen. In einer Auftaktveranstaltung wurde das weitere Vorgehen, die Aufgabenverteilung und Zeitpläne festgelegt. Die Vorbereitung der Kinder- und Elternbefragung beinhaltete die Erstellung eines Fragebogens zu Schulwegen, Gefahrenstellen, gewünschten SCHULEXPRESS-Haltestellen und Verbesserungsvorschlägen. Nach finaler Abstimmung wurde der Fragebogen sowohl als gedruckte Version als auch als digitale Umfrage gestaltet.*

*Die Durchführung begann mit der Verteilung und Beantwortung der Fragebögen. Die Schüler*innen zeichneten ihre Schulwege und Gefahrenstellen auf Wohnortkarten ein und nannten bevorzugte Standorte für die SCHULEXPRESS-Haltestellen. Die Teilnahme der Eltern galt als Einverständniserklärung. Das Projektteam wertete die Befragung aus und legte auf dieser Basis rund zehn Haltestellen fest, die bei einer gemeinsamen Begehung geprüft und ggf. angepasst wurden. Der Betriebshof montierte die von der Projektgruppe gestalteten Haltestellenschilder an den ausgewählten Standorten. Zusätzlich informierten Flyer Eltern und Schüler*innen über das Projekt. Im nächsten Schritt erfassten Lehrkräfte die Wohnorte der Kinder und deren bevorzugte Weggefährt*innen, um Laufgruppen zu bilden. Diese festen Gruppen, ihre Treffpunkte und Laufzeiten wurden den Familien per Elternbrief mitgeteilt. Anlässlich der offiziellen Einführung fand ein Verkehrsprojekttag statt, bei dem die feierliche Eröffnung der Haltestellen erfolgte. Ergänzt wurde das Programm u. a. durch einen Rollerparcours und einen „Toter Winkel"-Workshop.*

Phase III: Nachbereitung

J Verantwortungsübergabe und Verstetigung

- Übertragung der jährlichen Organisation der Gruppenbildung in die Verantwortung der Schulen
- Kontinuierliche Kommunikation mit der Kommune zur bedarfsgerechten Unterstützung und Weiterentwicklung

K Datenaufbereitung und -nutzung

- Auswertung der Fragebögen zur Optimierung der (Rad-)Infrastruktur auf Schulwegen
- Bereitstellung der Ergebnisse für Kommunen zur bedarfsgerechten Unterstützung der Schüler*innen und Weiterentwicklung der Infrastruktur
- optional: datenschutzkonforme Einbindung der Radschulwege in das Radverkehrsnetz (z. B. NUDAFA-Radverkehrsatlas)

L Empfehlung: Planung und Umsetzung von Folgeprojekten zur kontinuierlichen Verbesserung des schulischen Umfelds

2024

	Feb	Mär	Apr	Mai	Jun	Jul	Aug	Sep	Okt	NUDAFA-Reallabor[1]	Projektteam[2]	Schulleitung, Lehrkräfte, Eltern	Ordnungsverwaltung Gemeinde Zeuthen	Betriebshof Zeuthen	Gemeinde Zeuthen	FixMyCity GmbH[3]	Kosten
Phase I	Phase I	Phase I															
A	A									•							
B		B								•							
C			C								•						ca. 150 €[4]
Phase II			Phase II	Phase II	Phase II	Phase II	Phase II	Phase II									
D			D	D								•					ca. 5.000 €[5]
E					E						•						
F						F				•			•				
G							G							•			
H								H		•		•					
I								I			•						
Phase III								Phase III	Phase III								
J								J		•		•			•		
K									K	•					•	•	
L									L	•					•		

[1](IRVM, TH Wildau), [2]Schulleitung, Lehrkräfte, Eltern, NUDAFA-Reallabor, SCHULEXPRESS-Initiatorin, Kommune, [3]Forschungs- und Entwicklungspartner, [4]Druck von 700 Fragebögen, [5]Konzept, Schilder, Flyer, Karte, Banner (über SCHULEXPRESS)

Im Nachgang wurde eine umfassende Auswertung der Fragebögen vorgenommen. Die Schulwegedaten wurden datenschutzkonform und anonym verarbeitet. Die genauen Startpunkte der Wege wurden verkürzt oder aggregiert dargestellt. Neben der Kartierung von Schulwegen und Identifizierung von Gefahrenstellen implementierte das NUDAFA-Reallabor die Radschulwege datenschutzkonform in dem NUDAFA-Radverkehrsatlas (→ S. 80). Die Kommunen nutzten diese Informationen als Grundlage für gezielte infrastrukturelle Verbesserungen rund um die Schulen. Die regelmäßige Bildung von Laufgruppen zu Beginn jedes Schuljahres wurde als dauerhafte Aufgabe an die Schulen übergeben.

Subjektiv empfundene Gefahrenstellen sollten in kommunale Konzepte aufgenommen, regelmäßig geprüft und entschärft werden.

↘ Lessons Learned

- Das Konzept der Laufgruppen richtet sich an die Klassen 1 bis 4. Ab Klasse 5 steht die Radfahrausbildung und der Schulweg mit dem Fahrrad im Fokus.
- Ein Projektteam von mind. fünf Personen, die frühzeitige Einbindung aller Beteiligten und klare Aufgabenverteilungen tragen entscheidend zum Gelingen bei.
- Zu Schuljahresbeginn sollten die Schulen die Kinder aktiv ermuntern, in Laufgruppen zu Fuß zur Schule zu gehen. Betreuungspersonen, z. B. Eltern, können unterstützen.
- Für eine dauerhafte Umsetzung ist es zentral, engagierte Verantwortliche an der Schule zu finden, die alljährlich erneut unter Einbeziehung der Eltern eine Gruppenbildung initiieren. Voraussetzung ist der klare Wille der Schule. Die Kommune kann unterstützend begleiten.
- Die erfassten Schulwege und Gefahrenstellen lassen sich zur Erarbeitung von Schulwegplänen nutzen.

Laufzeit

langfristig
Okt. 2021 — Feb. 2024

Kosten

mittel
ca. 22.000 €

Förder-/Finanzmittel

Finanzmittel des NUDAFA-Reallabors
(BMFTR)

Komplexität

hoch

Akteur*innen

NUDAFA-Reallabor (IRVM)
→ Projektmanagement
Personalverwaltung[1]
→ Antragsbearbeitung, Personalfragen
Rechtsabteilung[1]
→ Prüfung der Möglichkeit zur Einführung
Finanzverwaltung[1]
→ Haushaltsmittel, optional Sicherung der Zuschüsse
Personalrat[1]
→ Interessenbekundung und Informationsveranstaltungen
Mitarbeitende[1]
→ Interessensabfrage
Anwaltskanzlei
→ Vergabe und rechtliche Beratung
Ride Mobility GmbH
→ Leasinggeber

[1] **Gemeinde Eichwalde**

Organisation

Dienstradleasing

Nachhaltiges Mobilitätsangebot für den Arbeitsweg

Einordnung und Nutzen

Nachhaltig und mobil den Arbeitsweg zurückzulegen, ist für Beschäftigte des öffentlichen Dienstes in Kommunen und Bund mit Abschluss des Tarifvertrags zur Entgeltumwandlung für das Leasing von Fahrrädern im kommunalen öffentlichen Dienst (TV-Fahrradleasing) seit März 2021 möglich. Mitarbeitende können für einen Teil ihres Gehalts steuerbegünstigt ein Fahrrad oder Pedelec als Dienstrad erwerben und auch für private Zwecke nutzen. Die Vorzüge liegen hierbei insbesondere in der Stärkung des Umweltverbunds und der Gesundheitsförderung der Beschäftigten. Zugleich profitieren Kommunen durch die Installation des sogenannten Dienstradleasings von einem Attraktivitätsvorteil bei der Suche nach qualifiziertem Personal. Durch finanzielle Unterstützung wie Zuschüsse bei der notwendigen Vollkasko-Versicherung kann der Arbeitgeber darüber hinaus einen weiteren Beitrag zur Radverkehrsförderung leisten.

→ Weiterführende Informationen

- VKA (2020): Tarifvertrag zur Entgeltumwandlung zum Zwecke des Leasings von Fahrrädern im kommunalen öffentlichen Dienst (TV-Fahrradleasing)

Ausgangslage und Zielsetzung

Im Rahmen der Tarifverhandlungen zwischen den Gewerkschaften und den Arbeitgeberverbänden wurde 2020 erstmals das Thema Fahrradleasing verhandelt. Auch der Personalrat der Gemeinde Eichwalde zeigte großes Interesse, den Beschäftigten dieses Angebot zu ermöglichen. Nach Abschluss des TV-Fahrradleasings wurde im Rahmen des NUDAFA-Reallabors die Einführung des Dienstradleasings mit verschiedenen Verwaltungsebenen diskutiert und sich auf eine Umsetzung verständigt. Da das Dienstradleasing ein rechtlich komplexer Vorgang ist, wurde eine spezialisierte Anwaltskanzlei beauftragt, die eine möglichst kostenneutrale, rechtssichere Regelung für den Arbeitgeber gewährleisten sollte, ohne den kommunalen Haushalt mit Zuschüssen zu belasten. Im weiteren Verlauf wurde die Nachbarkommune Wildau nach §4 VgV (gelegentliche gemeinsame Vergabe) in den Prozess eingebunden, da sie sich gleichermaßen für ihre Mitarbeitenden engagieren wollte. Die Zusammenarbeit zweier Kommunen und Verwaltungseinheiten erhöhte die Komplexität und verlängerte die Projektlaufzeit. Erschwerend wirkte zudem die hohe Arbeitslast und die nachrangige Priorität des Dienstradleasings bei der Projektumsetzung. Durch die Zusammenarbeit mit der Stadt Wildau und die damit verbundene höhere potenzielle Anzahl an Leasingnehmern konnten verbesserte Serviceleistungen (z. B. Wartung und Versicherung) innerhalb der Einzelverträge der Beschäftigten ermöglicht werden. Grundsätzlich ist die Einführung eines Dienstradleasings in der eigenen Kommune innerhalb eines Jahres möglich.

Phasen

Phase I: Vorbereitung

- A Erreichen eines Konsenses innerhalb der Kommune zur Einführung des Dienstradleasings
- B Interessenabfrage unter den Mitarbeitenden
- C Prüfung der Umsetzungsmöglichkeiten
- D Sicherung der Haushaltsmittel
- E Beauftragung einer Anwaltskanzlei
- F optional bei interkommunaler Zusammenarbeit:
  - Interessenabfrage bei den Nachbarkommunen

Phase II: Durchführung

- G rechtliche Vorberatung
- H Erstellung eines Leistungsverzeichnisses
- I Vergabedurchführung und -auswertung
- J Klärung der Zuständigkeiten innerhalb der Kommune

Erfahrungsbericht

In der Gemeinde Eichwalde wurde gemeinsam mit der Personal- und Rechtsabteilung ein Konsens zur Einführung erzielt, unter der Voraussetzung, dass das Angebot für mindestens zehn Prozent der Beschäftigten infrage kam. Eine Abfrage im Dezember 2021 ergab, dass ca. 15 Prozent der Mitarbeitenden Interesse zeigten. Auf dieser Grundlage wurden verschiedene Möglichkeiten der Leasingeinführung geprüft und Erfahrungen anderer Kommunen eingeholt. Dabei zeigte sich, dass keine der kontaktierten Kommunen eine rechtssichere Lösung gefunden hatte. Um die Gemeinde Eichwalde rechtlich adäquat abzusichern, wurde eine Anwaltskanzlei für die Erstellung des Leistungsverzeichnisses, die Durchführung und Auswertung der Vergabe und das Aufsetzen einer Rahmenvereinbarung beauftragt. Aufgrund des vergleichsweise kleinen Abnehmerpotenzials konnten jedoch nur unzureichende Serviceangebote, etwa zu Wartungskosten, Leasingraten und Versicherungen, in Aussicht gestellt werden. Zu Verbesserung der Konditionen wurden die Nachbarkommunen angefragt, woraufhin die Stadt Wildau in den Installationsprozess integriert wurde.

In Kooperation mit der Stadt Wildau wurden über die Einführung des Dienstradleasings hinaus keine konkreten Umsetzungsziele festgelegt. Dies führte im weiteren Verlauf zu Schwierigkeiten, weshalb die Auftragsvergabe noch gemeinsam erfolgte, nachgelagerte Themen wie eine mögliche Bezuschussung des Leasings nicht koordiniert behandelt wurden. Es fanden mehrere Beratungsrunden mit den Personal- und Finanzverwaltungen beider Kommunen statt, einschließlich einer rechtlichen Vorberatung sowie der Definition der geforderten Leistungen vom potenziellen Leasinggeber. Darauf aufbauend erstellte die beauftragte Anwaltskanzlei das Leistungsverzeichnis und den Rahmenvertrag, die von beiden Kommunen bestätigt wurden. Die erste öffentliche Vergabe blieb aufgrund des komplexen Vertragswerks ergebnislos. In einem zweiten Prozess wurde eine reduzierte Vertragskonstellation im Zuge einer Verhandlungsvergabe gestartet, die erfolgreich abgeschlossen werden konnte. Im Januar 2024 erfolgte die Beauftragung des Leasinggebers Ride Mobility GmbH. Zur Sicherstellung einer klaren Aufgabenaufteilung wurde ein gemeinsamer Auftakttermin mit dem Leasinggeber vereinbart.

Phase III: Nachbereitung

- K Informationsveranstaltung für den Personalrat
- L Onboarding von Mitarbeitenden der Personalverwaltung zur Bearbeitung der Leasinganträge

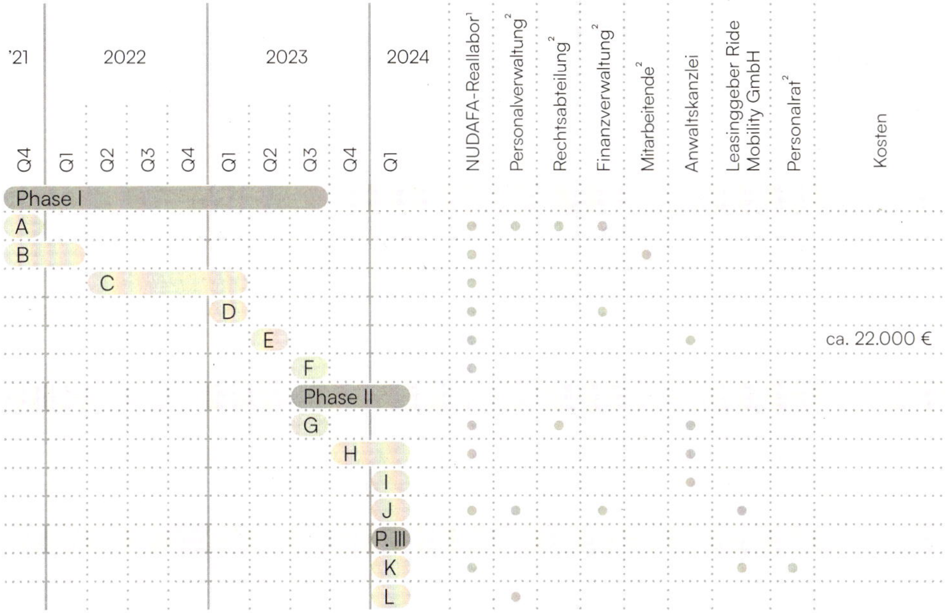

¹(IRVM), ²Gemeinde Eichwalde, ³Ride Mobility GmbH

Das Dienstradleasing beschränkt sich nicht auf die einmalige Einführung, sondern ist ein kontinuierlicher Prozess, der insbesondere bei neuen Mitarbeitenden stetig beworben werden muss. Deshalb ist es empfehlenswert, regelmäßige Informationsveranstaltungen zu organisieren, um das Angebot bekannt zu machen und Fragen zu klären. In Eichwalde fand eine solche Veranstaltung im Rahmen der jährlichen Personalratssitzung statt. Für Fachinformationen und die Erläuterung des Leasingablaufs stand der Leasinggeber zur Verfügung. Parallel wurde für die Personalverwaltung eine Schulung der Mitarbeitenden zur Nutzung der Ride-Plattform durchgeführt. Über diese Plattform werden die Leasinganträge von Mitarbeitenden der Kommune nach Kontaktaufnahme des Fahrradladens vom Leasinggeber bearbeitet. Die Personalverwaltung prüft anschließend den Antrag des Arbeitnehmers auf Ausschlusskriterien wie Befristung, Verbeamtung oder Ausbildung und zeichnet bei Vorliegen der Eignung diesen gegen. Abschließend wird das Fahrrad vom Händler, nach erfolgter Rückmeldung des Leasinggebers, zur Übergabe vorbereitet.

↘ Lessons Learned

- Die Einführung des Dienstradleasing ist für Verkehrsplanende eine anspruchsvolle Aufgabe, da insbesondere rechtliche Rahmenbedingungen und neue Schnittstellen zur Rechts- und Personalverwaltung erforderlich sind. Es empfiehlt sich daher, frühzeitig Ausgaben für eine rechtliche Beratung einzuplanen.
- Eine Interessensabfrage bei den Mitarbeitenden ist für die Abschätzung des Bedarfs relevant.
- Bei interkommunaler Zusammenarbeit ist eine gemeinsame Zielstellung klar zu formulieren.
- Die Laufzeit ist bei der Umsetzung in nur einer Kommune deutlich geringer. Interkommunale Zusammenarbeit kann durch mehr Teilnehmenden das Serviceangebot verbessern.
- Arbeitgeberzuschüsse erhöhen die Attraktivität des Dienstradleasings für Mitarbeitende.
- Eine transparente Kommunikation mit den Beschäftigten ist erforderlich, insbesondere über die Kosten einer notwendigen Vollkaskoversicherung, um Missverständnisse zu vermeiden und die Akzeptanz zu fördern.
- Durch regelmäßige Informationsveranstaltungen, z. B. im Rahmen der Personalratssitzung, kann das Angebot des Dienstradleasings kontinuierlich beworben und die Beteiligung gefördert werden.
- Die Attraktivität des Angebots kann durch kommunale Haushaltsmittel zur Übernahme von Versicherungskosten oder pauschale Zuschüsse gesteigert werden.

Fachbeiträge des NUDAFA-Reallabors

In den folgenden drei Abschnitten werden ausgewählte wissenschaftliche Fachbeiträge vorgestellt, die im Rahmen des NUDAFA-Reallabors entstanden sind. Sie bieten kommunalen Akteur*innen vertiefend wissenschaftliche und praxisorientierte Erkenntnisse zur Radverkehrsförderung in kleinen und mittleren Kommunen.

Erfolgsfaktoren in der kommunalen Radverkehrsförderung

Dieser Fachbeitrag befasst sich mit den wesentlichen Erfolgsfaktoren der kommunalen Radverkehrsförderung und zeigt auf, dass viele dieser Faktoren zwar bereits in Studien identifiziert wurden, ihre Zusammenhänge und Wechselwirkungen in der kommunalen Praxis jedoch oft schwer durchschaubar bleiben. Die Autoren Christoph Kollert und Christian Rudolph ziehen zur besseren Systematisierung das „Lippitt-Knoster Model for Managing Complex Change" heran und erweitern es um radverkehrsspezifische Aspekte wie Daten und Digitalisierung, Zusammenarbeit oder rechtliche Rahmenbedingungen. Der Beitrag liefert eine klar strukturierte Perspektive, die kommunalen Akteur*innen hilft, Empfehlungen aus der Literatur in die eigene Praxis zu übertragen und Radverkehrsförderung trotz komplexer Planungsprozesse erfolgreich umzusetzen.

- Kollert, C.; Rudolph, C. (2025): Erfolgsfaktoren in der kommunalen Radverkehrsförderung: Eine Systematisierung für die Praxis.

Interkommunales Radverkehrsmanagement

Die beiden folgend vorgestellten Fachbeiträge beschäftigen sich vertiefend mit der im NUDAFA-Reallabor eingeführten Stelle des interkommunalen Radverkehrsmanagements (IRVM).

Beide Beiträge erörtern die Möglichkeiten und Grenzen dieser Schnittstelle. Sie erfassen die Hemmnisse bei der Umsetzung der Radverkehrsförderung und analysieren die Praktiken im Umgang mit diesen Hindernissen. Der zweite Beitrag zeigt ergänzend auf, wie das IRVM diese Herausforderungen adressiert und als „Transformationsmotor" zur Beschleunigung der Mobilitätswende beitragen kann. Abschließend wird die Verstetigung des IRVM und die Übertragbarkeit des Modells in den Verwaltungsalltag diskutiert, wobei die Relevanz finanzieller Ressourcen und die Rolle des politischen Bekenntnisses zur nachhaltigen Mobilität hervorgehoben wird.

- Samland, U.; Kollert, C.; Ahrend, C. (2023): Erprobung des interkommunalen Radverkehrsmanagements (IRVM) im NUDAFA-Reallabor für interkommunale Radverkehrsförderung — Chancen und Grenzen der Verstetigung.
- Samland, U.; Kollert, C. (2024): Interkommunale Kooperationen zur Radverkehrsförderung in kleinen und mittleren Kommunen: Erkenntnisse aus der Erprobung eines interkommunalen Radverkehrsmanagements (IRVM).

Schulisches Mobilitätsmanagement

Dieser Fachbeitrag untersucht die Potenziale und Herausforderungen, denen kleine und mittlere Kommunen bei der Förderung des Schulischen Mobilitätsmanagements (SMM) gegenüberstehen. Er erläutert zunächst die Bedeutung von SMM und beleuchtet anschließend die Aufgaben der Kommunen in den drei Handlungsfeldern „Infrastruktur und Verkehrsangebot", „Organisation und Informationen" sowie „Verkehrserziehung und Mobilitätsbildung". Dabei berücksichtigt der Beitrag den Aspekt der Zusammenarbeit mit Schulen, Verbänden und weiteren Akteur*innen. Auf Grundlage der Erfahrungen im NUDAFA-Reallabor formuliert der Fachbeitrag konkrete Empfehlungen für eine bessere Implementierung von SMM, auch bei begrenzten Ressourcen und mangelnder umfassender Unterstützung auf Landesebene. Besonders betont wird dabei die Bedeutung einer systematischen Koordination und strukturellen Verankerung, die zu einem langfristigen Erfolg beitragen.

- Kollert, C.; von Wiedner, V.; Rudolph, C. (2024): Potenziale und Herausforderungen des schulischen Mobilitätsmanagements in kleinen und mittleren Kommunen.

Inspirierende Projekte

Das NUDAFA-Reallabor arbeitete in mehreren Bereichen mit anderen (Forschungs-)Projekten zusammen. Diese Kooperationen führten zu einem regen Austausch von Erfahrungen und gegenseitiger Unterstützung. Nachfolgend werden einige Projekte vorgestellt, die insbesondere Radverkehrsfördernden in kleinen und mittleren Kommunen bei ihren Vorhaben als Inspiration dienen können.

Synthese- und Transferprojekt zur Forschungsagenda „Nachhaltige urbane Mobilität“ (BeNaMo)

Alle Projekte der Fördermaßnahme „MobilitätsWerkStadt 2025“, zu der auch das NUDAFA-Reallabor gehört, wurden durch das nexus Institut und das Wissenschaftszentrum Berlin für Sozialforschung (WZB) wissenschaftlich begleitet. Dabei wurden die Projekte und beteiligten Kommunen u. a. miteinander vernetzt und zum Erfahrungsaustausch angeregt. So entstanden Möglichkeiten für gegenseitiges Lernen, komplementäre Lösungsansätze und zukünftige Zusammenarbeit. Im NUDAFA-Reallabor kam es mit zwei Projekten dieser Fördermaßnahme zu einem intensiveren Austausch, weshalb sie hier aufgeführt werden.

Be-MoVe — Ein Reallabor für Fuß- und Radverkehr
Das Reallabor fördert die aktive Mobilität durch selbst initiierte Projekte der Bürger*innen, u. a. mit einer dauerhaft eingerichteten Schulstraße, einer E-Fahrrad-Rikscha und Mobilpunkten für Leih- und Privaträder.

GlaMobi — Gladbecker Mobilität für Alle
Das Forschungsprojekt stärkt Mobilitätsgerechtigkeit durch Erprobung neuer Mobilitätsstrukturen für besonders vulnerable Gruppen, u. a. mit einer temporären Schulstraße, mobilen Bäumen zur Erhöhung der Sicherheit auf Schulwegen sowie einer kostenlosen ÖPNV-Flatrate.

KoRa – Beseitigung von Umsetzungshemmnissen in der kommunalen Radverkehrsplanung

Trotz innovativer Konzepte, konkreter Beschlüsse und politischem Willen gestaltet sich die Planung, Steuerung und Umsetzung von Radverkehrsprojekten in Kommunen oftmals als herausfordernd, konfliktbehaftet und langwierig. Das Projekt KoRa beschäftigte sich mit den Fragen, wie Radverkehrsmanagement in Kommunen organisiert ist und wie Planungs- und Umsetzungsprozesse optimiert werden können, um ambitionierte Radverkehrspolitik schneller voranzubringen. Dabei wurden verschiedene Lösungsansätze erarbeitet, um erfolgreiche Radverkehrsförderung zu betreiben (vgl. Stein et al., 2022).

Pull & Push – Gut & Böse

Das Projekt untersuchte die Wirkungsmacht verkehrspolitischer und verkehrsplanerischer Instrumente im Spannungsfeld von Pull- und Push-Maßnahmen. Anliegen des Forschungsvorhabens war die Entwicklung theoretisch-konzeptioneller Grundlagen für effektive Strategien, die in Planungsempfehlungen und konkrete Handlungsansätze münden. Damit sollte die bislang vorherrschende passive Anpassungsplanung hin zu einer proaktiv gestalteten, integrierten Verkehrsplanung weiterentwickelt werden. Die Ergebnisse zeigen, dass Push-Maßnahmen eine größere Akzeptanz durch die Bürger*innen erzielen, wenn sie insbesondere verkehrsfremde Aspekte, z. B. die Schaffung von Grünflächen, oder Ausnahmeregelungen für bestimmte soziale Gruppen aufweisen (vgl. Drews/Ahrend, 2025; Hekler et al., 2022). Mit den im Projekt gewonnenen Erkenntnissen erhalten Politik und Verwaltung praktische Hinweise, wie auch umstrittene Push-Maßnahmen eine höhere Zustimmung in der Bevölkerung erlangen können. Das Forschungsprojekt wurde in Kooperation mit dem Institut für Verkehrsplanung und Logistik der Technischen Universität Hamburg durchgeführt.

s:ne – Systeminnovation für Nachhaltige Entwicklung

Das Projekt „Systeminnovation für Nachhaltige Entwicklung — Transfer als Lernprozess in der Region (s:ne)“ verfolgte das Ziel, Wissenstransfer zwischen Forschung, Verwaltung, Zivilgesellschaft und Kommunen als dynamischen Lernprozess zu gestalten. Ausgangspunkt war die Analyse des Umsetzungsstandes der im Radverkehrskonzept des Landkreises Darmstadt-Dieburg geplanten Maßnahmen. Trotz Fortschritten existierten weiterhin große Lücken im Radverkehrsnetz, weshalb Hemmnisse bei der Realisierung der kommunalen Radverkehrskonzepte und der dort festgeschriebenen Maßnahmen partizipativ ermittelt wurden. Es erwiesen sich fehlende Kapazitäten in kleineren Kommunen, unklare Zuständigkeiten und komplexe Abstimmungsprozesse zwischen Baulastträgern, Kommunen und Behörden als zentrale Herausforderungen. Auf Basis der Ergebnisse entwickelte das Projektteam praxisnahe Handlungsempfehlungen, beispielsweise die Einrichtung zentraler Koordinierungsstellen, die ermöglichten, Maßnahmen zu bündeln, Fördermittelakquise zu erleichtern und den interkommunalen Austausch anzuregen. Diese Instrumente boten kleinen und mittleren Kommunen eine Orientierung, um Ressourcenengpässe und Verwaltungshürden zu überwinden (vgl. Albers/Bugow, 2022).

Impulse aus der BeNaMo-Forschung

Interview mit Dr. Juliane Haus, wissenschaftliche Mitarbeiterin am Wissenschaftszentrum Berlin für Sozialforschung im Synthese- und Transferprojekt zur Forschungsagenda „Nachhaltige urbane Mobilität" (BeNaMo)

Wissenschaft

Wie und warum setzen Sie sich beruflich für die Förderung des Radverkehrs ein?

Die Radverkehrsförderung ist ein wichtiger Baustein im Kontext nachhaltiger Mobilität. Als Begleitforschungsteam im Projekt BeNaMo unterstützen wir die Vernetzung und den Wissenstransfer zwischen BMFTR geförderten Projekten aus dem Bereich nachhaltiger Mobilität (wie z. B. das NUDAFA-Reallabor) und bemühen uns, auch die Erkenntnisse der Projekte über diesen Kreis hinaus breiter bekannt zu machen, um andere Kommunen zum Aufgreifen der Ergebnisse anzuregen.

In welcher Rolle sehen Sie das NUDAFA-Reallabor und welchen Beitrag konnte es im Projekt BeNaMo leisten?

Das NUDAFA-Projekt ist ein sehr gelungenes Beispiel für ein Reallabor und den Mehrwert der lösungsorientierten Zusammenarbeit von Wissenschaft und Praxis. Die unterschiedlichen Themen und praktischen Veränderungen, denen sich das NUDAFA-Reallabor gewidmet hat – vom Fahrradparkhaus über Schulmobilität bis zum Kopfsteinpflasterschleifen – zeigen, wie vielfältig die Möglichkeiten der Radverkehrsförderung sind.

Welche Chancen sehen Sie speziell bei den NUDAFA-Kommunen?

Durch das NUDAFA-Reallabor wurden wichtige Grundlagen gelegt. Zugleich kann auf den Erfahrungen der interkommunalen Zusammenarbeit der NUDAFA-Kommunen aufgebaut werden. Die angestrebte Verstetigung der Strukturstelle für interkommunales Radverkehrsmanagement bietet hierbei große und potenzialreiche Chancen für weitere interkommunale Maßnahmen der Radverkehrsförderung.

Welche zentralen Herausforderungen sehen Sie aktuell für die NUDAFA-Kommunen im Kontext der anderen BeNaMo-Projekte?

*Die zentralen Herausforderungen bestehen darin, gemeinsame Planungs- und Finanzierungsstrukturen für die interkommunale Radverkehrsförderung in der Region zu entwickeln und zu verstetigen. Wesentlich ist es hierbei, den politischen Mut und Willen für die Umsetzung nachhaltiger Mobilitätlösungen bei den entsprechenden Entscheider*innen zu entwickeln und zu erhalten, um erprobte Lösungen auch mittel- und langfristig in der Fläche zu bringen.*

Welche Themen und Aufgabenbereiche müssten künftig noch vertiefter untersucht werden, um bei der Radverkehrsförderung in kleinen Kommunen schneller voranzukommen?

Strategien zur interkommunalen Zusammenarbeit, zur Planungsbeschleunigung und für die ressourceneffiziente Umsetzung von Projekten sind gerade für kleine Kommunen und solche mit knappen Ressourcen sehr wertvoll. Der vom NUDAFA-Reallabor verfolgte Ansatz der Schaffung eines interkommunalen Radverkehrsmanagements ist hier äußerst vielversprechend, da so Ressourcen und Kompetenzen effizient gebündelt werden können. Welche Herausforderungen sich in der praktischen Umsetzung von Planungs- und Arbeitsprozessen zeigen und wie eine faire und langfristige Finanzierungsstruktur für solche Stellen aussehen kann, muss jedoch noch weiter untersucht werden.

Qualifikationsangebote

Um den Radverkehr in kleinen und mittleren Kommunen qualifiziert voranzutreiben und neues Fachwissen zu erwerben, stehen verschiedene Weiterbildungsangebote zur Verfügung. Die hier exemplarisch aufgeführten Qualifikationsangebote unterstützen radverkehrsfördernde Akteur*innen dabei, ihr Wissen gezielt zu vertiefen und ihre Kompetenzen in der Radverkehrsförderung auszubauen.

Bachelor- und Masterstudiengänge mit Radverkehrsbezug, Technische Hochschule Wildau

An der Technischen Hochschule Wildau werden in mehreren Bachelor- und Masterstudiengängen konkrete Inhalte zum Radverkehr gelehrt. Neben verkehrsplanerischen Grundlagen erlangen die Studierenden praxisnahe Kompetenzen in der Infrastrukturplanung und im Speziellen in der Radverkehrsplanung.

- Bachelorstudiengang „Mobilität, Umwelt, Logistik“ (B.Sc.)
- Bachelorstudiengang „Mobilität und Verwaltung“ (B.Sc.)
- Masterstudiengang „Mobilität, Umwelt, Logistik“ (M.Sc.)
- Masterstudiengang „Radverkehr in intermodalen Verkehrsnetzen“ (M.Eng.) (BMV-Stiftungsprofessur „Radverkehr in intermodalen Verkehrsnetzen“ (2021—2025); wird ab 2027 durch den Masterstudiengang „Mobilität, Umwelt, Logistik“ (M.Sc.) abgelöst)

Weitere Bachelor- und Masterstudiengänge der BMV-Stiftungsprofessuren Radverkehr

- Universität Kassel: Masterstudiengang „Mobilität, Verkehr und Infrastruktur“ (M.Sc.)
- Hochschule RheinMain, Frankfurt University of Applied Sciences, Hochschule Darmstadt und Technische Hochschule Mittelhessen: Kooperationsstudiengang „Nachhaltige Mobilität“ (M.Eng.)
- Hochschule Karlsruhe: Vertiefung „Radverkehr“ in den Studiengängen Verkehrssystemmanagement (B.Sc.) sowie Mobilitätsmanagement (M.Sc.)
- Bergische Universität Wuppertal: einzelne Lehrveranstaltungen zum Radverkehr im Bachelor- und Masterstudium der Studiengange Bauingenieurwesen und Verkehrswirtschaftsingenieurwesen
- Ostfalia Hochschule für angewandte Wissenschaften: Module in den Studiengängen „Nachhaltige Mobilität“ (B.A.), „Smart Transportation System-Intelligente Verkehrssysteme“ (B.Sc.) sowie „Verkehr und Logistik“ (M.A.)

Bachelor- und Masterstudiengang „Verkehrswesen“, Technische Universität Berlin

Ein Bachelor- und Masterstudiengang an der Technischen Universität Berlin vermittelt verkehrsträgerübergreifende und verkehrsträgerspezifische Aspekte der nachhaltigen Verkehrsplanung. Untersucht werden beispielsweise die Entstehung von Verkehr aus Mobilitätsbedürfnissen sowie dessen Ausprägungen und Auswirkungen auf verschiedene gesellschaftliche Bereiche. Die Studierenden erlernen die Grundlagen der Planung, des Entwurfs und Baus von Verkehrsanlagen und erwerben praxisorientiertes Wissen zur Gestaltung und Steuerung von Verkehrssystemen und Mobilitätsangeboten.

- Bachelorstudiengang „Verkehrswesen“ (B.Sc.)
- Masterstudiengang „Planung und Betrieb im Verkehrswesen“ (M.Sc.)

Fortbildungen zum Radverkehr, Mobilitätsforum Bund

Mit verschiedenen Veranstaltungsformaten des Mobilitätsforums Bund wie Grundlagen- und Vertiefungsseminaren, dem berufsbegleitenden Lehrgang „PLANRAD“, dem Einstiegsseminar Radverkehrsplanung „PLANRAD kompakt“, Auslands- und Inlandsexkursionen oder Webinaren können sich interessierte Fachkräfte und Akteur*innen der Radverkehrsbranche praxisnah weiterbilden und vernetzen.

Berufsbegleitende Fachfortbildung zum „Fachplaner für Radverkehr“, EIPOS GmbH

Die berufsbegleitende Fachfortbildung „Fachplaner für Radverkehr“ an der Europäisches Institut für postgraduale Bildung GmbH (EIPOS) richtet sich an Fachkräfte aus Bau-, Stadt-, Verkehrs- und Raumplanung sowie an Landschaftsarchitekt*innen und Geograf*innen. Sie vermittelt Kompetenzen für die Planung von Radverkehrsanlagen, Analyse des Verkehrsunfallgeschehens und Erstellung von Radverkehrskonzepten. Zudem behandelt die Fortbildung Fahrradparken, Radverkehrswegweisung, Öffentlichkeitsarbeit sowie bauliche und betriebliche Aspekte des Radverkehrsinfrastruktur. Die Weiterbildung kombiniert theoretisches Wissen mit praxisorientierten Übungen und schließt mit Prüfungen und einer Belegarbeit ab.

Veranstaltungen am Deutschen Institut für Urbanistik (Difu)

Das Difu bietet Veranstaltungen im Bereich „Mobilität“ an, beispielsweise das Seminar „Sicher zur Schule — Strategien für eine kindgerechte Schulwegplanung“.

Radverkehr studieren an der TH Wildau

Interview mit Prof. Dr.-Ing. Christian Rudolph, Professor im Masterstudiengang „Radverkehr in intermodalen Verkehrsnetzen“ an der TH Wildau

Wissenschaft

Wie und warum setzen Sie sich im Berufsalltag für die Förderung des Radverkehrs ein?

Für mich stellt das Fahrrad das ideale Verkehrsmittel für kurze Wege dar. Es ist das energetisch effizienteste Fahrzeug, das bislang erfunden wurde, und zugleich energie- und infrastrukturseitig äußerst ressourcensparend. Es ist günstig, inklusiv, leise: einfach fair! Zudem eignet es sich hervorragend, um den ÖPNV schneller zu erreichen, und ermöglicht so auch auf längeren Distanzen eine nachhaltige Mobilität. Und Fahrradfahren macht natürlich einfach großen Spaß, wenn die Radverkehrsinfrastruktur sicher und komfortabel ist!

Sie leiten den Masterstudiengang „Radverkehr in intermodalen Verkehrsnetzen“ an der TH Wildau. Was kann man bei Ihnen lernen?

Das Masterstudium Radverkehr an der TH Wildau ist sehr vielseitig und praxisorientiert. Gemeinsam mit der öffentlichen Hand und Unternehmen bearbeiten die Studierenden konkrete Fragestellungen, die realistische Chancen haben, in der Praxis berücksichtigt zu werden. Neben den technischen, planerischen und rechtlichen Aspekten der Radverkehrsplanung haben wir einen Fokus im Bereich Kommunikation, um die Akzeptanz bei den beteiligten Stakeholdern zu fördern. Der Studiengang befindet sich derzeit inhaltlich und strukturell in einer Überarbeitung.

In welcher Rolle sehen Sie das NUDAFA-Reallabor und welchen Beitrag konnte es im Fachgebiet sowie im Masterstudiengang leisten?

Das NUDAFA-Reallabor begleitet uns am Fachgebiet seit meinem ersten Arbeitstag im April 2021. Mit der intensiven Vernetzung in der Region konnten wir sehr gute Beziehungen zu den relevanten Akteur*innen aufbauen.

„Gemeinsam mit der öffentlichen Hand und Unternehmen bearbeiten die Studierenden konkrete Fragestellungen, die realistische Chancen haben, in der weiteren Praxis tatsächlich berücksichtigt zu werden.“

Das NUDAFA-Team hat gezeigt, was möglich ist, wenn es ausreichend Mittel, Personal und ein interkommunales Radverkehrsmanagement gibt. Gemeinsam mit den Studierenden bearbeiten wir konkrete Fragestellungen aus den Kommunen. Dabei profitieren sie von der Expertise des NUDAFA-Teams durch Vorträge und praxisnahe Studienarbeiten.

Welche Themen und Aufgabenbereiche müssten künftig noch vertiefter untersucht werden, um bei der Radverkehrsförderung in kleinen Kommunen schneller voranzukommen?

In Forschungsprojekten zeigte sich mehrfach, dass der Schlüssel in guter, offener und transparenter Kommunikation liegt. Alle Stakeholder müssen das gemeinsame Ziel kennen und mögliche Komplikationen sollten frühzeitig kommuniziert werden. Offene Fragen sind, welche Prozesse parallel laufen können und wie interkommunal ein gemeinsames Teamverständnis entsteht. Eine weitere Herausforderung ist der Wissenstransfer, da erfahrene Planende in den Ruhestand gehen, während neue Mitarbeitende oft noch wenig praktische Planungserfahrung haben.

WILDAU
Römer
Römer

Autorenschaft

Vanessa von Wiedner

M.Sc., TH Wildau

Vanessa von Wiedner ist seit Februar 2024 wissenschaftliche Mitarbeiterin an der Professur „Radverkehr in intermodalen Verkehrsnetzen" der TH Wildau. Ihr Forschungsfokus liegt auf der Förderung von Kinder- und Jugendmobilität. Im Rahmen des NUDAFA-Reallabor verantwortete sie von 2024 bis 2026 das „Schulische Mobilitätsmanagement", in dem unter ihrer Leitung der Leitfaden BikeBuddies entstand. Darüber hinaus war sie für die Projektkoordination, Konzeption und Redaktion des Buches „Gemeinsam Radverkehr fördern" zuständig.

Vor ihrer Tätigkeit an der TH Wildau arbeitete Vanessa von Wiedner als Rad- und Fußverkehrsplanerin im Planungsbüro plan&rat in Braunschweig. Ihren Bachelor in Verkehrswirtschaft absolvierte sie an der TU Dresden, ihren Master in Verkehrsingenieurwesen an der TU Braunschweig. Bereits in ihrer Masterarbeit spezialisierte sie sich auf das Schulische Mobilitätsmanagement.

Ute Samland

Dipl.-Soz., TU Berlin

Ute Samland ist seit Oktober 2021 wissenschaftliche Mitarbeiterin am Fachgebiet „Integrierte Verkehrsplanung" an der TU Berlin. Ihre Forschungen befassen sich mit ländlichen Räumen, Mobilitätsverhalten, sozialen Praktiken, Daseinsvorsorge sowie Förderung gleichwertiger Lebensverhältnissen. Während der gesamten Projektlaufzeit des NUDAFA-Reallabors war sie für die wissenschaftliche Begleitforschung zuständig. Dabei untersuchte sie in einem qualitativen und anwendungsorientierten Studiendesign die Praktiken der kommunalen sowie interkommunalen Radverkehrsförderung in Verwaltung und Zivilgesellschaft kleiner und mittlerer Kommunen. Zudem war sie an der Konzeption des Buches „Gemeinsam Radverkehr fördern" beteiligt.

Vor ihrer Tätigkeit an der TU Berlin absolvierte Ute Samland ein Studium der Soziologie an der TU Berlin und arbeitete daraufhin in dem Forschungsprojekt „NEMo — Nachhaltige Erfüllung von Mobilitätsbedürfnissen im ländlichen Raum" an der Carl von Ossietzky Universität Oldenburg und der Leuphana Universität Lüneburg. Anschließend war sie wissenschaftliche Mitarbeiterin im Bundestagsabgeordnetenbüro von Heidrun Bluhm-Förster mit dem Schwerpunkt „Ländliche Räume".

Christoph Kollert

M.Res., Gemeinde Eichwalde

Christoph Kollert leitete von 2020 bis 2025 als Verbundkoordinator in der Gemeinde Eichwalde das NUDAFA-Reallabor. Im Rahmen des dreistufigen Wettbewerbs erarbeitete er gemeinsam mit Bürgermeister Jörg Jenoch und Alf Hamann das Konzept für das Reallabor sowie den NUDAFA-Radverkehrsatlas, beantragte Fördermittel für die zweite Phase und startete erste Projekte. Ab 2021 koordinierte er den Forschungsverbund, war maßgeblich an der Entwicklung des NUDAFA-Radverkehrsatlas beteiligt, initiierte Formate der interkommunalen Zusammenarbeit und leitete zahlreiche Projekte — darunter das „Modulare Fahrradparkhaus" und das „Komfortable Kopfsteinpflaster". Zudem vertrat er das Reallabor im Wissenstransfer nach außen und wirkte an der Konzeption des Buches „Gemeinsam Radverkehr fördern" mit.

Zuvor studierte er Stadtplanung in Cottbus, Delft und Weimar und schloss mit dem Master of Research „Inter-disciplinary Urban Design“ an der Bartlett School of Planning des University College London ab. Anschließend arbeitete er in einem Berliner Planungsbüro sowie als wissenschaftlicher Mitarbeiter an der BTU Cottbus-Senftenberg.

Tim Zander

M.Sc., Gemeinde Eichwalde

Tim Zander ist seit 2021 als interkommunaler Radverkehrsmanager (IRVM) bei der Gemeinde Eichwalde tätig. Er verantwortete die Umsetzung sämtlicher baulicher, planerischer und kommunikativer Projekte — von der Realisierung des „Interkommunalen Radweges“ über Maßnahmen der Öffentlichkeitsarbeit wie STADTRADELN bis hin zur Beschaffung von Serviceeinrichtungen wie die Fahrradreparaturstationen. Dabei fungierte er als Bindeglied zwischen Forschung und praktischer Umsetzung der Radverkehrsmaßnahmen durch die kommunale Verwaltung. Bei der Entstehung des Buches „Gemeinsam Radverkehr fördern“ wirkte er aktiv an der inhaltlichen Ausarbeitung mit und brachte fachliche Expertise sowie praktische Erfahrungen aus seiner Tätigkeit als IRVM ein.

Bevor er seine Tätigkeit bei der Gemeinde Eichwalde aufnahm, war Tim Zander ab 2018 bei der Lutherstadt Wittenberg sowie der Stadt Hennigsdorf als Verkehrsplaner beschäftigt. Seinen Bachelor und Master schloss er an der BTU Cottbus-Senftenberg in Stadt- und Regionalplanung ab. Berufsbegleitend absolvierte er 2020/21 über den Projektträger EIPOS eine Fachausbildung zum „Fachplaner für Radverkehr“.

Christian Rudolph

Prof. Dr.-Ing., TH Wildau

Christian Rudolph ist seit 2021 Professor und Leiter der Professur „Radverkehr in intermodalen Verkehrsnetzen“ an der TH Wildau. Neben seiner Lehrtätigkeit im gleichnamigen Masterstudiengang verantwortet er mehrere Forschungsprojekte. Im Rahmen des NUDAFA-Reallabors war er zusammen mit Christoph Kollert für das Projekt „Komfortables Kopfsteinpflaster“ zuständig und unterstützte die Projektkoordination des Buchs „Gemeinsam Radverkehr fördern“.

Vor seiner Professur leitete Christian Rudolph eine Forschungsgruppe am DLR-Institut für Verkehrsforschung zum Thema „Letzte Meile im Güterverkehr“ mit dem Fokus auf gewerblicher Fahrradnutzung. Zuvor war er als wissenschaftlicher Mitarbeiter am Institut für Verkehrsplanung und Logistik der TU Hamburg tätig und promovierte zu staatlichen Anreizsystemen zur Förderung alternativer Antriebe. Erste Berufserfahrungen als planender Ingenieur erlangte er in der verkehrlichen Erschließungsplanung bei der Masuch + Olbrisch Ingenieurgesellschaft für das Bauwesen mbH in Oststeinbek bei Hamburg. Seinen Diplomabschluss als Bauingenieur erwarb er an der Universität Karlsruhe mit Studienaufenthalt an der Universitat Politècnica de Catalunya in Barcelona.

Danksagung

Das NUDAFA-Kernteam dankt zahlreichen Personen und Institutionen, die das NUDAFA-Reallabor von der ersten Idee bis zur Fertigstellung dieses Buches gefördert und begleitet haben. Ein besonderer Dank richtet sich an Jörg Jenoch, dem Bürgermeister der Gemeinde Eichwalde, sowie Alf Hamann für ihr wertvolles Engagement als Ideengeber und Initiatoren des Projekts. Ohne sie hätte es weder das NUDAFA-Reallabor noch das vorliegende Buch gegeben. Ebenso danken wir den weiteren Bürgermeister*innen der NUDAFA-Kommunen — Markus Mücke, Philipp Martens, Michaela Wiezorek, Frank Nerlich, Christian Hentschel — sowie Landrat Sven Herzberger.

Für die konstruktive Zusammenarbeit in den Projekten bedanken wir uns bei Stephan Wilhelm und dem Team des Planungsbüros BahnStadt, Heiko Rintelen und dem Team von FixMyCity, Eric Feind, Lukas Rieper und Markus Fichtner, Jens Rümenapp, Oliver Reif-Dietzel, den Kolleg*innen aus den Partnerkommunen und dem Landesamt für Bauen und Verkehr (LBV). Die tatkräftige Unterstützung der Projektwoche BikeBuddies verdanken wir dem KJV e. V. und vor allem den Schulsozialarbeiterinnen Dana Penno und Felicitas Feuersänger. Ein großes Dankeschön gilt außerdem den vielen Mitarbeitenden der Gemeinde Eichwalde, die sechs Jahre Transformationsdynamik mitgetragen haben — insbesondere die Vergabestelle und das Rechnungsprüfungsamt standen uns kompetent und lösungsorientiert zur Seite. Auch der Vergabestelle der TH Wildau sind wir dankbar für die wertvolle Unterstützung.

Wir danken dem Bundesministerium für Forschung, Technologie und Raumfahrt (BMFTR), das die finanzielle Förderung gewährt und auch die Publikation des vorliegenden Buchs ermöglicht hat. Dank gebührt zudem den Mitarbeitenden des DLR Projektträgers im Deutschen Zentrum für Luft- und Raumfahrt e. V. (DLR) für die Unterstützung sowie dem BeNaMo-Team für die wissenschaftliche Begleitung. Darüber hinaus gilt unser Dank dem Land Brandenburg, dem Bundesministerium für Verkehr (BMV) sowie dem Landkreis Dahme-Spreewald, die mit zusätzlichen Fördermitteln die Umsetzung einzelner Projekte gewährleistet haben.

Über die bereits benannten Protagonist*innen hinaus möchten wir uns auch herzlich bei Juliane Haus, Stefan Klatt, Attila Krause, Marius Langas und Anette Sticker bedanken. Sie alle haben in Interviews ihre Erfahrungen und Perspektiven mit uns geteilt. Zu Dank verpflichtet sind wir ebenso Stefan Gröschner, der das Grußwort beisteuerte.

Nicht zuletzt danken wir dem oekom verlag für die Veröffentlichung dieses Buches, der Designagentur studio_upstruct für die gelungene kommunikative und gestalterische Umsetzung unserer Ideen, dem Fotografen Simon Fabel für die stimmungsvollen Fotografien der Projekte, der NUDAFA-Kommunen und der Protagonist*innen sowie der Lektorin Eva Maurer für die sorgfältige Korrektur unserer Texte.

Dank gilt auch Christine Ahrend und Christian Rudolph, die fortwährend das Projekt mit Engagement, ihrer wissenschaftlichen Expertise und ihren Netzwerken unterstützt haben. Abschließend möchten wir den ehemaligen Mitarbeitenden des NUDAFA-Reallabors Deny Kramer und Christian Wessel sowie allen hier namentlich nicht genannten Personen, die unser Forschungsprojekt rege begleitet haben, unseren herzlichen Dank aussprechen. Ein besonderes Andenken gilt Oliver Schwedes, dessen kritische Fragen stets wichtige Impulse für die Weiterentwicklung des Projekts gegeben haben.

Das NUDAFA-Kernteam
Christoph Kollert, Ute Samland, Vanessa von Wiedner und Tim Zander

Abkürzungsverzeichnis

ADFC	Allgemeiner Deutscher Fahrrad-Club e. V.
AGFK	Arbeitsgemeinschaft fahrradfreundlicher Kommunen
BALM	Bundesamt für Logistik und Mobilität
BeNaMo	Begleitforschung Nachhaltige Mobilität
BM	Bürgermeister*in
BMFTR	Bundesministerium für Forschung, Technologie und Raumfahrt
BMV	Bundesministerium für Verkehr
BTU	Brandenburgische Technische Universität Cottbus-Senftenberg
DB	Deutsche Bahn
Dialogforum BER	Kommunale Arbeitsgemeinschaft Dialogforum Airport Berlin-Brandenburg
Difu	Deutsches Institut für Urbanistik gGmbH
DLR	Deutsches Zentrum für Luft- und Raumfahrt e. V.
DTV	durchschnittliche tägliche Verkehrsstärke
EIPOS	Europäisches Institut für postgraduale Bildung GmbH
ERA	Empfehlungen für Radverkehrsanlagen
EVE	Empfehlungen für Verkehrserhebungen
FGSV	Forschungsgesellschaft für Straßen- und Verkehrswesen e. V.
Flughafen BER	Flughafen Berlin-Brandenburg
FONA	Forschung für Nachhaltigkeit
GaGeV	vorübergehendes Gaststättengewerbe
GB	Geschäftsbereich
Gem.	Gemeinde
GIS	Geoinformationssystem
GLM	Gebäude- und Liegenschaftsmanagement
GV	Gemeindevertretung
HOAI	Verordnung über die Honorare für Architekten- und Ingenieurleistungen
IRVM	interkommunales Radverkehrsmanagement
KJV e. V.	Kinder- und Jugendverein e. V. — Jugendarbeit im Herzen Brandenburgs
KNF e. V.	Kommunale Nachbarschaftsforum Berlin-Brandenburg e. V.
LBV	Landesamt für Bauen und Verkehr
LDS	Landkreis Dahme-Spreewald
LPH	Leistungsphasen nach HOAI
MIL	Ministerium für Infrastruktur und Landesplanung des Landes Brandenburg
MIV	Motorisierter Individualverkehr
M Uko	Merkblatt zur Örtlichen Unfalluntersuchung in Unfallkommissionen
NRVP	Nationaler Radverkehrsplan
NUDAFA	Nutzerdaten-gestützte Planung eines Fahrradverkehrsnetzes
ÖPNV	Öffentlicher Personennahverkehr
OSM	OpenStreetMap
RAD.SH	Kommunale Arbeitsgemeinschaft zur Förderung des Fuß- und Radverkehrs in Schleswig-Holstein e. V.
RASt	Richtlinien für die Anlage von Stadtstraßen
RiDE	Radverkehr in Deutschland
SG	Sachgebiet
SMM	Schulisches Mobilitätsmanagement
StVB	Straßenverkehrsbehörde
StVO	Straßenverkehrsordnung
SVV	Stadtverordnetenversammlung
TH	Technische Hochschule
TÖB	Träger öffentlicher Belange
TU	Technische Universität
VBB	Verkehrsverbund Berlin-Brandenburg
VCD	Verkehrsclub Deutschland e. V.
VRAO	verkehrsrechtliche Anordnung
WZB	Wissenschaftszentrum Berlin für Sozialforschung
ZES+	Zeuthen, Eichwalde, Schulzendorf plus umliegende Region
ZEWS	Zeuthen, Eichwalde, Wildau, Schulzendorf

Literaturverzeichnis

ADFC (Allgemeiner Deutscher Fahrrad-Club e. V.) (2023): *InnoRADQuick. Erfolgsfaktoren für den Wandel zur lebenswerten Stadt.* Berlin, vgl. https://adfc.de/artikel/adfc-projekt-innoradquick

ADFC (Allgemeiner Deutscher Fahrrad-Club e. V.) (2020): *Der ADFC-Mapathon. Handbuch der ADFC-Akademie zur zivilgesellschaftlichen Erarbeitung eines Radnetzes für Alle.* Berlin, vgl. https://adfc.de/artikel/adfc-mapathon-35

ADFC Brandenburg (Allgemeiner Deutscher Fahrrad-Club Brandenburg e. V.) (2021): *ADFC-Leitfaden für die Erstellung von Ausschreibungstexten für kommunale Radverkehrskonzepte im Land Brandenburg.* Berlin, vgl. https://brandenburg.adfc.de/artikel/radverkehrskonzept

AGFK Niedersachsen/Bremen (Arbeitsgemeinschaft Fahrradfreundlicher Kommunen Niedersachsen/Bremen e. V.) (2024): *Maßnahmenkatalog zur Förderung des kommunalen Radverkehrs.* Hannover, vgl. https://agfk-niedersachsen.de/service/agfk-massnahmenkatalogzur-radverkehrsfoerderung

AGFK-BW (Arbeitsgemeinschaft Fahrrad- und Fußverkehrsfreundlicher Kommunen in Baden-Württemberg e. V.); AGFK Bayern (Arbeitsgemeinschaft fahrradfreundliche Kommunen in Bayern e. V.); AGFS NRW (Arbeitsgemeinschaft fußgänger- und fahrradfreundlicher Städte, Gemeinden und Kreise in Nordrhein-Westfalen e. V.) (Hrsg.) (2016): *Gemeinsam für mehr Fahrrad- und Nahmobilitätsfreundlichkeit. Erfahrungsaustausch von AGFK Baden-Württemberg, AGFK Bayern und AGFS Nordrhein-Westfalen zur Entwicklung einer Kommunikationsstrategie*, vgl. https://agfs-nrw.de/fileadmin/user_upload/Gemeinsam_fuer_mehr_Rad_Nahmobilitaet.pdf

AGFK-MV (Arbeitsgemeinschaft fahrrad- und fußgängerfreundlicher Kommunen Mecklenburg-Vorpommern e. V.) (2025): *Werkzeugkasten für Rad- und Mobilitätskonzepte.* Rostock, vgl. https://agfk-mv.de/werkzeugkasten

AGFS NRW (Arbeitsgemeinschaft fußgänger- und fahrradfreundlicher Städte, Gemeinden und Kreise in Nordrhein-Westfalen e. V.) (2025): *Leitfaden Sofortmaßnahmen. Hinweise zu schnell umsetzbaren Maßnahmen für den Fuß- und Radverkehr.* Krefeld, vgl. https://agfs-nrw.de/fachthemen/umsetzungsinitiative/leitfaden-sofortmassnahmen

Albers, V.; Bugow, K. (2022): *Umsetzungsbericht. Stand der Umsetzung des Radverkehrskonzepts des Kreis Darmstadt-Dieburg.* Hochschule Darmstadt, vgl. https://sne.h-da.de/fileadmin/Einrichtungen/sne/TV10_Innovative_Nahmobilitaet/Umsetzungsbericht_Radverkehrskonzept_LADADI_2022-05_30.pdf

Beecroft, R.; Trenks, H.; Rhodius, R.; Benighaus, C.; Parodi, O. (2018): *Reallabore als Rahmen transformativer und transdisziplinärer Forschung: Ziele und Designprinzipien.* In: Defila, R.; Di Giulio, A. (Hrsg.): Transdisziplinär und transformativ forschen. Eine Methodensammlung. Springer VS. Wiesbaden, S. 75—99, vgl. https://doi.org/10.1007/978-3-658-21530-9

Blees, V.; Vogel, J.; Wieskotten, G. (2018): *Schulisches Mobilitätsmanagement. Sichere und nachhaltige Mobilität für Kinder und Jugendliche.* Handbuch für die kommunale Praxis. 1. aktualisierte Auflage. ivm GmbH (Hrsg.). Schriftenreihe der ivm, Nr. 2. Frankfurt am Main, vgl. https://besserzurschule.de/wp-content/uploads/2018/04/20180426_Handbuch_SMM_web.pdf

Bundeskanzleramt; Bundesministerium für Land- und Forstwirtschaft, Umwelt und Wasserwirtschaft (Lebensministerium) (Hrsg.) (2009): *Standards der Öffentlichkeitsbeteiligung. Empfehlungen für die gute Praxis*, vgl. https://partizipation.at/wp-content/uploads/2022/09/standards-der-oeffentlichkeitsbeteiligung-2008-druck.pdf

Caredda, S. (2020): *Models: The Lippitt-Knoster Model for Managing Complex Change*, vgl. https://sergiocaredda.eu/organisation/models-the-lippitt-knoster-model-for-managing-complex-change

Drews, F.; Ahrend, C. (2025): *How to push transport policies? A survey on the acceptability of various features of transport policy push measures in German urban population.* In: Environmental Research Communications. Bd. 7, Nr. 4, S. 1—20, vgl. https://doi.org/10.1088/2515-7620/adc4b4

FGSV (Forschungsgesellschaft für Straßen- und Verkehrswesen e. V.) (2018): *Hinweise zu Park+Ride (P+R) und Bike+Ride (B+R).* FGSV Verlag. Köln

FGSV (Forschungsgesellschaft für Straßen- und Verkehrswesen e. V.) (2012a): *Empfehlungen für Verkehrserhebungen (EVE).* FGSV Verlag. Köln

FGSV (Forschungsgesellschaft für Straßen- und Verkehrswesen e. V.) (2012b): *Hinweise zum Fahrradparken.* FGSV Verlag. Köln

FGSV (Forschungsgesellschaft für Straßen- und Verkehrswesen e. V.) (2012c): *Merkblatt zur Örtlichen Unfalluntersuchung in Unfallkommissionen (M Uko).* FGSV Verlag. Köln

FGSV (Forschungsgesellschaft für Straßen- und Verkehrswesen e. V.) (2010): *Empfehlungen für Radverkehrsanlagen (ERA).* FGSV Verlag. Köln

FGSV (Forschungsgesellschaft für Straßen- und Verkehrswesen e. V.) (2006): *Richtlinien für die Anlage von Stadtstraßen (RASt).* FGSV Verlag. Köln

Franzl, K.; Bach, N. (2017): Planungszelle. In: Patze-Diordiychuk, P.; Renner, P.; Smettan, J.; Föhr, T. (Hrsg.): *Methodenhandbuch Bürgerbeteiligung. Passende Beteiligungsformate wählen.* Bd. 2. oekom verlag. München, S. 94ff.

Gaffron, P. (2002): *The Implementation of Walking and Cycling Policies in British Local Authorities — Idea(l)s into Action?* Dissertation. Technische Universität Hamburg, vgl. https://doi.org/10.15480/882.289

Gemeinde Eichwalde (2025): *Lebendige Bahnhofstraße. Abschlussbericht des Ortskernbeirats. Empfehlungen, Maßnahmen und Ideen zur dauerhaften Belebung der Bahnhofstraße.* Eichwalde, vgl. https://eichwalde.de/wp-content/uploads/2025/05/250527_Empfehlungen_Entwurf.pdf

Graf, T. (2022): *Handbuch: Radverkehr in der Kommune. Nutzertypen, Infrastruktur, Stadtplanung, Marketing. Das Hygge-Modell: Ergänzungen zu ERA*. 3. erweiterte Auflage. Thiemo Graf Verlag, Frankfurt am Main

Hardinghaus, M.; Cyganski, R.; Bohle, W. (2019): *Attraktive Radinfrastruktur. Routenpräferenzen von Radfahrenden*, vgl. https://elib.dlr.de/129462/1/190527_DLR_Broschuere_DINA4_Online.pdf

Hausigke, S. (2024): *Die Grenzen der Verwaltung für nachhaltige Mobilität. In: Journal für Mobilität und Verkehr*. Nr. 20, S. 28—36, vgl. https://doi.org/10.34647/jmv.nr20

Hekler, M.; Drews, F.; Gertz, C.; Schwedes, O. (2022): *Push & Pull: Aktueller Forschungsstand. Ergebnisse einer Literaturanalyse der internationalen Diskussion.* In: Internationales Verkehrswesen. Bd. 74, Nr. 4, S. 20—24, vgl. https://www3.tuhh.de/vpl/pushund-pull/wp-content/uploads/sites/2/2022/11/Hekler_Drews_Gertz_Schwedes-2022-PushPull-Intern.Verkehrswesen.pdf

Hertel, M.; Horn, B.; Klein, T.; Kuscher, P.; Le Bris, J.; Markscheffel, F.; Reichel, D.; Vogl, S. (2024): *Kommunale Radverkehrsförderung beschleunigen — Planungsprozess optimieren. Ergebnisse und Empfehlungen des BMBF-Forschungsprojekts KoRa. Abschlussbericht.* Deutsches Institut für Urbanistik (Hrsg.). Sonderveröffentlichungen, vgl. https://difu.de/18723

Hochschule Mainz (2023): *Umgang mit Schrotträdern und zurückgelassenen Fahrrädern. Arbeitspapier,* vgl. https://bikeandride.bahnhof.de/resource/blob/10421674/c020138e-954f46ee4edd123583280d09/Arbeitspapier_Schrottraeder-20230118-data.pdf

Honer, A.; Hitzler, R. (2022): *Lebensweltanalytische Ethnographie.* In: Poferl, A.; Schröer, N. (Hrsg.): Handbuch Soziologische Ethnographie. Springer VS. Wiesbaden, S. 307—320, vgl. https://doi.org/10.1007/978-3-658-26405-5_18

IGS Ingenieurgesellschaft STOLZ GmbH (2021): *Radverkehrskonzept 2030 für den Landkreis Dahme-Spreewald. Beschluss des Kreistages am 23.06.2021,* vgl. https://www.dahme-spreewald.de/media_fast/595/Radverkehrskonzept2030.pdf

Infostelle Fahrradparken (2025a): *Whitepaper Fahrradparken 2. Anlagentypen und Nutzende.* Berlin, vgl. https://radparken.info/wp-content/uploads/2025/06/whitepaper-02-fahrradparken-anlagentypen-nutzende.pdf

Infostelle Fahrradparken (2025b): *Planungstool Radparken. Bedarfs- und Kostenrechner (XLSX).* Version 3.6. Berlin, vgl. https://radparken.info/werkzeuge/planungstool

Infostelle Fahrradparken (2024): *Whitepaper Fahrradparken 1. Standortwahl und Flächenklärung.* Berlin, vgl. https://radparken.info/wp-content/uploads/2024/08/ifp-pgv-whitepaper-1-standortwahl-und-flaechenklaerung-4mb.pdf

Infostelle Fahrradparken am Bahnhof (2023): *Bahn.Rad.Parken. Potenzial vernetzter Mobilität. Leitfaden für die Planung und den Bau von Fahrradparkhäusern.* Berlin, vgl. https://radparken.info/wp-content/uploads/2024/06/webversion-15-09-23-radparken-leitfaden2023.pdf

Kollert, C.; Rudolph, C. (2025): *Erfolgsfaktoren in der kommunalen Radverkehrsförderung: Eine Systematisierung für die Praxis.* In: Becker, T.; Deuster, J.; Francke, A.; Mietzsch, O.; Nobis, C.; Saary, K. (Hrsg.): Handbuch der kommunalen Verkehrsplanung. Loseblattsammlung. Beitragsnr. 3.2.9.5. VDE Verlag. Berlin/Offenbach

Kollert, C.; von Wiedner, V.; Rudolph, C. (2024): *Potenziale und Herausforderungen des schulischen Mobilitätsmanagements in kleinen und mittleren Kommunen.* In: Canzler, W.; Haus, J.; Kellermann, R.; Schröder, S.; Thomsen, C. (Hrsg.): Gemeinsam in Bewegung: Forschung und Praxis für die Mobilitätswende. Beispiele und Erkenntnisse aus den Projekten der BMFTR-Fördermaßnahmen MobilitätsWerkStadt 2025 und MobilitätsZukunftsLabor 2050. nexus Institut / WZB. Berlin, S. 84—93, vgl. https://zukunft-nachhaltige-mobilitaet.de/sammelband

Koska, T.; Jansen, U.; Reutter, O.; Schäfer-Sparenberg, C.; Spitzner, M.; Ulrich, A. (2020): *Praxis kommunaler Verkehrswende. Ein Leitfaden.* Heinrich-Böll-Stiftung (Hrsg.). Schriften zur Ökologie, Bd. 47, vgl. https://boell.de/sites/default/files/2020-02/Praxis-kommunale-Verkehrswende_kommentiebar.pdf

Kuckartz, U. (2018): *Qualitative Inhaltsanalyse. Methoden, Praxis, Computerunterstützung*. 4. Auflage. Beltz. Weinheim.

Leven, T.; Leven, J.; Gerlach, J. (2019): *Schulwegpläne leicht gemacht — Der Leitfaden.* Bundesanstalt für Straßenwesen (BASt) (Hrsg.). 3. Auflage. Bergisch Gladbach, vgl. https://bast.de/DE/Publikationen/Medien/Dokumente/Schulwegplan-Leitfaden.pdf?__blob=publicationFile&v=2

Liebold, R.; Trinczek, R. (2009): *Experteninterview.* In: Kühl, S.; Strodtholz, P.; Taffertshofer, A. (Hrsg.): Handbuch Methoden der Organisationsforschung. Springer VS. Wiesbaden, S. 32—56, vgl. https://doi.org/10.1007/978-3-531-91570-8_3

McAndrews, C; Tabatabaie, S.; Litt, J. (2018): *Motivations and Strategies for Bicycle Planning in Rural, Suburban, and Low-Density Communities: The Need for New Best Practices.* In: Journal of the American Planning Association. Bd. 84, H. 2, S. 99—111, vgl. https://doi.org/10.1080/01944363.2018.1438849

Ministerium für Verkehr Baden-Württemberg (2019): *Leitfaden Bike+Ride. Für eine erfolgreiche Verknüpfung von Öffentlichem*

Verkehr und Fahrrad, vgl. https://vm.baden-wuerttemberg.de/fileadmin/redaktion/m-mvi/intern/Dateien/Broschueren_Publikationen/Rad_Bike-Ride_Leitfaden_191115.pdf

Mobilitätswerk GmbH (2022): *Konzept für sichere Schul-, Fuß- und Radwege für die Gemeinde Schulzendorf*. Vgl. https://schulzendorf.de/seite/619414.html

Niedersächsische Landesbehörde für Straßenbau und Verkehr (Hrsg.) (2024a): *Handreichung Radverkehrskonzepte. Handbuch zur Erstellung kommunaler Radverkehrskonzepte*. Hannover, vgl. https://strassenbau.niedersachsen.de/rvk/radverkehrskonzepte-fur-kleine-kommunen-232817.html

Niedersächsische Landesbehörde für Straßenbau und Verkehr (Hrsg.) (2024b): *Handreichung Radverkehrskonzepte. Hinweise und Muster für Ausschreibungstexte für kommunale Radverkehrskonzepte*. Hannover, vgl. https://strassenbau.niedersachsen.de/rvk/radverkehrskonzepte-fur-kleine-kommunen-232817.html

Niedersächsische Landesbehörde für Straßenbau und Verkehr (Hrsg.) (2024c): *Handreichung Radverkehrskonzepte. Generator für kommunale Radverkehrskonzepte*. Hannover, vgl. https://strassenbau.niedersachsen.de/rvk/radverkehrskonzepte-fur-kleine-kommunen-232817.html

Ohlhorst, D.; Kröger, M. (2015): Konstellationsanalyse: *Einbindung von Experten und Stakeholdern in interdisziplinäre Forschungsprojekte*. In: Niederberger, M.; Wassermann, S. (Hrsg.): Methoden der Experten- und Stakeholdereinbindung in der sozialwissenschaftlichen Forschung. Springer VS. Wiesbaden, S. 95—116, vgl. https://doi.org/10.1007/978-3-658-01687-6_6

Pohlmann, A. (2020): *Von Praktiken zu Situationen. Situative Aushandlung von sozialen Praktiken in einem schottischen Gemeindeprojekt*. In: Forum Qualitative Sozialforschung / Forum: Qualitative Social Research, Vol. 21, Nr. 3, Art. 4, vgl. https://doi.org/10.17169/fqs-21.3.3330

Prenzel, T. (2012): *Erfolgsfaktoren im kommunalen Radverkehr: Folgerungen für die Praxis*. In: Bracher, T., Haag, M., Holzapfel, H., Kiepe, F., Lehmbrock, M. und Reutter, U. (Hrsg.): Handbuch der kommunalen Verkehrsplanung. Loseblattsammlung, Beitragsnr. 3.2.9.5. VDE Verlag. Berlin/Offenbach

RAD.SH (Kommunale Arbeitsgemeinschaft zur Förderung des Fuß- und Radverkehrs in Schleswig-Holstein e. V.) (2022): *Entwicklungsplan Radverkehr. Langfassung*, vgl. https://rad.sh/wp-content/uploads/2024/01/RAD.SH-Entwicklungsplan-Radverkehr-in-Eigenregie-lang.pdf

RAD.SH (Kommunale Arbeitsgemeinschaft zur Förderung des Fuß- und Radverkehrs in Schleswig-Holstein e. V.) (2021): *Erstellung eines Radverkehrskonzepts in Eigenregie. Arbeitspapier*, vgl. https://rad.sh/wp-content/uploads/2021/08/RAD.SH-Erstellung-eines-Radverkehrskonzeptes-in-Eigenregie-Arbeitspapier-21-08-20.pdf

Rérat, P.; Wyss, U.; Liebi, M.; Lehmann, C. (2024): *Velowende: Für eine lebendige Stadt*. Rüffer & Rub. Zürich.

Samland, U.; Kollert, C. (2024): *Interkommunale Kooperationen zur Radverkehrsförderung in kleinen und mittleren Kommunen: Erkenntnisse aus der Erprobung eines interkommunalen Radverkehrsmanagements (IRVM)*. In: Canzler, W.; Haus, J.; Kellermann, R.; Schröder, S.; Thomsen, C. (Hrsg.): Gemeinsam in Bewegung: Forschung und Praxis für die Mobilitätswende. Beispiele und Erkenntnisse aus den Projekten der BMFTR-Fördermaßnahmen MobilitätsWerkStadt 2025 und MobilitätsZukunftsLabor 2050. nexus Institut / WZB. Berlin, S. 213—224, vgl. https://zukunft-nachhaltige-mobilitaet.de/sammelband

Samland, U.; Kollert, C.; Ahrend, C. (2023): *Erprobung des interkommunalen Radverkehrsmanagements (IRVM) im NUDAFA-Reallabor für interkommunale Radverkehrsförderung — Chancen und Grenzen der Verstetigung*. In: Journal für Mobilität und Verkehr. Nr. 19, S. 36—43, vgl. https://doi.org/10.34647/jmv.nr19

Schmidt, R.; Wiemer, E.; Scheu, S. (2022): *Radverkehrskonzept Gemeinde Zeuthen*, vgl. https://zeuthen.de/Zeuthen-Radverkehrskonzept-Stand_Juni-2022-pdf-680949.pdf

Schön, S.; Nölting, B.; Meister, M. (2004): *Konstellationsanalyse. Ein interdisziplinäres Brückenkonzept für die Technik-, Nachhaltigkeits- und Innovationsforschung*. Discussion paper. Nr. 12/04. Zentrum für Technik und Gesellschaft. Technische Universität Berlin, vgl. https://researchgate.net/publication/242484347_Konstellationsanalyse_Ein_interdisziplinares_Bruckenkonzept_fur_die_Technik_Nachhaltigkeits-_und_Innovationsforschung

Schröter, B.; Hantchel, S.; Gerike, R.; Huber, S.; Lindemann, P.; Anke, J. (2022): *Abschätzung des Einflusses der Verkehrssicherheit auf die Routenwahl im Radverkehr anhand einer pseudo-repräsentativen Stichprobe von GPS-Daten. Schlussbericht*, vgl. https://mobilitaetsforum.bund.de/SharedDocs/Downloads/DE/Projekte/Schlussbericht_NRVP_Projekt_SiROU.html

Schubert, H.; Fürst, D.; Rudolph, A.; Spieckermann, H. (2001): *Regionale Akteursnetzwerke. Analysen zur Bedeutung der Vernetzung am Beispiel der Region Hannover*. Springer VS. Wiesbaden, vgl. https://doi.org/10.1007/978-3-322-94927-1

Spang, K. (2022): *Projektmanagement von Verkehrsinfrastrukturprojekten*. Springer. Berlin/Heidelberg, vgl. https://doi.org/10.1007/978-3-662-64131-6

Stein, T.; Bauer, U. (2023): *Vom Plan auf die Straße. Wie Kommunen den Ausbau von Radverkehrsinfrastruktur und Parkraummanagement beschleunigen können*. Agora Verkehrswende (Hrsg.). Berlin, vgl. https://repository.difu.de/handle/difu/73

Stein T.; Klein, T.; Lindner, S. (2022): *Was hemmt die Umsetzung der kommunalen Radverkehrsplanung? Erste Ergebnisse aus dem laufenden BMBF-Forschungsprojekt „KoRa — Beseitigung von Umsetzungshemmnissen in der kommunalen Radverkehrsplanung — soziotechnische Innovationen und kommunale*

Steuerungsmöglichkeiten". Deutsches Institut für Urbanistik (Hrsg.). Sonderveröffentlichungen, vgl. https://difu.de/17420

team red Deutschland GmbH (2017): *Leitfaden Betreiberkonzepte für Fahrradstationen, Sammelschließanlagen und Fahrradboxen*, vgl. https://radparken.info/wp-content/uploads/2024/06/leitfaden-betreiberkonzepte-teamred.pdf

Umweltbundesamt (2016): *Wirkungen von Tempo 30 an Hauptverkehrsstraßen*. Dessau-Roßlau, vgl. https://umweltbundesamt.de/system/files/medien/2546/publikationen/wirkungen_von_tempo_30_an_hauptstrassen.pdf

Villa, R. A.; Thousand, J. S. (Hrsg.) (2000): *Restructuring for Caring and Effective Education: Piecing the Puzzle Together*. 2. Auflage. P. H. Brooks Pub. Baltimore, MD

VKA (Vereinigung der kommunalen Arbeitgeberverbände)(2020): *Tarifvertrag zur Entgeltumwandlung zum Zwecke des Leasings von Fahrrädern im kommunalen öffentlichen Dienst (TV-Fahrradleasing)*, vgl. https://vka.de/tarifvertraege/tv-fahrradleasing

von Wiedner, V. (2025): *Leitfaden BikeBuddies. Praxisleitfaden für Lehrkräfte und Schulsozialarbeitende zur Durchführung von Projekten zu Radverkehr und nachhaltiger Mobilität*. TIB, vgl. https://doi.org/10.57806/8d8la231

Wang, L. (2018): *Barriers to Implementing Pro-Cycling Policies: A Case Study of Hamburg*. In: Sustainability. Bd. 10, Nr. 4196, vgl. https://doi.org/10.3390/su10114196

Witzel, A. (2000): *Das problemzentrierte Interview*. In: Forum: Qualitative Sozialforschung / Qualitative Social Research. Bd. 1, Nr. 1, Art. 22, vgl. https://doi.org/10.17169/fqs-1.1.1132

Bildnachweis

S. 6, 171: © Technische Hochschule Wildau, Foto: Mareike Rammelt

S. 7, 9, 12, 13, 21, 23, 25, 27, 29, 31, 33, 35, 47—49, 89, 95—97, 103, 105 (2), 117 (oben), 127 (unten), 133, 139, 141, 143, 145, 147, 149, 153, 155 (unten), 163 (1), 165, 185, 187 (links), 191 (unten), 195, 203, 208, 209: © NUDAFA-Reallabor, Foto: Simon Fabel

S. 11, 14, 19, 21, 25, 27, 29, 31, 33, 40, 42, 44, 99, 106, 107, 119 (3), 120, 121, 129, 137, 151, 157, 161, 175, 179, 183, 187 (unten), 189, 193, 197: © NUDAFA-Reallabor, Grafik: studio_upstruct

S. 37, 105 (3), 113, 115, 117 (oben), 119 (1, 2), 135, 163 (2—4), 167, 169, 173, 177, 181, 211: © NUDAFA-Reallabor

S. 39: © NUDAFA-Reallabor, Grafik: Anja Knust

S. 55: Kollert/Rudolph (2025), S. 7, Abb. 2 in Anlehnung an Villa/Thousand (2000), S. 93—128 sowie Caredda (2020), Abb. 1, Grafik: studio_upstruct

S. 57: Stein/Bauer (2023), S. 19, Abb. 11, Grafik: studio_upstruct

S. 61: © Telraam

S. 63: Bundeskanzleramt/Lebensministerium (2009), S. 24, Grafik: studio_upstruct

S. 65: NUDAFA-Reallabor in Anlehnung an Blees et. al. (2018), S. 19, Abb. 6 und Kollert et al. (2024), S. 86, Tab. 1, Grafik: studio_upstruct

S. 73: Niedersächsische Landesbehörde für Straßenbau und Verkehr (2024a), S. 3, Abb. 0-1, Grafik: studio_upstruct

S. 79: © Stefan Klatt

S. 82—88: © NUDAFA-Reallabor, Webdesign: FixMyCity GmbH

S. 91: © Andreas Rehkopp

S. 101: © Stefan Müller

S. 105 (1): © BahnStadt Planungsgesellschaft für Bahnhofsentwicklung mbH

S. 127 (oben), 131 (1): © Fräsdienst-Service E. Feind GmbH

S. 131 (2—4): © Daniel Rudolph / StadtLandMensch-Fotografie

S. 155 (oben): © Kim Wang Architektur & Ausstattung

S. 159 (links): © Ortskernbeirat Eichwalde

S. 159 (unten): © forward Planung und Forschung GmbH

S. 191 (links): © SCHULEXPRESS

S. 207: © Bianca Evers